Führung, Organisation, Personal, Gesundheit

TÜV Media

# Wirtschafts- und Organisationspsychologie im Management

Stefan Poppelreuter



TÜV Rheinland

**Wirtschafts- und Organisationspsychologie im Management – Führung, Organisation, Personal, Gesundheit**

**Autor**

**Stefan Poppelreuter**
Dipl.-Psych., Dr. Phil., Leiter Analysen & Befragungen HR Consulting, TÜV Rheinland Akademie GmbH, Bonn:
**stefan.poppelreuter@de.tuv.com**

Die Arbeitshilfen zu den Beiträgen stehen für Sie zum Download bereit:
**www.tuev-media.de/download/60296.php**
Passwort: **18026**

**Bibliografische Information der Deutschen Nationalbibliothek**

Die Deutsche Nationalbibliothek verzeichnet diese Publikation in der Deutschen Nationalbibliografie. Detaillierte bibliografische Daten sind im Internet über **dnb.d-nb.de** abrufbar.

ISBN 978-3-7406-0296-3 (Print)
ISBN 978-3-7406-0306-9 (E-Book)

# Vorwort

Die gesellschaftspolitische Situation in Deutschland und damit die Situation in Wirtschaft und Verwaltung hat sich in den letzten 50 Jahren grundlegend verändert. Die hier immer wieder genannten Schlagworte sind – neben anderen – der soziodemographische Wandel, die zunehmende Globalisierung, die Digitalisierung und ein grundlegender Wertewandel. Aber auch Organisationen verändern sich rasch, z. B. durch Informations- und Technologieentwicklungen, die Verschlankung von Strukturen durch den Abbau von Hierarchien, die Einführung flexibler Projektstellen statt dauerhaft definierter beruflicher Positionen. Diese Veränderungen führen auch zu einem Wandel in der Betrachtung von Rolle und Funktion der Wirtschafts- und Organisationspsychologie. Wurde ihr in früheren Jahrzehnten eher eine Rolle als „Hilfswissenschaft" im Rahmen von eignungsdiagnostischen Fragestellungen (zum Beispiel im militärischen Bereich) oder bei der Gestaltung von Arbeitsplätzen und -prozessen (Stichwort Ergonomie) zugestanden, so ist sie heute eine vollwertige und anerkannte Disziplin in der Personal- und Organisationsentwicklung. Damit einher ging ebenfalls eine massive Veränderung des Verständnisses davon, was Psychologie in Wirtschaft und Organisation leisten kann und soll. War beispielsweise das Coaching einer Mitarbeiterin oder eines Mitarbeiters in den 70er/80er Jahren noch eine Art Reparaturwerkstatt für leistungsgeminderte und defizitäre Führungskräfte, so ist heute das genaue Gegenteil festzustellen: Eine solche Form der Unterstützung und Weiterentwicklungsmöglichkeit wird den Leistungsträgern in Firmen angeboten. Mehr noch, Coaching wird von den Mitarbeiterinnen und Mitarbeitern proaktiv eingefordert, um vorhandene (Führungs-) Kompetenzen und Fähigkeiten zu schärfen, die eigene Selbstreflexion zu verbessern und persönliche Bedürfnisse und Ziele im beruflichen, aber auch privaten Kontext umzusetzen. Der Wirtschafts- und Organisationspsychologe wird nicht länger nur als Diagnostiker oder „Heiler" psychischer Defizite und Mängel betrachtet. In der heutigen Zeit ist er Berater, Trainer und „personel enhancement coach", wahlweise für die Geschäftsleitung, die mittlere Führungsebene, die Arbeitnehmervertretung oder auch die Gesamtbelegschaft.

Immer mehr Unternehmen, Organisationen und Institutionen greifen auf psychologische Expertise bei vielfältigsten Fragen zurück. Ziel ist es dabei immer, Strukturen, Prozesse und nicht zuletzt Menschen leistungsfähiger, effektiver und effizienter zu machen. Was auf den ersten Blick wie ein Missbrauch der Psychologie anmutet, ist sie doch eine humanistische Disziplin (zumindest nach Auffassung des Verfassers), erweist sich auf den zweiten Blick als große Chance. Psychologisch fundiert lassen sich die Möglichkeiten und Grenzen der menschlichen Leistungs- und Veränderungsfähigkeit unter unterschiedlichsten situativen und strukturellen Bedingungen erkennen, fördern und gestalten. Dabei ist die Psychologie nicht nur willfährige Umsetzungshelferin für strategische Planer und Visionäre aus dem Controlling, sie definiert selbst, welche Ziele, Pläne und Visionen Menschen berühren und motivieren. Damit wird sie zur gewichtigen Stimme und Instanz bei nahezu allen Wirtschafts- und Organisationsfragen.

Der gestiegene Bedarf an psychologischer Expertise im Wirtschaftsbereich schlägt sich auch in der Ausbildung nieder. Das Interesse an wirtschafts- und organisationspsychologischen akademischen Abschlüssen ist in den letzten Jahren sprunghaft gestiegen. Hat der Schwerpunkt Wirtschafts- und Organisationspsychologie an staatlichen Universitäten schon eine jahrzehntelange Tradition, müssen sich die entsprechenden, neu entwickelten Studiengänge an den privaten Universitäten erst noch etablieren. Dabei spielt eine besondere Rolle, dass die wirtschafts- und organisationspsychologische Beratung und Unterstützung weitaus mehr ist als nur eine Anwendung von „Tools". Ähnlich wie beispielsweise im medizinischen oder seelsorgerischen Bereich entstehen in psychologischen Beratungsprozessen – auch und gerade in wirtschafts- und organisationspsychologischen Projekten – immer Beziehungen zwischen und zu Menschen. Leider ist die wirtschafts- und organisationspsychologische Wirksamkeitsforschung noch längst nicht so entwickelt wie im psychotherapeutischen Bereich. Dort erbringen Untersuchungen über den Behandlungserfolg immer wieder, dass der zentrale Wirkfaktor in der Psychotherapie nicht etwa die Psychotherapieform ist. Es spielt, verkürzt gesagt, eine untergeordnete Rolle, ob man als Klient eine Verhaltenstherapie oder Psychoanalyse durchläuft. Der Erfolg der Therapie ist vielmehr am stärksten von der Qualität der therapeutischen Beziehung beeinflusst. Bezogen auf den Einsatz von psychologischen Methoden in Wirtschaft und Verwaltung kann, ähnlich wie im therapeutischen Bereich, mit großer Sicherheit angenommen werden, dass der Effekt von Coachings, Mentorings, Trainings, Teamentwicklungen oder anderen psychologischen Interventionen vor allem davon abhängt, welche Beziehung zwischen psychologischer Beraterin und psychologischem Berater einerseits und den Mitarbeiterinnen und Mitarbeitern, Führungskräften, Teams und Belegschaften andererseits entsteht.

Insofern ist das vorliegende Buch weniger eine reine „Bedienungsanleitung" zur Vorbereitung, Durchführung und Auswertung von psychologischen Beratungsprojekten in Unternehmen und Institutionen, so wichtig Instrumente, strukturierte Vorgehensweisen und Prozesse auch sind. Vielmehr soll anhand unterschiedlicher Einsatzfelder der wirtschafts- und organisationspsychologischen Beratung verdeutlicht werden, dass die Psychologie immer noch eine „menschliche" Anwendungsdisziplin ist, die stärker aus philosophischen und sozialwissenschaftlichen Quellen schöpft als aus betriebswirtschaftlichen. Psychologisches Know-how wird heutzutage in den Unternehmen und Institutionen auch deswegen nachgefragt, weil man um „Seelsorge" im wahrsten Sinne des Wortes bemüht ist. In Zeiten von permanenten Veränderungen wird die Frage immer dringlicher, was das alles „mit den Menschen macht" und wie den Herausforderungen und Belastungen, die sich aus all dem ergeben, begegnet werden kann. Dies hat vor allem mit (Selbst-)Reflexion, Sinnstiftung, Werten und einer inneren Haltung zu tun. Hier bietet die Wirtschafts- und Organisationspsychologie nicht nur Instrumente an. Vielmehr kann und soll sie dazu beitragen, Ziele und Werte auch jenseits von key performing indices und Hochglanzrhetorik herauszustellen und in Unternehmen und Institutionen zu etablieren. Die Gestaltung von Organisationskultur ist daher auch eine zutiefst psychologische Aufgabe. Die Herausarbeitung und Realisierung zentraler Ziele eines Unternehmens ist ohne psychologische Expertise nicht nachhaltig leistbar.

Nachfolgend findet sich eine Auswahl von Beiträgen, die in den vergangenen Jahren in unterschiedlichen Publikationen des TÜV Media Verlags erschienen sind. Sie spiegeln die Vielfalt wirtschafts- und organisationspsychologischer Fragestellungen und Einsatzbereiche in Unternehmen und Institutionen wider. Aus den Anwendungsfeldern Führung, Organisation, Personal und Gesundheit werden beispielhaft wirtschafts- und organisationspsychologische Erkenntnisse und Vorgehensweisen dargestellt, die dazu dienen sollen, Menschen zufriedener, leistungsfähiger und handlungssicherer zu machen. Welchen Nutzen die Unternehmen und Organisationen davon haben können, wird in den einzelnen Beiträgen dezidiert dargelegt. Das Eintreten potenzieller Nutzenfaktoren bei wirtschafts- und organisationspsychologischen Maßnahmen, wie zum Beispiel Qualitätsverbesserungen, eine höhere Arbeitszufriedenheit, eine effektivere und effizientere Arbeitserledigung, weniger Ausschuss, eine stärkere Identifikation mit dem Arbeitgeber, eine höhere Arbeitsmotivation und anderes mehr, kann die Psychologie zwar nicht garantieren. Mit psychologischer Begleitung und Unterstützung kommen Wirtschaft und Organisationen diesen Zielen aber ein deutliches Stück näher.

Bonn, im März 2018

Dr. Stefan Poppelreuter

# Inhaltsverzeichnis

# 1 Themenbereich Führung

# Plötzlich Führungskraft – und nun?

**Viele fühlen sich berufen – aber längst nicht alle sind auserwählt. So lässt sich der Wunsch nach Führungsverantwortung in Organisationen, Verwaltungen, Betrieben und Unternehmen auf den Punkt bringen. Die Übernahme einer Führungsaufgabe bedeutet immer noch einen erheblichen Zugewinn an Entscheidungsspielraum, Verantwortung, Reputation und nicht selten auch Verdienst. Gerade deswegen üben Führungspositionen auf viele Menschen eine große Anziehungskraft aus. Doch längst nicht alle Aspiranten sind sich über die Realitäten des Führungsalltags im Klaren – und was man aus der Rolle des Angestellten heraus gerne schon einmal leichtfertig kritisiert, wird zu einer echten Herausforderung, wenn man die Position selbst inne hat. Die Einnahme einer Führungsposition sollte daher nicht Selbstzweck sein – die Entscheidung darüber, wer Führungsverantwortung übernimmt, sollten Arbeitgeber wie Arbeitnehmer ernsthaft prüfen und treffen.**

**Da der Führungskultur und dem Führungsverhalten im Zusammenhang mit unternehmerischem Erfolg, Qualität, Innovationsfähigkeit und Mitarbeiterzufriedenheit – um nur einige ausgewählte Aspekte zu nennen – wesentliche Bedeutung zukommen, sollte die Frage der Auswahl von Führungskräften ebenso professionell und kritisch beantwortet werden wie auch die „Einarbeitung“ neuer Vorgesetzter in ihren Verantwortungsbereich.**

## 1 Wer sollte Führungskraft werden? Und wer nicht?

**Führungskarriere vs. Fachkarriere**

Leider ist es in Deutschland noch übliche Praxis, dass die Führungskarriere attraktiver und zumeist auch einträglicher ist als eine Fachkarriere. Und auch wenn in vielen Organisationen inzwischen ein Umdenken stattfindet, so drängt es die meisten Mitarbeitenden immer noch – wenn sie „Karriere“ machen wollen – in eine Führungsposition.

**Selbstkritische Fragen**

Es gilt jedoch eine Reihe von Fragen selbstkritisch zu analysieren und zu beantworten, bevor man eine Führungsrolle übernimmt. Und der Gestaltung des Einstiegs in die neue Funktion kommt dabei besondere Bedeutung zu, denn sowohl

„der neue Chef" als auch die von ihm zukünftig geführten Mitarbeiter müssen sich an die neue Situation gewöhnen, sich kennenlernen und Vertrauen fassen, um die Anforderungen und Herausforderungen des beruflichen Alltags angemessen zu meistern. Das Problem ist häufig auch, dass die Entscheidung, einen Mitarbeiter in eine Führungsposition zu setzen, auf fachlichen Kompetenzen beruht. Noch gravierender kann die Problematik werden, wenn diese fachlichen Kompetenzen nur vermeintlich vorhanden sind. Dann hat es eine Führungskraft besonders schwer, denn wenn es sowohl an fachlichem Know-how als auch an persönlichem Respekt mangelt, ist eine erfolgreiche Führungsarbeit kaum zu erwarten.

## 1.1 Was für eine Führungskraft muss ich sein? Führungsrollen

**Die eigene Einstellung finden**

Nicht erst, wenn die Tinte unter dem Vertrag trocken ist und der erste Arbeitstag auf einer Position mit Führungsverantwortung naht, sollte man sich Gedanken machen, wie man sich selbst zum Thema Führung positioniert und was für eine Führungskraft man sein möchte. Dabei haben Führungsrollen, die man einnehmen kann, eine große Bedeutung.

**Führungsrollen**

Eine Rolle ist ein bestimmtes Muster, nach dem sich eine Person in einer Gruppe oder einer Organisation verhält. Das Gegenüber erwartet ein bestimmtes, der Rolle zugeschriebenes Verhalten. Man muss unterscheiden zwischen dem von den anderen Mitarbeitern erwarteten Rollenverhalten und dem Rollenverhalten, von dem der Rolleninhaber meint, dass es erwartet wird. Zusätzlich ist die konkrete Umsetzung der Rolle in der Organisation zu beachten.

**Drei Rollenbündel nach Mintzberg**

Der kanadische Professor für Betriebswirtschaftslehre und Management Henry Mintzberg [1] unterscheidet zehn Führungsrollen, die er unter drei Rollenbündeln zusammenfasst:

1. Die **interpersonalen Rollen**, wozu die Rolle des Repräsentators (als symbolische Spitze der Organisation), die Rolle des Führers (u. a. mit der Aufgabe der Motivation) und die Rolle der Liaison (Kontakt nach außen herstellen) gehören.
2. Die **informationellen Rollen**, wozu die Rolle des Beobachters (Suche nach Informationen von innen und außen), die Rolle des Verteilers (Weitergeben der nötigen Informationen an die Mitarbeiter) und die Rolle des Sprechers (Weitergabe von Informationen nach außen, auch Vermitteln des Firmenimages nach außen) gehören.
3. Die **Entscheidungsrollen** mit der Rolle des Unternehmers (Anpassung an neue soziale, technische und politische Gegebenheiten), der Rolle des Störungsreglers (Lösen von Problemen unter den Mitarbeitern oder zwischen der Organisation und der Außenwelt), der Rolle des Ressourcen-Zuordners (Zuordnung von Ressourcen an Personen und Gruppen) und der Rolle des Verhandlers (als Repräsentant Verhandlungen mit anderen Organisationen usw. durchführen).

**Welche Rolle ist gefragt?**

Für einen Vorgesetzten ist es essenziell zu erkennen, in welcher Rolle er sich gerade verhält und welches Rollenverhalten darin im Moment gefragt ist. Daher ist es günstig, wenn man als Führungskraft über eine Vielzahl unterschiedlicher Rollen verfügt und so sein Verhalten situationsangemessen anpassen kann. Das bedeutet nicht, dass die Führungskraft ein guter „Schauspieler" sein soll, denn wenn die unterschiedlichen Rollen nicht authentisch und glaubhaft gelebt werden können, sind sie nicht überzeugend und verfehlen damit ihre Wirkung. Daher sollte die (angehende) Führungskraft kritisch reflektieren, welche der nachfolgend genannten Rollen zu ihr passt bzw. sich schon im Verhaltensrepertoire befindet.

**Wichtig: Selbst- und Fremdeinschätzung**

Eine solche Selbsteinschätzung – die man idealerweise auch durch Fremdeinschätzungen hinterfragt – lässt die potenzielle Führungskraft erkennen, wo Stärken liegen und wo sie sich noch entwickeln muss. Das Einüben von (neuen) Rollen kann z. B. stattfinden über ein entsprechendes Vorbildverhalten anderer Vorgesetzter, über ein Mentoring oder ein Coaching.

### Unterschiedliche Führungsrollen

Welche Rollen einer Führungskraft lassen sich unterscheiden?

- **Vorgesetzter**
  Als Vorgesetzter vereinbart man Ziele und Aufgaben, trägt Entscheidungsverantwortung, plant, organisiert und kontrolliert, stellt die Kommunikation nach allen Seiten sicher und ergreift disziplinarische Maßnahmen.
- **Fachmann**
  Der Fachmann verfügt über Fachkenntnisse, gibt sie und seine Erfahrung weiter, vermittelt Sicherheit und Routine und sorgt für Effizienz und Effektivität.
- **Moderator**
  Als Moderator fördert man Teamerleben und Identifikation, ermöglicht Beteiligung, vermittelt und managt Konflikte. Dabei bleibt die Führungskraft eher allparteilich.
- **Coach**
  Der Coach begleitet die individuelle Entwicklung des Mitarbeiters, hilft bei der Entfaltung persönlicher Ressourcen, fördert und fordert, berät, reflektiert und gibt Feedback.
- **Unternehmer/Geschäftsführer/Leiter**
  Als Unternehmer hat die Führungskraft die gesamte Organisation im Blick, gibt Vision und Mission vor, beobachtet den Markt und vertritt die Organisation nach außen.

- **Mitarbeiter**
  In ihrer Funktion als Mitarbeiter hat die Führungskraft vereinbarte Ziele in Rücksprache mit ihrer eigenen Führungskraft zu erfüllen.

**Rollenkonzept und Rollenkompetenzen**

Das Rollenkonzept der Führungskraft lässt sich auch erweitern, und zwar um die notwendigen Rollenkompetenzen, über die eine Führungskraft verfügen sollte. Hier lässt sich die Führungskraft sehen in ihrer Rolle als

- **Initiator & Ressourcen-Manager**
  Der Vorgesetzte muss die Initiative ergreifen und etwas Neues beginnen können. Er muss in bestimmten Situationen die Geschwindigkeit erhöhen, schnell selbst ins Handeln kommen und andere rasch zum Handeln bringen. Gleichzeitig muss er das ihm anvertraute Vermögen und die Ressourcen, das Personal, die Finanzmittel, das Anlagevermögen, die Infrastruktur und das Know-how sichern und erhalten sowie bestmöglich einsetzen.
- **Kommunikator & Netzwerker**
  Als Kommunikator muss der Vorgesetzte in der Lage sein, Sachebene und emotionale Aspekte der Kommunikation und Interaktion voneinander zu unterscheiden und beide Ebenen für das Erreichen der Ziele nutzen können. Personen, Teams, Ideen, Know-how und andere Ressourcen muss er miteinander in Kontakt bringen, vernetzen, Synergiemöglichkeiten erkennen und (scheinbare) Gegensätze in Synthesen miteinander verknüpfen.
- **Entscheider & Performance Manager**
  Führungskräfte brauchen unbedingt den Mut, Entscheidungen zu treffen. Hierzu müssen sie alle verfügbaren Daten, Fakten, Mess- und Analysemöglichkeiten konse-

quent nutzen und dürfen sich nicht mit dem Vorhandenen zufriedengeben. Als Performance Manager müssen sie ständig nach Möglichkeiten zur Optimierung suchen. Dabei sind Arbeiten und Aufgaben zwar zu delegieren, der Vorgesetzte selbst bleibt aber für andere sichtbar in der Verantwortung, was getroffene Entscheidungen und die erzielten Ergebnisse angeht.

- **Übersetzer & Change Manager**
  Die Sichtweisen und Interessenlagen sowie der jeweilige Fokus der Aufmerksamkeit sind innerhalb der Organisation, zwischen den Hierarchieebenen, zwischen Organisationen und dem eigenen Team mitunter sehr unterschiedlich. Daher muss die Führungskraft Informationen und Aufträge so übersetzen können, dass einerseits der wesentliche Inhalt erhalten bleibt, andererseits die Adressaten der Informationen und Aufträge die Inhalte gut verstehen und annehmen können. Insbesondere in Phasen der Veränderung muss der Vorgesetzte sowohl bei Gewinnern als auch bei Verlierern der Situation anschlussfähig bleiben, ohne sich zu solidarisieren. Change Management bedeutet hier vor allem, Vergangenes loszulassen und die Loyalität dem Neuen gegenüber zu fördern.
- **Wertschöpfer & Organisator**
  Eine der Kernaufgaben einer jeden Führungskraft ist es, Wachstum auf unterschiedlichen Ebenen herbeizuführen. Letztlich geht es darum, Mitbewerber hinter sich zu lassen, sei es durch Expansion, durch Schaffen oder Stärken eines Alleinstellungsmerkmals, durch stärkere Kundenbindung oder durch Strukturen und Prozesse. Dabei muss die Führungskraft sowohl die Kommunikation als auch die Rahmenbedingungen dem Wachstum entsprechend anpassen, Regeln aufstellen, Vereinbarungen treffen und Konsequenzen ziehen.

- **Dienstleister & Innovator**
  Erfolgreiche Führungskräfte müssen sich selbst als Dienstleister sowohl dem „Kunden“ gegenüber als auch innerhalb der Organisation und in der Führung von Mitarbeitern verstehen. Dabei sind Innovation als ständige Aufgabe, das Querdenken und die Fähigkeit, das eigene Tun regelmäßig infrage zu stellen erforderlich. Erfolgreiche Chefs vertrauen hier auf die Kreativität jedes Einzelnen und setzen ihn für den gemeinsamen Erfolg ein.

## 1.2 Rollendilemmata

Welche Probleme kann eine Führungskraft bei der Umsetzung und Koordination all dieser Rollen haben? Oswald Neuberger [2] beschreibt 13 Dilemmata der Führung, unterschiedliche Rollen, Haltungen und Wertvorstellungen, zwischen denen sich die Führungskraft immer wieder entscheiden muss. Zentral ist dabei, dass je nach Situation und Mitarbeiter die Wahl des Vorgesetzten nicht nur unterschiedlich ausfallen kann, sondern sogar muss.

1. **Betrachtet man den Mitarbeiter als Mittel oder als Zweck?**
   Wird der einzelne Mitarbeiter nur als unumgänglicher Kostenfaktor gesehen oder als Mensch? Sieht man seine Mitarbeiter nur als Kostenfaktoren, wird man versuchen, möglichst viele Mitarbeiter einzusparen, sieht man die Mitarbeiter hingegen als Mitmenschen wird man versuchen, diese zu motivieren und vor allem möglichst nicht zu kündigen.
2. **Gleichbehandlung aller gegen das Eingehen auf den Einzelfall**
   Wenn der Vorgesetzte versucht, gleichmäßig gerecht gegen alle zu sein, gleiche Regelungen für alle anzuwenden,

dann kann sich das Problem ergeben, dass ein einzelner Mitarbeiter dadurch vielleicht zu kurz kommt.

3. **Distanz gegen Nähe**
   Betont man als Vorgesetzter seinen Status in der Hierarchie, z. B. durch Unnahbarkeit, oder verbrüdert man sich mit seinen Mitarbeitern?
4. **Fremdbestimmung gegen Selbstbestimmung**
   Erwartet man als Chef Unterordnung und kontrolliert man streng oder lässt man Handlungs- und Entscheidungsraum?
5. **Spezialisierung gegen Generalisierung**
   Betrachtet man sich selbst als „Fachmann", der bei Sachproblemen kompetent entscheiden kann? Oder zieht man es als Vorgesetzter vor, einen allgemeinen Überblick und keine Detailkenntnisse zu haben, aber die Zusammenhänge zu sehen?
6. **Gesamtverantwortung gegen Einzelverantwortung**
   Verzichtet man als Vorgesetzter mehr oder weniger auf Delegation, übernimmt dann aber auch für Fehler die volle Verantwortung, oder wird Mitarbeitern Verantwortung übertragen, wobei diese dann aber auch Rechenschaft ablegen müssen?
7. **Bewahrung gegen Veränderung**
   Hält die Führungskraft bewusst an alten bewährten Traditionen fest oder ist sie innovativ, beweglich und experimentierfreudig?
8. **Konkurrenz gegen Kooperation**
   Ist das Vorgesetztenverhalten ausgerichtet auf Rivalität, Wettbewerb, Konfrontation, Aggressivität und Konflikt? Oder ist es gekennzeichnet durch Kooperation, Harmonie, Hilfeleistung, Solidarität und Ausgleich?

9. **Aktivierung gegen Zurückhaltung**
   Will man als Vorgesetzter antreiben, drängen, motivieren, begeistern? Oder übt man Zurückhaltung, mischt sich nicht ein, wartet Entwicklungen ab?
10. **Innenorientierung gegen Außenorientierung**
    Ist man als Chef für seine Organisation ansprechbar, steht man im Mittelpunkt der Organisation und kümmert man sich um interne Gruppenbeziehungen, oder pflegt man in erster Linie Außenkontakte, repräsentiert man oder setzt man Gruppeninteressen gegenüber Dritten durch?
11. **Zielorientierung gegen Verfahrensorientierung**
    Gibt der Vorgesetzte Ziele vor und kontrolliert er diese, oder gibt er nicht nur die Ziele, sondern auch den Weg dorthin vor und kontrolliert beides?
12. **Belohnungsorientierung gegen Wertorientierung**
    Arbeitet die Führungskraft eher mit kurzfristiger Belohnung und Bestrafung, etabliert sie Tauschbeziehungen und hat sie eine Kurzzeitperspektive oder drängt sie eher auf das Verinnerlichen von Normen und Werten, fordert sie Belohnungsaufschub und nimmt sie eine Langzeitperspektive ein?
13. **Selbstorientierung gegen Gruppenorientierung**
    Verfolgt die Führungskraft eher eigene Interessen oder versucht sie, zusammen mit der Gruppe Ziele zu erreichen sowie Kompromisse einzugehen?

Es wird letztlich von der einzelnen Führungskraft, aber auch von den situativen Gegebenheiten und den Mitarbeitern abhängen, welche Rolle „gespielt“ wird. Eben genau wegen dieser drei Einflussvariablen lässt sich auch nicht sagen, dass es bessere oder schlechtere Rollen oder gar eine generell gültige „beste Rolle“ gibt, die eine Führungskraft einnehmen sollte. Es ist wie so oft im Berufsalltag: Es kommt eben drauf an.

# 2 Einstieg in die Führungsrolle – die ersten vier Wochen

**100 Tage Schonfrist? Das war einmal**

Auch wenn heutzutage immer noch gerne von der „100-Tage-Schonfrist" gesprochen wird, die man neuen Führungskräften zur Eingewöhnung gönnt, so zeigt sich im Alltag doch immer wieder, dass man von Anfang an „da" sein muss, dass Leistung gefordert wird. Nicht selten gilt es dabei, Altlasten, die der Vorgänger hinterlassen hat, zu entsorgen. Oder es geht darum, einen eingeleiteten Change-Prozess mit Verve voranzutreiben. Von Schonzeit und Eingewöhnung ist selten etwas zu spüren. Deswegen sollten sich angehende Führungskräfte unbedingt auf ihre neue Rolle vorbereiten. Fröhlich [3] schlägt hierfür einen 4-Wochen-Plan vor.

## 2.1 Die erste Woche – Kennenlernen

Die erste Woche in der neuen Funktion sollte dabei vorrangig dem gegenseitigen Kennenlernen dienen.

**Sachthemen außen vor**

Sachthemen sollten noch weitestgehend ausgeklammert bleiben, auch wenn es vielen „Novizen" von Anfang an darum geht, ihre Ernennung auch dadurch zu rechtfertigen, dass Dinge verändert und vorangetrieben werden und ihnen möglichst schnell der eigene Stempel aufgedrückt wird. Dabei übersieht die neue Führungskraft häufig, dass der Mensch die wichtigste Ressource in einem Unternehmen ist.

**Zeit nehmen**

Nehmen Sie sich als Führungskraft Zeit und widmen Sie sich schwerpunktmäßig den Menschen im neuen Umfeld. Ohne die neuen Mitarbeiterinnen und Mitarbeiter wird man dauerhaft keine außergewöhnlichen Leistungen vollbringen können. Das Tagesgeschäft kann für eine gewisse Zeit auch ohne den Eingriff des Führungsverantwortlichen weiterlaufen. Dieser wird aber auf Dauer nur bestehen und erfolgreich sein, wenn er die Mitarbeiter für sich gewinnen, mit ihnen ein schlagkräftiges Team bilden und besondere Leistungen erreichen kann.

**Wichtig: persönliche Vorstellung**

Um sich kennenzulernen, ist die persönliche Vorstellung bei jedem Mitarbeiter von besonderer Bedeutung. Ob diese in Einzelgesprächen oder vor einer Gruppe geschieht ist dabei zweitrangig. Wichtig ist, dass es der neuen Führungskraft gelingt, eine Beziehung zu den Mitarbeitern herzustellen. Hierfür ist es wichtig, etwas über sich selbst mitzuteilen: warum man die Aufgabe übernommen hat, dass man sich auf eine gute und vertrauensvolle Zusammenarbeit freut und die kommende Zeit dazu nutzen will, um die Mitarbeiter, deren Aufgaben und Kompetenzen, aber auch deren Vorstellungen kennenzulernen.

**Nicht direkt den eigenen Masterplan vorstellen**

Diese Vorstellung sollte dabei nicht ausufern. Kritisieren Sie an dieser Stelle nicht den Vorgänger, machen Sie Versprechungen oder kündigen bereits hier Veränderungen an. Es wäre fatal, schon den eigenen Masterplan zu präsentieren, wenn man kurz vorher gesagt hat, dass man die Mitarbeiter und deren Vorstellungen kennenlernen möchte. Passen Sie sich den aktuellen Prozessen und Vorgehensweisen des neuen Verantwortungsbereichs an. Die Zeiten für Veränderungen und Verbesserungen kommen noch früh genug.

**Stellvertreter, Sekretärin/ Assistenz**

Besonders wichtig für den „Neuen“ ist der Kontakt zu seinem Stellvertreter und – sofern vorhanden – zu seiner Sekretärin/ seinem Assistenten. Da es sich um Personen handelt, mit denen er künftig sehr eng zusammenarbeiten wird, sollte er persönliche Einzelgespräche führen. Dennoch sollten diese Personen auch an einer eventuellen Gruppenvorstellung der neuen Führungskraft teilnehmen.

Behandeln Sie Stellvertreter, Sekretärin, Assistent genauso wertschätzend und gerecht wie alle anderen Mitarbeiter. Zollen Sie den besonderen Funktionen dieser Personen Respekt, aber bevorzugen Sie sie nicht gegenüber den anderen Mitarbeitern. Insbesondere sollten diesen Personen keine besonderen Privilegien eingeräumt werden, da dies schnell von den anderen Mitarbeitern als „2-Klassen-Gesellschaft“ erlebt werden könnte.

**Anfangs nicht zu privat werden**

Insbesondere in der Anfangsphase empfiehlt es sich für die neue Führungskraft geschäftlich zu bleiben und nicht zu privat zu werden. Beratung und Unterstützung durch die Mitarbeiter sollten jederzeit möglich sein, aber es gilt, die Führung nicht aus der Hand zu geben. Thematisieren Sie offen, was Sie von den Mitarbeitern erwarten. Und fragen Sie, was die Mitarbeiter von ihrem neuen Chef erwarten.

**Management by walking around**

Gerade in der ersten Woche ist ein „Management by walking around“ angezeigt. Um Kontakt zu den Mitarbeitern herzustellen, besuchen Sie diese an ihrem Arbeitsplatz. Der Begriff vom Besuch ist hier bewusst gewählt, denn die Arbeitsplätze der Mitarbeiter sollte der neue Vorgesetzte mit Respekt betreten. Beachten Sie das „Hausrecht“ des Mitarbeiters unbedingt. Höflichkeit und Zurückhaltung sind hier besonders wichtig. Fragen stellen und zuhören sind dabei zentrale Aufgaben der Führungskraft. Sich Zeit zum Zuhören zu nehmen ist dabei besonders wichtig. Denn so vermittelt man den Mitarbeitern Interesse, Zugewandtheit und Wertschätzung. Und man lernt die Befindlichkeiten der Mitarbeiter, ihre Probleme und Befürchtungen, aber auch ihre Stärken und Motivationen kennen. Gleichzeitig kann die Führungskraft über diesen Weg Ängste abbauen, Informationslücken schließen und sich als Person offen zeigen. Dies wird maßgeblich dazu beitragen, ein gutes und vertrauensvolles Verhältnis zu den Mitarbeitern aufzubauen.

**Vom Kollegen zum Vorgesetzten**

Ein Sonderfall ergibt sich, wenn man als neue Führungskraft vertraute Mitarbeiter aus dem ehemaligen Aufgabenbereich in den neuen Verantwortungsbereich mitbringt oder nunmehr als Vorgesetzter mit ehemaligen Kollegen zusammenarbeitet. Es ist von zentraler Bedeutung, dass „die alten" und „die neuen" Mitarbeiter sich möglichst zeitnah kennenlernen können. Hierbei könnte eine gemeinsame Veranstaltung – ggf. auch außerhalb der Arbeitszeit – hilfreich sein, um von vornherein deutlich zu machen, dass man ein gemeinsames Team bilden möchte.

Eine persönliche Note kann man als Führungskraft immer dadurch setzen, dass man Geburtstagen, Jubiläen, Hochzeiten oder ähnlichen Anlässen der Mitarbeiter einen hohen Stellenwert einräumt. Kleine Aufmerksamkeiten und persönliche Glückwünsche kommen immer gut an und zeigen, dass man an die Mitarbeiter denkt.

**Vorgesetztenverhalten = Vorbildverhalten**

Von wesentlicher Bedeutung ist, dass Führungsverhalten immer auch Vorbildverhalten ist. Der Vorgesetzte sollte das Verhalten zeigen, das er auch von seinen Mitarbeitern erwartet. Das fängt bei der Pünktlichkeit, Verbindlichkeit und Höflichkeit an und setzt sich bis zum Respekt, zur Wertschätzung und zum entgegengebrachten Vertrauen fort.

Nutzen Sie die ersten Tage in der neuen Funktion auch dazu, den eigenen Vorgesetzten, andere Führungskräfte und Institutionen der Arbeitnehmervertretung wie beispielsweise den Betriebsrat, die Frauen-, Gleichstellungs- und Behindertenbeauftragten/-vertreter u. a. kennenzulernen und die Basis für eine gute und vertrauensvolle Zusammenarbeit zu legen.

## 2.2 Die zweite Woche – Annäherung

Damit Mitarbeiter motiviert zu Werke gehen, Einsatzfreude zeigen, Spaß an ihrer Arbeit haben, sich wirklich einbringen können und wollen, gemeinsam mit dem neuen Vorgesetzten an einem Strang ziehen und sich mit dem Unternehmen identifizieren, müssen gute Rahmenbedingungen für die Zusammenarbeit geschaffen werden. Hier sollte die Führungskraft insbesondere auf der Ebene des einzelnen Mitarbeiters agieren.

**Von Beginn an offene Informationspolitik**

Mangelnde Kommunikation und Informationsdefizite führen häufig zu Fehlern im Arbeitsprozess, Missverständnissen, Konflikten, fehlender Orientierung, Frustration und gegenseitigen Schuldzuweisungen. Eine von Beginn an offene Informationspolitik und ehrliche Kommunikation des Vorgesetzten sind wesentliche Voraussetzungen für eine vertrauensvolle Zusammenarbeit. Die Mitarbeiter sollten von Anfang an alle für ihre Tätigkeit erforderlichen Informationen erhalten. Gerne wird von Vorgesetzten nach dem alten Leitspruch „Wissen ist Macht“ geführt. War dieses Prinzip schon früher nicht richtig, so ist es heute in einer arbeitsteiligen, auf die individuellen Kompetenzen und Fähigkeiten der Mitarbeiter dringend angewiesenen Arbeitswelt völlig fehl am Platze. Führen durch Herrschaftswissen konfligiert massiv mit dem Leitbild vom mitdenkenden Mitarbeiter. Unternehmen können heute nur dann erfolgreich sein, wenn die vorhandenen Ressourcen – und dazu gehört auch und gerade das Motivations-, Kreativ- und Innovationspotenzial der Belegschaft – vollumfänglich genutzt wird.

**Nicht alles ist kommunizierbar**

Das bedeutet keineswegs, dass die Mitarbeiter alles wissen müssen. Viele Informationen muss die Führungskraft auch für sich behalten oder vertraulich behandeln. Mitarbeiter sollten jedoch nicht angelogen werden. Wenn man etwas nicht sagen kann, will oder soll, dann sollte man dies offen aussprechen.

**Klarer Kopf auch in der Krise**

Zur Vorbildfunktion gehört auch, dass der Vorgesetzte selbst in hektischen Zeiten ruhig und entspannt bleibt. Eine solche Grundhaltung wirkt sich positiv auf das Team aus und wird einem kopf- und heillosen Aktionismus entgegenwirken. Tritt ein Krisenfall ein, setzt sich die Führungskraft mit seinen Mitarbeitern zusammen, analysiert gemeinsam mit ihnen die Situation, entwickelt mit dem Team Lösungen und sorgt dafür, dass die vereinbarten Maßnahmen vom Team umgesetzt werden. So werden die Mitarbeiter nicht nur an der Umsetzung von Maßnahmen, sondern bereits bei der Lösungsfindung und dem Entscheidungsprozess bei der Bewältigung von Arbeitsaufgaben eingebunden. Das spornt an und motiviert.

**Gezielte Problemanalyse**

Auch kleine Probleme und Unzulänglichkeiten können die Arbeitsatmosphäre, das Arbeitsklima und die Mitarbeitermotivation nachhaltig beeinträchtigen. Deshalb sollte die neue Führungskraft schon ganz zu Beginn gezielt nachfragen, ob es Probleme gibt und wenn ja, welche. Gemeinsam mit den Mitarbeitern gilt es, Lösungen zu finden. Nicht alle Probleme werden sich sofort, gänzlich oder befriedigend lösen lassen. Aber allein der Umstand, dass sich der neue Vorgesetzte der Sorgen und Probleme der Mitarbeiter annimmt, wird von diesen positiv wahrgenommen. Nicht selten wird dadurch auch die Eigeninitiative der Mitarbeiter geweckt, Probleme eigenständig anzugehen und aus der Welt zu schaffen.

**Loben, loben, loben**

Das wirkungsvollste und dazu noch preiswerteste Motivationsinstrument, das ein Vorgesetzter hat, sind Lob und Anerkennung [4]. Wenn der Vorgesetzte das Verhalten und die Leistungen der Mitarbeiter ehrlich lobt und anerkennt, werden sie sich beachtet, geschätzt und in ihrem Handeln bestätigt fühlen. Lob und Anerkennung der Führungskraft wirken als

Verhaltensverstärker. Positive Wertschätzung gibt den Mitarbeitern Orientierung, fördert ihr Selbstwertgefühl, setzt Impulse für ihre Entwicklung und motiviert sie zu weiteren Leistungssteigerungen. Lob und Anerkennung sollten daher ein wichtiger Bestandteil der Mitarbeiterführung und Mitarbeitermotivation sein. Und das von Anfang an. Denn die Befürchtung, dass man zu viel loben könnte und die Mitarbeiter dadurch genügsam und träge werden, ist nicht haltbar.

**Keine vorschnelle Verbrüderung**

Erfahrungsgemäß werden sich in den ersten Wochen langsam und allmählich einzelne Mitarbeiter dem neuen Vorgesetzen nähern. Sie suchen von sich aus den Kontakt, sind zunehmend freundlicher und der Umgang wird lockerer. Lassen Sie das bis zu einem gewissen Maß zu, aber achten Sie darauf, ob es sich um eine ehrliche Annährung oder eher ein Anbiedern handelt. In jedem Fall sollte vorschnelle Verbrüderung vermieden werden. Es besteht die Gefahr, dass die neue Führungskraft besonderen Wert darauf legt, gemocht zu werden. Dies ist aber keine gute Grundlage für eine erfolgreiche Führungsarbeit. Vielmehr sollten gegenseitige Wertschätzung und Respekt das Ziel der Zusammenarbeit sein. Dabei kommt es auch und gerade auf die stilleren Mitarbeiter an. Auch diese sollte der Vorgesetzte bewusst und gezielt ansprechen, um auch deren Potenziale zu erkennen und zu nutzen.

## 2.3 Die dritte Woche – Einstieg in die Sacharbeit

Ab der dritten Woche ist es an der Zeit, sich intensiv um die Sacharbeit im neuen Verantwortungsbereich zu kümmern. Dabei kommt es darauf an, bisherige Missstände aufzuspüren und deren Beseitigung in Angriff zu nehmen. Wo angesetzt werden sollte, hat der neue Vorgesetzte aus seinen Gesprächen mit den unterschiedlichen Personen in seinem neuen Umfeld erfahren. Es sollten Prioritäten gesetzt und insbesondere solche Optimierungspotenziale gehoben werden, die einen schnellen und sichtbaren Erfolg versprechen. Das bedeutet nicht, dass schwierigere oder längerfristige Projekte aufgeschoben werden, aber es wird entscheidend darauf ankommen, eigene Zielorientierung und Gestaltungsfähigkeit durch sichtbare positive Veränderungen zu unterstreichen.

**Mitarbeiter einbinden**

Die Mitarbeiter werden eingebunden, gefragt und deren Einschätzungen nicht nur ernst genommen, sondern auch in konkretes Handeln übersetzt. Dieser Prozess wird häufig Zeit und Geduld erfordern, aber er wird sich auszahlen. Mit eigenen Ideen und Vorschlägen sollte sich der Vorgesetzte dabei (zunächst) zurückhalten. Je mehr sich aus dem Team selbst heraus entwickeln kann, umso mehr identifizieren sich die Mitarbeiter mit den Lösungen und deren Umsetzungen. Das ist ein nicht zu unterschätzendes Element erfolgreicher Mitarbeiterführung und Mitarbeitermotivation. Und es zahlt sich aus, auch Vorschläge umzusetzen, die möglicherweise nicht völlig den Vorstellungen der Führungskraft entsprechen, solange sie vom Team für richtig erachtet werden. Sicherlich ist dies ein Spagat, den der Vorgesetzte gut abwägen muss, aber es nutzt der Führungskraft wenig, wenn sie ihre Ideen durchsetzt, die Mitarbeiter diesen aber nicht folgen können oder wollen.

**Graue Eminenzen und Bedenkenträger**

Neben den grauen Eminenzen, die auf ihre Besitzstandswahrung bedacht sind, notorischen Bedenkenträgern und eher zurückhaltenden Mitarbeitern können liebgewonnene Gewohnheiten und Freiräume, aber auch Ängste vor Veränderung und einer befürchteten Wegrationalisierung dem Ideen- und Veränderungsprozess durchaus entgegenwirken. Hier ist die Führungskraft gefordert nicht locker zu lassen. Der Vorgesetzte sollte Fragen stellen, keine vorgefertigten Antworten geben. Dafür ist es erforderlich, den Verantwortungsbereich schnell und genau kennenzulernen. Dies geschieht am besten über Fragen, die die Führungskraft stellt.

**Mitarbeiter als Experten sehen**

Sie sollten die Mitarbeiter als Experten ihrer Aufgaben und Zuständigkeiten respektieren. Sollten die Mitarbeiter bestimmte Schwachstellen nicht erkennen, kann die Führungskraft über Nachfragen und Arbeitsaufträge die Mitarbeiter zur Reflexion und zu einem Perspektivenwechsel animieren. Es kann durchaus auch sein, dass eine von der neuen Führungskraft vermeintlich erkannte Schwachstelle gar keine ist. Diese Gefahr lässt sich vermeiden, indem der Vorgesetzte fragt und zuhört. Problembereiche, die zwingend und zeitnah einer Lösung bedürfen, müssen von der Führungskraft umgehend und konsequent angegangen werden. Konsequenz kann auf den ersten Blick von manchen Mitarbeitern als hart oder (zu) radikal missverstanden werden. Hier kommt es darauf an, dass der Vorgesetzte sein Handeln erklärt und verdeutlicht, warum so agiert werden muss.

**Gute Ziele vereinbaren**

Wenn mit den Mitarbeitern Ziele vereinbart werden, ist es von vorrangiger Bedeutung, dass die Ziele auch erreicht werden. Die Wege dorthin können sehr vielfältig sein. Ein gutes Führungsverhalten räumt den Mitarbeitern im Rahmen des Möglichen und Zulässigen freien Gestaltungsspielraum ein. Nur so können neue Ideen und Möglichkeiten entstehen. Die Freude an der Arbeit nimmt zu, das Betriebsklima verbessert sich, das Selbstvertrauen, die Erfahrungen und die Leistungsfähigkeit der Mitarbeiter wachsen und der Vorgesetzte bekommt mehr Freiraum, um die Ergebnisse zu kontrollieren.

Sicherlich wird es auch Mitarbeiter geben, die versuchen sich neue Freiräume zu schaffen, das Ziel aus den Augen verlieren oder der Unterstützung durch die Führungskraft bedürfen. Ein bewährtes Mittel, den Überblick und die Kontrolle zu behalten ist, fordernde, aber nicht überfordernde Zwischenziele zu setzen, sich mit den Mitarbeitern regelmäßig über den Fortgang auszutauschen, die vereinbarten Teilziele zu kontrollieren und bei Bedarf für die erforderliche Unterstützung zu sorgen.

Dabei gibt es nichts, was nicht noch weiter verbessert werden könnte. Bei allem Verbesserungsstreben sollte sich die Führungskraft aber immer fragen, ob eine Optimierung sinnvoll ist und der Preis in einem angemessen Verhältnis zum Erfolg steht. So mag es zum Beispiel aus zahlenökonomischer Sicht zunächst vielleicht sinnvoll sein, den liebevoll gestalteten Freizeitraum der Mitarbeiter aufzulösen. Die Enttäuschung, der Frust und der Unmut der Mitarbeiter können aber einen gewaltigen Schuss nach hinten auslösen.

**Work-Life-Balance beachten**

Und ein Punkt ist in den ersten Wochen von besonderer Bedeutung: In Zeiten von „Work-Life-Balance" und Fragen der Vereinbarkeit von Arbeit und anderen Lebensbereichen werden die Mitarbeiter sehr genau darauf achten, wie der neue Vorgesetzte auch diese Themen handhabt. Wenn sich dieser allzu pointiert als Workaholic präsentiert, setzt er nicht nur die falschen Signale, er verliert womöglich auch schnell die Unterstützung des Teams oder löst in diesem Reaktanz aus und vernachlässigt die eigene Ausgeglichenheit. Deswegen ist es wichtig, auch zu Beginn der neuen Führungstätigkeit Pausen einzulegen, auf das bereits Erreichte zu schauen (und auch darauf zu verweisen) und sich bewusst zu machen, dass die Entspannung wesentliche Voraussetzung dafür ist, Leistungen zu erbringen. Das gilt für die Führungskraft ebenso wie für die Mitarbeiter.

## 2.4 Die vierte Woche – Umsetzung und Kontrolle

In der vierten Woche werden die klaren Absprachen umgesetzt und die Umsetzung kontrolliert. Dabei geht es zum einen darum, dass die neue Führungskraft die Erwartungen seines eigenen Vorgesetzten gemeinsam mit diesem in klare Absprachen und Vorgehensweisen überführt. Auf der Basis der bisherigen Erfahrungen und Eindrücke sollte die neue Führungskraft die Vorstellungen des eigenen Vorgesetzten, die Unternehmens- und Bereichsziele sowie die eigenen und die in die Mitarbeiter gesetzten Erwartungen hinterfragen und reflektieren. Hierfür sind klar definierte und messbare Ziele und Teilziele zu vereinbaren und die zugebilligten Gestaltungsspielräume zu klären. Der Vorgesetzte der neuen Führungskraft ist dabei eine zentrale Informationsquelle, insbesondere wenn es um Themen wie Unternehmenswerte und Unternehmensnormen, Unternehmenskultur, Besonderheiten des Hauses, Zusammenarbeit mit anderen Abteilungen und wichtigen Entscheidungsträgern sowie Informationen zu den Mitarbeitern geht. Zentral ist allerdings, dass die neue Führungskraft sich in den Wochen zuvor bereits ein eigenes Bild gemacht hat, bevor die Eindrücke und Einschätzungen des eigenen Vorgesetzten detaillierter thematisiert werden. So kann eine zu starke „Vorabbeeinflussung“ vermieden werden, was der eigenständigen und selbstverantwortlichen Führungsarbeit zugutekommt.

**Gespräche mit dem eigenen Vorgesetzten**

Gerade in den ersten Wochen sollte es regelmäßige Gespräche zwischen der neuen Führungskraft und dem eigenen Vorgesetzten geben. So wird nicht nur Vertrauen aufgebaut, es kann auch ein Abstimmungsprozess auf Augenhöhe stattfinden. Dazu gehört ein offenes und ehrliches Auftreten. Eigene Schwierigkeiten sollten ebenso offen thematisiert werden wie unterschiedliche Standpunkte, Sichtweisen und Eindrücke.

Ist eine Entscheidung zwischen der neuen Führungskraft und dessen Vorgesetzten gefallen, dann ist diese loyal und konsequent umzusetzen. Der neue Stelleninhaber sollte alles daran setzen, das gewünschte Ziel auch zu erreichen. Sollten Zweifel an der Richtigkeit der Entscheidung bestehen und sollte ein weiteres Gespräch hierzu keine Veränderung der

Situation herbeiführen, dann kann es durchaus angezeigt sein, ein gemeinsames Gespräch mit der nächsthöheren bzw. zuständigen Instanz im Unternehmen zu suchen.

Sind mit dem Vorgesetzten klare Ziele vereinbart, dann sollten diese ebenso mit den Mitarbeitern fixiert werden. Zielvorgaben sind den Mitarbeitern offen darzulegen und gemeinsame Lösungswege zur Zielerreichung zu erarbeiten. Den Mitarbeitern werden Aufgaben, Verantwortung und Kompetenzen übertragen. Die Gesamtverantwortung kann und soll der Vorgesetzte aber nicht abgeben.

**Regelmäßige Kommunikation**

Die wichtigsten Hilfsmittel sind das regelmäßige Gespräch mit den Mitarbeitern und der Gang durch die Abteilungen, Stationen oder Bereiche. Das bringt im Regelfall weitaus mehr als ein eher hemmendes und beschönigendes Berichtswesen. Die Mitarbeiter sollen schließlich Ergebnisse liefern und nicht Papierberge produzieren.

**Rückmeldung in alle Richtungen**

Dabei sollte die neue Führungskraft den Mitarbeitern, aber auch dem eigenen Vorgesetzten regelmäßig Rückmeldungen geben. So wissen die Mitarbeiter, wo sie stehen, und der Vorgesetzte hat einen transparenten Überblick, was den Status quo angeht. Wichtig ist, hier eine richtige Kommunikationsintensität zu finden. Während dem eigenen Vorgesetzten möglicherweise ein monatlicher Bericht genügt, sollten die Mitarbeiter wesentlich häufiger das Gefühl haben, dass sich ihr Chef für ihre Arbeit wirklich interessiert und für sie da ist.

Lob und Anerkennung spielen auch hier eine große Rolle. Sie bestärken die Mitarbeiter in ihrem Handeln und fördern die Arbeitsmoral sowie die Leistungen. Ein guter Richtwert ist, jede Woche bei jedem Mitarbeiter etwas zu finden, für das man ihm ehrliche Anerkennung aussprechen kann. Es müssen dabei nicht immer gleich die großen Dinge oder Leistungen sein. Auch und gerade die Leistungen im Kleinen, wie zum Beispiel eine zügig erledigte Patientenbeschwerde, das freundliche Verhalten gegenüber dem Patienten, der pflegliche Umgang mit den Geräten, das regelmäßige Aufräumen des Sozialraums und anderes mehr verdienen Beachtung und Anerkennung.

**Kritik immer konkret**

Wenn Sie kritisieren müssen, thematisieren Sie immer ein spezielles Verhalten oder einen konkreten Sachverhalt, aber greifen Sie nicht die Person selbst an. Ein Mitarbeiter ist nicht gleich deshalb ein schlechter Mensch, weil er regelmäßig zu spät kommt. Es gilt also nicht, den Mitarbeiter als Versager zu etikettieren, sondern ihm zu verdeutlichen, dass seine Verspätungen den Arbeitsprozess empfindlich beeinträchtigen und daher sein Verhalten nicht geduldet werden kann.

## 3 Fazit

Mit einem solchen 4-Wochen-Plan für eine erfolgreiche Mitarbeiterführung und Mitarbeitermotivation kann man als neue Führungskraft frühzeitig und zum gegenseitigen Vorteil die Weichen richtig stellen. Nicht alles wird immer und sofort reibungslos funktionieren. Wenn sich „der Neue" aber an diesen Plan hält, wird eine gute Basis für die weitere Zusammenarbeit mit den Mitarbeitern und dem Vorgesetzten geschaffen.

**Quellen**

[1] Mintzberg, H.: Power in and around organizations. Englewood Cliffs: Prentice-Hall; 1983

[2] Neuberger, O.: Führen und führen lassen: Ansätze, Ergebnisse und Kritik der Führungsforschung. 6. Auflage, UTB, 2002

[3] Fröhlich, D.: Neu als Chef – Der 4-Wochen-Plan für eine erfolgreiche Mitarbeiterführung und Mitarbeitermotivation. 2011 (abgerufen 12.08.2015) **mitarbeiterfuehrung-online.de/mitarbeiter-↩ fuehrung/neu-als-chef-der-4-wochen-plan-fuer-↩ eine-erfolgreiche-mitarbeiterfuehrung-und-↩ mitarbeitermotivation-woche-1.html**,

[4] Poppelreuter, S.: Motivation: Ein Führungsinstrument zur Produktivitätssteigerung? in K.-F. Geibig & H. Slaghuis (Hrsg.). Der Instandhaltungsberater. TÜV Media, 2010

**Hinweis**

Dieser Beitrag ist ursprünglich erschienen in: N. Herbig, S. Poppelreuter & H.-J. Thomann (Hrsg.): Qualitätsmanagement im Gesundheitswesen [Loseblattsammlung, 38. Aktualisierungslieferung, Oktober 2015, Kapitel 10223, Seite 1-24], TÜV Media

# Leitbilder – ein Instrument zur Führung und Qualitätsverbesserung im Dienstleistungsbereich

**Der Beitrag gibt einen Überblick über unterschiedliche Formen und Zwecke von Organisationsleitbildern. Er zeigt, wie wichtig solche Leitbilder in der heutigen Zeit für die Mitarbeiterinnen und Mitarbeiter einer Organisation, aber auch für Kunden, Zulieferer und Kooperationspartner, letztlich für alle mit der Organisation in Kontakt stehenden oder tretenden Personen und Institutionen – neudeutsch Stakeholder genannt – sind. Der Prozess einer Leitbilderstellung wird beschrieben, Möglichkeiten zur Überprüfung der Umsetzung von Leitbildern werden aufgezeigt.**

## 1 Einleitung

**Leitbilder – warum sie immer wichtiger werden**

In einer immer komplexer werdenden Welt mit eklatanten Auswirkungen auf die (arbeitenden) Menschen in Form von Informationsmenge, Arbeitsverdichtung und Arbeitsbeschleunigung stellt sich mehr denn je die Frage, wofür man all das tut, was der Sinn und Zweck einer Arbeit ist, welche Ziele mit ihr verfolgt werden und wann eine Arbeit gut erledigt wurde. Mitarbeiterinnen und Mitarbeiter generell, besonders aber Führungskräfte benötigen für ihre tägliche Arbeit Vorgaben, Orientierungspunkte und Kriterien zur Abschätzung von Arbeitsqualität und Arbeitsleistung. Neben sachlich-inhaltlichen Maßstäben („Haben wir unseren Umsatz erreicht?“, „Arbeiten wir nicht nur effektiv, sondern auch effizient?“, „Wie ist die Zufriedenheit unserer Kunden?“ etc.) spielen insbesondere übergeordnete Werte, Ziele und Überzeugungen, für die eine Organisation steht, wie ihr Selbstverständnis ist und nach welchen Maßstäben gearbeitet werden soll, eine zentrale Rolle. Hier ist in den letzten Jahren eine „Leitbildkultur“ entstanden. Jedes Unternehmen, das etwas auf sich hält, hat solche Leitbilder entwickelt.

Im Dienstleistungsbereich gibt es zudem eine Reihe von Entwicklungen und Fakten, die eine Leitbildentwicklung vorantreiben und bedeutsam machen:

- Im Rahmen der Einführung von Qualitätsmanagementmodellen oder Zertifizierungen (DIN ISO 9001) gibt es Qualitätspunkte für das Vorhandensein eines Leitbilds.
- Das Unternehmen fühlt sich zunehmend als Erbringer einer Dienstleistung und möchte dies über das Leitbild ausdrücken.
- Die Verteilung knapper Ressourcen kann sich an den im Leitbild priorisierten Inhalten orientieren.
- Eine stärkere Beteiligung, Identifikation und Motivation der Mitarbeiter ist zur Sicherung des Unternehmenserfolgs notwendig.
- Wachsende Unternehmen müssen eine einheitliche Orientierung schaffen und für klare Organisationsstrukturen sorgen.
- Zunehmender Wettbewerb erfordert Strategien, um sich von der Konkurrenz abzuheben.
- Dem schlechten Image eines Unternehmens kann mit einem Leitbild begegnet werden.
- Das Leitbild ist zu einem wichtigen Instrument der Öffentlichkeitsarbeit geworden.
- Leistungs- und Qualitätsvereinbarungen mit Kooperationspartnern oder Zulieferern können ein Leitbild erforderlich machen, damit die Vereinbarungen nicht nur Vision bleiben, sondern Wirklichkeit werden.
- Das Leitbild kann auch Ausgangspunkt für eine Verbesserung des Arbeits- und Gesundheitsschutzes im Unternehmen sein. Solche Veränderungsprozesse bieten den Unternehmen die Chance, die Qualität der Arbeit als Ressource unternehmerischen Handelns zu betonen.

- Interne Anlässe für einen Leitbildprozess sind zum Beispiel der Wechsel der Rechtsform, die Fusion vorher eigenständiger Betriebe, eine anstehende Unternehmernachfolge, ein Wechsel der Trägerschaft, die Reorganisation bestimmter Unternehmensteile oder auch der Verlust einer ehemals leitenden Wertorientierung.

**Bereiche von Leitbildern**

Es wimmelt geradezu von Leitbildern unterschiedlicher Geltungsbereiche und Formen. Allgemeine Unternehmens-/Organisationsleitbilder mit Aussagen zum Selbstverständnis und zu zentralen Werten und Zielen einer Organisation stehen neben Leitbildern zur Führung, zur Dienstleistungsqualität oder zur Kundenorientierung. Die Leitbilder entstehen dabei auf sehr unterschiedlichen Wegen, werden unterschiedlich intensiv kommuniziert und genutzt.

## 2 Mission, Vision, Werte – zentrale Bestandteile eines Leitbilds

**Was umfasst ein Leitbild?**

Genz, Reick, Schambortski, Schönen, Scholz und Vogt [1] definieren den Leitbildbegriff folgendermaßen: *„Ein Leitbild ist der Ausgangspunkt für eine gewollte Entwicklung und Veränderung der betrieblichen Realität. Es ist nur der Auftakt, kein Projekt, das irgendwann endet. (. . .) Ziel eines Leitbilds ist die Entwicklung einer einheitlichen Identität, in der alle vorhandenen Arbeits- und Lebenskulturen einer Organisation auf die gemeinsame Zielsetzung ausgerichtet werden. Die Entwicklung eines Leitbilds steht deshalb im Spannungsfeld von Altem und Neuem. Wie kann ich Bewährtes erhalten und vorhandene Defizite abbauen? Wie kann ich eine einheitliche Kultur des Arbeitens und miteinander Umgehens schaffen, ohne die motivierten Menschen zu verlieren, die sich in diesem Veränderungsprozess plötzlich nicht mehr wiederfinden? Denn schon oft wurde etwas anders, aber eben nicht besser.“*

Die zentrale Funktion von Leitbildern in Organisationen besteht darin, kurz und prägnant den Auftrag (Mission), die strategischen Ziele (Vision) und die wesentlichen Orientierungen für Art und Weise ihrer Umsetzung (Werte) innerhalb einer Organisation darzulegen. Mitarbeiterinnen und Mitarbeiter einer Organisation, aber auch außenstehende Personen sollen so eine Orientierung darüber erhalten, wofür die Organisation steht, welche Ziele sie verfolgt und auf Grundlage welcher Überzeugungen und Werte die Organisation intern, aber auch in ihrer Beziehung zur Umwelt agiert. Insofern stellen Leitbilder ein Führungsinstrument dar. Sie geben Auskunft über die Ansprüche, die eine Organisation an sich selbst und an alle in ihr tätigen Personen stellt.

**Drei Wirkungsbereiche von Leitbildern**

Leitbilder sollen mindestens drei zentrale Effekte haben: Sie sollen Orientierung geben, sie sollen motivieren und sie sollen werben.

**Orientierungsfunktion**

Leitbilder dienen der offenen Kommunikation des Selbstverständnisses einer Organisation. Ein gut formuliertes Leitbild schafft Transparenz, Eindeutigkeit und Vertrauen. Obwohl Leitbilder häufig eher abstrakt formuliert sind, lassen sich aus ihnen strategische und operative Ziele ableiten, deren Erreichung überprüft werden kann. So geben Leitbilder auch grundlegende Orientierungen selbst für das Tagesgeschäft.

**Motivationsfunktion**

Eine zentrale zweite Funktion von Leitbildern besteht in der Motivation von Mitarbeiterinnen und Mitarbeitern, konstruktiv und engagiert am Auftrag, an den Zielen auf der Grundlage der (hoffentlich) gemeinsam geteilten Werte der Organisation zu arbeiten. Diese Leitbildfunktion soll dazu dienen, die Identifikation der Mitarbeiterinnen und Mitarbeiter mit der Organisation zu stärken und so – zumindest mittelbar – auch eine höhere Arbeitszufriedenheit zu ermöglichen. Über das Leitbild wird deutlich, warum die Tätigkeit in der Organisation – auch in einem übergeordneten Gesamtzusammenhang betrachtet – Sinn macht, wofür es sich zu arbeiten lohnt, wie die Organisation Erfolg und Zielerreichung definiert und worauf die Mitarbeiterinnen und Mitarbeiter stolz sein können.

**Werbefunktion**

Schließlich sollen – insbesondere auch nach außen kommunizierte – Leitbilder für Organisationen eine Werbungsfunktion erfüllen. Durch die imagestiftende Wirkung eines Leitbilds (so möchte die Organisation sein) sollen nicht nur bereits für die Organisation tätige Mitarbeiterinnen und Mitarbeiter an die Organisation gebunden werden, es sollen auch Kunden, Kooperationspartner, Finanziers, Zulieferer u. a. m. gewonnen werden. In diesem Zusammenhang sind Leitbilder auch immer als „vertrauensbildende Maßnahme" zu verstehen, wobei es selbstverständlich zentral darauf ankommt, dass das nach außen getragene Selbstverständnis einer Organisation (der Sollzustand) im tatsächlichen Kontakt mit der Organisation auch so erlebt wird.

## 3 Der Prozess der Leitbildentwicklung

**Die Leitbildentwicklung als PE- und OE-Maßnahme**

Von zentraler Bedeutung bei der Erstellung eines Leitbilds ist die Tatsache, dass nicht nur das Ergebnis selbst – also das fertige Leitbild – sondern auch und gerade der Weg dorthin eine wesentliche Funktion im Rahmen der Personal- und Organisationsentwicklung hat. Denn wenn man sich dazu entschließt, ein solches Leitbild nicht „im stillen Kämmerlein" zu entwickeln oder einfach nur „von oben zu verordnen", sondern das Leitbild unter Einbezug unterschiedlicher Personenkreise verschiedener Ebenen und Funktionsbereiche einer Organisation erstellt, ergeben sich zahlreiche positive Effekte, die sowohl für die einzelne Mitarbeiterin/den einzelnen Mitarbeiter als auch für die Organisation insgesamt wirksam werden können:

**Vorteile einer partizipativen Leitbildentwicklung**

- Durch den Einbezug von Mitarbeiterinnen und Mitarbeitern werden diese aktiv am Prozess der Formulierung von Mission, Vision und organisationsrelevanten Werten beteiligt. Sie werden somit zum (Mit-)Gestalter der Weiterentwicklung der Organisation. Die Bereitschaft, ein so entwickeltes Leitbild tatsächlich auch im Alltag zu leben – und davon ist der Erfolg eines Leitbilds massiv abhängig – wird erhöht. Die Identifikation mit den aufgerufenen Aufträgen, Zielen und Werten steigt.
- Verläuft ein solcher Prozess erfolgreich, wird dadurch auch eine Aussage zur gewünschten Organisationskultur gemacht. Beteiligung und Einbindung der Mitarbeiterinnen und Mitarbeiter verdeutlichen Wertschätzung, Interesse und eine auf ein Miteinander ausgerichtete Organisationskultur, was wiederum positive Auswirkungen auf die Mitarbeitermotivation und -zufriedenheit, aber auch auf das Image der Organisation insgesamt haben kann.
- Ein solcher auf Partizipation ausgerichteter Leitbildentwicklungsprozess wird auch im Umfeld der Organisation positive Wirkung entfalten. So wird beispielsweise potenziellen Bewerberinnen und Bewerbern mit einem solchen Prozess ein Anreiz geboten, sich für einen Arbeitgeber zu entscheiden, der nicht nur die fachlichen Qualifikationen seiner Belegschaft wertschätzt, sondern auch an einer wirklichen Beteiligung bei der Ausgestaltung der Zusammenarbeit interessiert ist.

Am Ende des Leitbildprozesses kann ein Werk stehen, das Orientierung bietet, bestehende und künftige Standards der täglichen Arbeit definiert und Handlungsfelder für die Zukunft benennt. Ein geschickt geführter Leitbildprozess kann also Diskussionen über bestehende Werte und Normen ermöglichen, aber weit über den Arbeitsalltag hinaus auf die Sinnhaftigkeit einer Organisation verweisen, die im Arbeitsalltag in vielen Unternehmen so nicht immer spürbar ist.

## 3.1 Leitbildentwicklung in der Großgruppe

**Leitbildentwicklung – der Königsweg**

Der Königsweg im Rahmen einer Leitbildentwicklung ist die Einbindung aller Mitarbeiterinnen und Mitarbeiter in den Prozess. Auch wenn dies häufig aufgrund der Größe, der Dezentralität oder einfach aus Gründen der Sicherstellung der Betriebsfähigkeit einer Organisation nicht möglich ist, soll an dieser Stelle ein solches Vorgehen dennoch dargestellt werden, weil es letztlich dem Idealbild einer Leitbilderstellung entspricht.

Vor allem zum Auftakt eines Leitbildprozesses bietet sich eine Veranstaltung mit der gesamten Belegschaft an. Ziel ist es, möglichst viele – durchaus auch divergierende – Einschätzungen und Meinungen der Mitarbeiterinnen und Mitarbeiter zu verschiedensten Aspekten der Organisation zu generieren. Natürlich kann die Frage des Auftrags, der Vision und der Werte einer Organisation auch völlig offen diskutiert werden. Zur Strukturierung des Prozesses bietet sich jedoch ein an zentralen Fragen orientiertes Vorgehen an. Die vorgegebenen Fragen werden in Kleingruppen bearbeitet, die Ergebnisse im Plenum vorgestellt und verfeinert. Wenn dieses Vorgehen in die Unternehmenskultur passt und die Vorgesetzten sich diese Offenheit zutrauen, gewinnt der Prozess gleich zu Beginn eine starke Dynamik.

**Leitbildentwicklung – zentrale Fragen**

Zentrale Fragen in diesem Stadium der Leitbildentwicklung können zum Beispiel sein [2]:

1. Was tun wir? Was können wir besonders gut?
2. Was verstehen wir unter Qualität?
3. Wie gehen wir mit Informationen um und kommunizieren wir miteinander und über Abteilungen hinweg?
4. Wie sieht der ideale Beschäftigte aus, wie gehen wir miteinander um?
5. Wie wollen wir führen und wie geführt werden?
6. Was bedeutet Gesundheit für uns, wie wollen wir sie sichern und entwickeln?
7. Wie sehen wir unsere Kunden, wie gehen wir mit ihnen um?
8. Wie sichern wir die finanziellen Mittel?
9. Wie sichern wir die Zusammenarbeit?
10. Welches Bild wollen wir nach außen darstellen, wie interagieren und kommunizieren wir?
11. Wie können wir Ressourcen nachhaltig und schonend nutzen?

Es ist leicht vorstellbar, dass die Diskussion dieser Fragen eine Fülle an Material ergibt, das es zu sortieren, zu strukturieren und zu verdichten gilt. Dies geschieht nicht in der Großgruppe, sondern wird über eine Arbeitsgruppe – idealerweise mit externer Moderation durch einen in diesem Feld erfahrenen Berater – geleistet. So entsteht ein erster Entwurf des Leitbilds, der dann in einer zweiten Runde – idealerweise wieder mit allen Mitarbeiterinnen und Mitarbeitern – diskutiert und verfeinert wird. Dies geschieht entweder im Rahmen einer Belegschaftsversammlung oder aber über einen Austauschprozess per Mail.

### 3.2 Leitbildentwicklung in der Projektgruppe mit repräsentativer Beteiligung

**Leitbildentwicklung – der „übliche" Weg**

Angesichts der bereits genannten möglichen Schwierigkeiten, ein Leitbild unter Einbezug der Gesamtbelegschaft zu erstellen, wird in der Praxis häufig ein pragmatischerer Ansatz gewählt: Eine Projektgruppe erhält den Auftrag, das Leitbild zu erstellen. Unter Anleitung eines neutralen Moderators entwickeln Vertreterinnen und Vertreter unterschiedlicher Hierarchieebenen und Funktionsbereiche einer Organisation (Geschäftsführung, Führungskräfte, Mitarbeiterinnen und Mitarbeiter, Personal-/Betriebsrat, Gleichstellungsbeauftragte/r, Personalabteilung etc.) einen Leitbildentwurf. Auch hier orientiert man sich an den oben genannten zentralen Fragen.

Es besteht die Möglichkeit, diesen Leitbildentwurf dann, wie bereits beschrieben, in der Gesamtbelegschaft kursieren, kommentieren und ergänzen zu lassen (z. B. via Mail). Um den Aufwand zu reduzieren, kann aber auch die Variante gewählt werden, dass der Leitbildentwurf von einer zweiten, ebenfalls repräsentativen Projektgruppe weiterentwickelt und verfeinert wird.

Im Ergebnis erhält man ein Leitbild, das zwar nicht basisdemokratisch, wohl aber unter Einbezug aller relevanten Personengruppen im Unternehmen entwickelt wurde.

### 3.3 Installation des Leitbilds in der Gesamtorganisation

**Einführung eines Leitbilds in die Gesamtorganisation**

Die Einführung eines Leitbilds in die Gesamtorganisation sollte über verschiedene Kommunikationswege (z. B. Vorstellung auf einer Belegschaftsversammlung, Flyer, Aushänge, Bezugnahme auf das Leitbild in Besprechungen, Präsentation im Intranet/auf der Homepage etc.) erfolgen. Hierbei ist von besonderer Bedeutung, dass alle Mitarbeiterinnen und

Mitarbeiter „abgeholt" werden, indem nicht nur das Leitbild selbst, sondern auch der Prozess der Leitbildentwicklung und die mit dem Leitbild verbundenen Erwartungen und Ziele vermittelt werden.

**„Auslegungshilfen" sind wichtig**

Zusätzlich sollte es zu den häufig eher abstrakt formulierten Leitbildsätzen nähere Erläuterungen über deren Bedeutung sowie verhaltensnahe Beschreibungen der Umsetzung eines Leitsatzes geben. Solche „Auslegungshilfen" konkretisieren das Leitbild und überführen es in umsetzbare Verhaltensmuster und Handlungsweisen. Schließlich kann die tatsächliche Umsetzung des Leitbilds immer nur am konkreten, im Arbeitsalltag praktizierten Verhalten überprüft werden.

**Das Vorbild ist wichtiger als das Leitbild**

Gerade bei der Umsetzung des Leitbilds in konkretes Verhalten kommt dem Führungspersonal einer Organisation besondere Bedeutung zu. Mitarbeiterinnen und Mitarbeiter orientieren sich in aller Regel nämlich eher am Vorbild als am Leitbild. Dies bedeutet, dass speziell nach der Vorstellung und Einführung eines Leitbilds in eine Organisation die Belegschaft mit besonderer Aufmerksamkeit nicht nur Kolleginnen und Kollegen, sondern vor allem Vorgesetzte hinsichtlich ihrer Bereitschaft und Fähigkeit, das Leitbild auch tatsächlich zu leben, beobachten wird.

**Die Rolle der Vorgesetzten**

Daher sollten im Rahmen einer Leitbilderstellung und -implementierung auch immer Workshops mit den Führungskräften der Organisation vorgesehen werden, sind die Führungskräfte doch nicht nur die Multiplikatoren, sondern auch und vor allem die Umsetzer des Leitbilds. An ihrem Verhalten wird die Belegschaft ablesen, ob und wie ernst das Leitbild genommen wird. Eine fehlende Bereitschaft der Führungskräfte, sich am Leitbild zu orientieren bzw. das eigene Verhalten vor dem Hintergrund des Leitbilds bewerten zu lassen, führt unmittelbar zu der im Zusammenhang mit Leitbildern angeführten „Hochglanzrhetorik". Das Leitbild klingt gut und sieht auch gut aus, leider hat es aber rein gar nichts mit der Organisationsrealität zu tun. Eine solche Erfahrung katapultiert ein Leitbild unmittelbar auf den Friedhof der unwirksamen Personal- und Organisationsentwicklungsmaßnahmen. Mehr noch, eine solche Entwicklung führt in aller Regel dazu, dass die Mitarbeiterinnen und Mitarbeiter frustriert und demotiviert sind.

**Kein Opium für die Belegschaft**

Deswegen sollten insbesondere Organisationen in schwierigen wirtschaftlichen, organisatorischen oder personellen Situationen einen Leitbildprozess hintenanstellen und zunächst versuchen, in ruhigeres Fahrwasser zu kommen. Leitbilder können niemals Managementfehler oder Schieflagen einer Organisation ausgleichen. Sie sind kein „Opium für die Belegschaft" und sollten auch nicht als solches missbraucht werden.

**Leitbilder als Rohrkrepierer**

Berner [3] beschreibt sehr anschaulich, wie die anfängliche Begeisterung, die mit der Implementierung eines Leitbilds in einer Belegschaft durchaus entfacht werden kann, schnell zu Ernüchterung, im schlimmsten Fall sogar zu negativen Reaktionsmustern führen kann, wenn Leitbilder nicht ernsthaft und authentisch gelebt werden. Er skizziert fünf emotionale Zustände nach der Einführung eines Leitbilds in Organisationen:

1. Begeisterung: Die Mitarbeiterinnen und Mitarbeiter hören die wohlklingenden Grundsätze, finden sie gut und projizieren ihre unerfüllten Hoffnungen und Wünsche hinein.
2. Erwartung: Die Belegschaft wartet darauf, dass die Führungskräfte die im Leitbild häufig hochgesteckten Erwartungen erfüllen.

3. Ernüchterung: Je länger die Mitarbeiterinnen und Mitarbeiter warten, desto mehr schlägt die Hoffnung und Vorfreude in Enttäuschung um.
4. Verbitterung: Wenn die Diskrepanzen zwischen Leitbildformulierung und Organisationsrealität von Mitarbeiterinnen oder Mitarbeitern zur Sprache gebracht werden, erklären die Führungskräfte häufig, dass sie zu viel und Falsches in die Leitsätze hineininterpretiert hätten („so ist das ja gar nicht gemeint"). Spätestens dann fühlen sich die Mitarbeiterinnen und Mitarbeiter auf den Arm genommen und ziehen sich zurück.
5. Zynismus: Nach einigen solchen Erfahrungen hat das Leitbild jede „Leitwirkung" verloren und taugt nur noch für sarkastische Sprüche hinter vorgehaltener Hand („Wir führen durch Vorbild. Haha.").

## 3.4 Der Leitbildentwicklungsprozess: ein Beispiel

**Leitbildentwicklung in der Praxis**

Im Folgenden soll hier der Leitbildentwicklungs- und -implementierungsprozess in einem mittelständischen Industriedienstleistungsunternehmen beschrieben werden. Das Unternehmen ist tätig in den Bereichen Anlagenbau und Montage, Engineering Services, Facility Services, Instandhaltung und technische Reinigung. Es hat rund 1.200 Mitarbeiterinnen und Mitarbeiter an sieben Standorten.

**DIN-ISO-9001-Zertifizierung als Auslöser**

Auslöser für die Leitbildentwicklung ist eine angestrebte DIN-ISO-9001-Zertifizierung, in deren Rahmen ein Leitbild Qualitätspunkte bringt. Im Leitbildentwicklungsprozess wurde eine hierarchie- und berufsgruppenübergreifende Projektgruppe mit folgenden Mitgliedern gebildet:

**Projektgruppe**

- ein Vertreter der Geschäftsführung,
- jeweils der Leiter der Bereiche Anlagenbau und Montage, Facility Services, technische Reinigung,
- drei Vertreter der 3. Führungsebene aus den Bereichen Engineering Services, Instandhaltung, Controlling,
- zwei Vertreter des Betriebsrats,
- der Verantwortliche für Auszubildende,
- der Qualitätsmanagementbeauftragte und
- ein externer Berater

**Projektleitung**

Die Projektleitung lag in den Händen des Qualitätsmanagementbeauftragten, der an eine übergeordnete Lenkungsgruppe berichtete.

**Workshops**

Zur Entwicklung des Leitbilds wurden monatliche, ganztägige Workshops durchgeführt. Inhalte der Workshops waren:

- die Meilensteinplanung der Leitbilderarbeitung und -implementierung,
- die Beauftragung der Projektgruppenmitglieder mit der Datenanalyse (bereits bestehende ältere Leitbilder und Führungsgrundsätze wurden ausgewertet, dazu Internetrecherche sowie Analyse der Leitbilder vergleichbarer Unternehmen),
- die Ableitung der unternehmensindividuellen Leitbildthemen, -inhalte und Leitbildadressaten aus der Datenanalyse,
- die Erarbeitung des Erstentwurfs,
- die Einarbeitung der Mitarbeitervorschläge in Absprache mit der Geschäftsführung.

**Leitbild-inhalte**

Das Leitbild wurde in folgende Themenbereiche gegliedert:

- „Wir“
- „Unsere Kunden“
- „Unsere Mitarbeiter“
- „Unsere Partner“

**Mitarbeiter-partizipation**

Bei der Leitbilderstellung wurde großer Wert auf die Mitarbeiterpartizipation gelegt. Diese wurde sichergestellt über die Diskussion des Leitbildentwurfs im Rahmen eines Führungskräfteseminars sowie einer Mitarbeiterbefragung. Hier wurde der Leitbildentwurf an die Mitarbeiterinnen und Mitarbeiter versandt, versehen mit einem Anschreiben der Geschäftsführung und der Bitte um schriftliche Stellungnahme/ Ergänzung des Leitbilds. Die Rückläufer wurden gesammelt und von der Projektgruppe nach Diskussion in den Leitbildentwurf eingearbeitet. Dabei konnten selbstverständlich längst nicht alle Anregungen und Vorschläge berücksichtigt werden. Jedoch erfuhr der Leitbildentwurf durch diesen Prozess noch vielfältige Ergänzungen und Optimierungen.

**Leitbild-implemen-tierung**

Zur Leitbildimplementierung wurde das Leitbild, versehen mit einem Begleitschreiben der Geschäftsführung, an alle Mitarbeiterinnen und Mitarbeiter des Unternehmens sowie an wichtige Kooperationspartner versandt. Darüber hinaus fand eine Veröffentlichung des Leitbilds in der Mitarbeiterzeitung, auf der Unternehmenshomepage und in Werbebroschüren statt. Das Leitbild wurde an zentralen Stellen im Unternehmen ausgehängt. Im Rahmen der Einarbeitungstage für neue Mitarbeiterinnen und Mitarbeiter wurde die Präsentation des Leitbilds als zentraler Bestandteil aufgenommen. Und schließlich wurde nach der Erstellung und Implementierung des Leitbilds auch die lokale Presse hinzugezogen, um über den Prozess und sein Resultat zu berichten. Gerade an dieser

Stelle wird der Aspekt der „Werbefunktion“ des Leitbilds deutlich.

## 4 Leitbilder – warum sie manchmal scheitern

Der Erfolg der Entwicklung und Einführung eines Leitbilds ist davon abhängig, dass es gelingt, handwerkliche aber auch inhaltliche Fehler zu vermeiden. Häufig anzutreffende Misserfolgsfaktoren bei der Erstellung und Einführung eines Leitbilds können sein [4]:

**Misserfolgsfaktoren bei der Leitbildentwicklung/ -implementierung**

- Die Leitbildinhalte sind inkonsistent, eine Verwirklichung ist daher nicht möglich.
- Das Leitbild ist zu allgemein formuliert und damit inhaltsleer.
- Das Leitbild ist unrealistisch und überzogen formuliert und überfordert Geschäftsführung sowie Mitarbeiterinnen und Mitarbeiter.
- Das Leitbild hat nichts mit der Wirklichkeit im Unternehmen zu tun.
- Die Geschäftsführung steht nicht hinter dem Leitbild.
- Das Leitbild ist im Unternehmen nicht bekannt.
- Die Mitarbeiterinnen und Mitarbeiter identifizieren sich nicht mit dem Leitbild.
- Das Leitbild ist veraltet, in der Folge passt das Selbstverständnis des Unternehmens nicht mehr zu den Anforderungen, die an das Unternehmen gestellt werden.

Die Liste könnte fast beliebig fortgesetzt werden. Allgemein besteht die Gefahr für ein Leitbild darin, dass es eine oder mehrere Leitbildfunktionen (vgl. Abschnitt 2) nicht ungehindert ausführen kann. Ganz individuell sind auch die Gefahrenquellen, die zu diesem Zustand führen können. Gefahren für das Leitbild entstehen zum Beispiel, wenn das Leitbild von oben herab vorgegeben oder ausschließlich durch einen externen Berater erarbeitet wird, wenn methodische Hilfsmittel falsch oder gar nicht eingesetzt werden oder einzelne Phasen der Entwicklung und Implementierung zum Beispiel aus Kostengründen einfach unterlassen werden. Themen und Inhalte des Leitbilds können untauglich bzw. unpassend sein und formale Fehler können unterlaufen, wenn das Leitbild nicht im Rahmen einer Einbeziehung der Mitarbeiter (Mitarbeiterfeedback) bereits in der Entwicklungsphase getestet wird. Der Gefahr der Überalterung des Leitbilds kann durch folgende Instrumente [5] vorgebeugt werden:

**Maßnahmen gegen die Leitbildüberalterung**

- jährliche Leitbild-Workshops, auf denen das Leitbild rekapituliert und auf seine Aktualität hin überprüft wird;
- Thematisierung des Leitbilds in Strategieklausuren und bei Führungskräftetreffen, insbesondere um die Verzahnung des Leitbilds mit der Strategie des Unternehmens einerseits, aber auch die Rolle der Führungskräfte bei der Umsetzung des Leitbilds andererseits zu bekräftigen;
- Befragungen von Leitbildadressaten bzw. leitbildbezogene Fragen in Mitarbeiter-, Patienten-, Stakeholderbefragungen;
- Ernennung von Ombudsmännern/-frauen für das Leitbild, die als Ansprechpartner/-innen bei allen Fragen rund um das Leitbild zur Verfügung stehen, speziell wenn es um strittige Auslegungen der Bedeutung von Leitbildinhalten geht;
- lückenlose Projektdokumentation des Prozesses der Leitbildentwicklung und der Leitbildimplementierung zur retrospektiven Analyse;
- regelmäßige organisationsbezogene SWOT-Analysen (Stärken, Schwächen, Chancen, Bedrohungen), um auch

vor diesem Hintergrund die Aussagekraft und den Realitätsgehalt des Leitbilds zu überprüfen.

Um die Gefahr des Scheiterns bei der Entwicklung und Einführung eines Leitbilds in eine Organisation zu reduzieren oder idealerweise gänzlich auszuschalten, sollten die Leitbildverantwortlichen sich folgender Fallstricke bewusst sein [2]:

**Nur wahrhaftige Leitbilder wirken**

1. Keine Außenwirkung ohne Innenleben
   In vielen Organisationen dient die Leitbildentwicklung vor allem einem öffentlichkeitswirksamen Effekt. Das Leitbild wird voller Stolz nach außen kommuniziert. Mit der Beschreibung des Sollzustands ist der Istzustand jedoch nicht erreicht. Die Wirkung nach außen ist eine Folge der Wirkung nach innen. Erst wenn eine Organisation sich wirklich auf den Weg zur der Organisation gemacht hat, die sie im Leitbild beschreibt, kann sie damit auch in der Öffentlichkeit wirken. Diese Tatsache gilt umso mehr für die innere Wirkung des Leitbilds. Die Mitglieder einer Organisation bemerken noch viel früher und in der Regel auch verschärfter, wenn Wunsch im Leitbild und Wirklichkeit in der Organisationsrealität weit auseinander klaffen.

**Geduld ist erforderlich**

2. Realitätslücke zwischen Vision und Wirklichkeit
   Ein Leitbild ist auch immer ein Stück Vision. Im Entstehungsprozess wird es eine längere Phase geben, in der das im Leitbild gezeichnete Bild noch nicht Wirklichkeit geworden ist. Damit müssen Mitarbeiter und Führungskräfte zunächst einmal leben, bis die im Leitbild beschriebenen Ziele erreicht sind. Wichtig ist, vorher zu kommunizieren, dass es diese Phase der inneren Spannung und gegebenenfalls auch drohenden Demotivation geben wird, wenn letztere erst gar nicht eintreten soll.

**Kein „par ordre du mufti“**

3. „Angeordnete“ Leitbilder
Wenn das Leitbild von einer oder nur wenigen Personen „im stillen Kämmerlein“ entwickelt wird, geht dies zwar schneller, bewirkt aber leider wenig. Ein Unternehmen wird nicht „per Dekret“ in Bewegung gesetzt. Übernimmt dagegen eine Projektgruppe aus unterschiedlichen Berufen, Abteilungen und Hierarchien die Leitbildentwicklung, ist der Weg zwar oft konfliktreich und mühsam, aber schon ein erster wichtiger Teil der angestrebten Veränderung. Wichtig ist darüber hinaus die Anbindung der Leitbildarbeit an die Entscheidungsgremien der Organisation und die Unterstützung durch die Unternehmensleitung.

**Kommunikation ist zentral**

4. Kontinuierliche Kommunikation
Damit das Leitbild schon Thema in Abteilungssitzungen und Dienstbesprechungen sein kann, sollten auch die nicht unmittelbar beteiligten Mitarbeiter kontinuierlich informiert werden. Leider wird an der internen Kommunikation zuerst gespart und die Leitbildentwickler sind mit sich und ihrem Thema so beschäftigt, dass sie ihr Umfeld allzu sehr vergessen. Später wundern sie sich dann, warum niemand ihre schönen Vorschläge annimmt.

## 5 Leitbildcontrolling – Wirkt, was da steht?

**Leitbildüberprüfung**

Einer der am häufigsten geäußerten Kritikpunkte an Leitbildern jedweden Geltungsbereichs ist immer wieder, dass hier nur Hochglanzrhetorik betrieben werde, die mit der Organisationsrealität gar nichts zu tun habe. Daher ist es von zentraler Bedeutung, die in den Leitbildern geäußerten Visionen, Missionen und Werte auf ihre Umsetzung im organisatorischen Alltag hin zu untersuchen. Wie kann ein solches Leitbildcontrolling stattfinden?

**Mitarbeiterbefragung**

Die versiertesten Experten zur Beurteilung der Frage, ob die Leitbildvision sich im Arbeitsalltag widerspiegelt, sind und bleiben die Mitarbeiterinnen und Mitarbeiter. Daher ist es sinnvoll und ratsam, diese in regelmäßigen Abständen – als Vollerhebung oder repräsentativ – nach ihren Erfahrungen und Einschätzungen zu befragen. Eine solche Mitarbeiterinnen- und Mitarbeiterbefragung kann in unterschiedlichen Modalitäten (als Papier-und-Bleistift-Befragung, als Onlinebefragung, im Rahmen von Einzel- oder Fokusgruppeninterviews etc.) stattfinden. Wesentlich ist, dass die im Leitbild formulierten Inhalte und Zielsetzungen verhaltensnah operationalisiert werden, damit die Mitarbeiterinnen und Mitarbeiter eine einheitliche Beurteilungsgrundlage bei der Einschätzung der Frage haben, ob sich das Unternehmen selbst, aber auch ihre Mitglieder so verhalten, wie es im Leitbild dargelegt wird bzw. aufgrund der Vision, Mission und Werte angemessen wäre.

**Kundenbefragung, Stakeholderbefragung**

Die Qualitäts- und Selbstanspruchsversprechen, die in Leitbildern formuliert werden, sollen das Vertrauen der Kundinnen und Kunden wecken und letztlich eine Kaufentscheidung positiv beeinflussen. Daher sollten Kundinnen und Kunden, aber auch alle weiteren Stakeholder (wie z. B. Zulieferer, Dienstleister, Kooperationspartner etc.) von der Leistungsfähigkeit, der Integrität und dem Wertekanon des Unternehmens überzeugt werden. Ob dies tatsächlich gelingt, lässt sich immer wieder am ehesten durch die Befragung der entsprechenden Personenkreise überprüfen. Daher sollten auch solche Befragungen regelmäßig durchgeführt werden.

**Jährliche Mitarbeitergespräche**

Wenn man das Unternehmensleitbild als ein Führungsinstrument innerhalb der Organisation betrachtet, sollten die Inhalte und Intentionen des Leitbilds im jährlichen Mitarbeitergespräch auf ihre Umsetzung, aber auch auf ihre Sinnhaftigkeit und noch bestehende Gültigkeit hin thematisiert werden. Hier kann im konstruktiven Vorgesetzten-Mitarbeiterinnen/Mitarbeiter-Dialog überprüft werden, wie jede(r) einzelne Mitarbeiter/-in die Leitbildinhalte und deren Umsetzung einschätzt. So lassen sich Schwachstellen, aber auch Realitätsabweichungen und ggf. Änderungsbedarf ableiten.

**Regelmäßige Anpassung/ Überarbeitung**

Da Unternehmen immer auch Entwicklungen, Trends und Moden unterworfen sind, sollten Leitbilder spätestens alle zwei Jahre einer Überprüfung unterzogen und ggf. ergänzt oder erneuert werden. Diese Arbeit kann über die Projektgruppe erfolgen, die auch schon im Rahmen der Leitbilderstellung und -implementierung tätig war.

## 6 Ein Beispiel aus der Praxis

**Praxisbeispiel**

Abschließend soll ein konkretes Beispiel eines Leitbilds aus dem industriellen Dienstleistungsbereich zu illustrativen Zwecken wiedergegeben werden [6]. Es zeigt, dass bei aller Unspezifität vieler Leitbildinhalte (viele Inhalte von Leitbildern sind für verschiedene Unternehmen, z. T. sogar branchenübergreifend, austauschbar) auch individuelle Noten, Gewichtungen und Akzentuierungen in Leitbildern Platz haben und so am Ende doch auch ein unverwechselbares und individuelles Leitbild entsteht. Zudem ist auch immer zu berücksichtigen, dass nicht nur das Ergebnis (das fertige Leitbild), sondern auch der Weg dorthin als Personal- und Organisationsentwicklungsprozess einen zentralen Wert darstellt.

**Leitbild eines Unternehmens im Bereich Industrie Facility Management**

**Kundenorientierung**

Die Begeisterung des Kunden steht bei uns an erster Stelle und erfolgt durch „unsere Fachkompetenz“ jedes einzelnen Mitarbeiters sowie die ausnahmslose Einsatzfreude. Das Interesse an der Dienstleistung am Kunden spiegelt sich in der Qualität und in der Erfüllung der Kundenbedürfnisse wider.

Das tägliche Streben, den Kunden zu begeistern, ist eine Selbstverständlichkeit des gesamten Unternehmens und in der Organisationsstruktur fest verankert. Wir handeln und denken mit unseren Qualitäts- und Umweltmerkmalen, die untrennbar in Beziehung zu jedem einzelnen Kunden stehen. „Wir fangen dort an, wo andere an ihre Grenzen stoßen“!

**Mitarbeiter**
Der Kern unseres Unternehmens sind qualifizierte und motivierte Mitarbeiter. Da Erfahrung und Vertrauen unersetzbare Güter sind, fördern wir langfristige Beschäftigungsverhältnisse. Das Umwelt- und Qualitätsbewusstsein weiter zu entwickeln ist erklärtes Ziel des Unternehmens.

**Führung und Leitung**
Die Geschäftsleitung sieht sich als Repräsentant der Mitarbeiter, so wie diese auch, im Rahmen ihrer Arbeitsleistung, das Unternehmen repräsentieren. Daher fördern wir das Verständnis unserer Qualitäts-, Arbeitssicherheits- und Umweltansprüche. Wir sehen uns in der Pflicht, die Erfüllung dieser Ansprüche auch zu kontrollieren und geben des Weiteren einen für jeden Mitarbeiter verbindlichen Verhaltenskodex aus.

**Prozessorientierung**
Sämtliche Prozesse im Unternehmen sind im Qualitätsmanagementsystem erfasst und im Sinne der Anforderungen unserer Kunden gestaltet. Durch die konsequente Umsetzung und Kontrolle dieser Prozessvorgaben garantieren wir ein Höchstmaß an Qualität von der Angebotserstellung bis zur Nachsorge.

**Einhaltung von gesetzlichen und behördlichen Richtlinien**
Die Einhaltung und Kontrolle aller zutreffenden Gesetze, Normen und Regelwerke sind für uns selbstverständlich verpflichtend.

**Schonung der Umwelt**
Wir sind bestrebt den Energie- und Ressourcenverbrauch, sowie Emissionen und Abfälle kontinuierlich zu reduzieren. So leisten wir einen Beitrag zur Schonung der Umwelt.

**Arbeits- und Gesundheitsschutz**
Die Wahrung der Gesundheit unserer Mitarbeiter, sowie die Dritter ist von höchster Wichtigkeit für unser Unternehmen und unsere Kunden. Vorab ist stets eine Gefährdungsanalyse zu erstellen. Nicht vermeidbaren Gefahren sind durch geeignete Maßnahmen im Sinne des Arbeitsschutzgesetzes vorzubeugen.

**Ständige Verbesserung**
Die Weiterentwicklung unseres Unternehmens ist entscheidend für das Fortbestehend des Selbigen. Daher sind wir jederzeit offen für Anregungen zur Verbesserung seitens unserer Kunden und jedes einzelnen Mitarbeiters.

**Informationsschutz, Datenschutz und IT-Sicherheit**
Sämtliche Informationen, die Kunden, das Unternehmen oder dessen Mitarbeiter betreffen, werden von uns geschützt. Das schließt auch die Sicherung der Datenwege und die Speicherung ein.

**Lieferantenbeziehung zum gegenseitigen Nutzen**
Wir sind stets bemüht die Beziehung zu unseren Lieferanten und Subunternehmern in einem partnerschaftlichen Verhältnis zu halten.

**Quellen**

[1] Genz, H. O., Reick, W., Schambortski, H., Schönen, H., Scholz, U. & Vogt, U.: Ratgeber Leitbildentwicklung. BGW, 2007

[2] Grolmann, F.: Leitbildentwicklung: Orientierung und Energie für jede Organisation. 2014 (abgerufen 22.07.14):
**www.organisationsberatung.net/leitbild↩**
**-unternehmensleitbild-entwickeln-↩**
**unternehmensphilosophie-firmenphilosophie/**

[3] Berner, W.: Leitbild und Führungsgrundsätze: Weshalb sie nichts verändern. 2002 (abgerufen 22.07.14):
**www.umsetzungsberatung.de/↩**
**unternehmenskultur/leitbild.php/**

[4] Linder, L., Kuhn, J. & Ruhl, S.: Leitbildentwicklung. Mannheim: Zentrum für europäisches Qualitätsmanagement. 2014 (abgerufen 22.07.14):
**www.krankenhausberater.de/fileadmin/Assets/↩**
**publikation/klinikmanager-jueren-kuhn-stefan-↩**
**ruhl-lucia-linder-biel-leitbild-entwicklung.pdf**

[5] Buber, R. & Fasching, H. (Hrsg.): Leitbilder in Nonprofit Organisationen, Entwicklung und Umsetzung. Management Book Service, 1999

[6] Leitbild IFM GmbH (o. J.). (abgerufen 22.07.14):
**ifmneu.it-schwabach.de/leitbild/**

**Hinweis**

Dieser Beitrag ist ursprünglich erschienen in: R. Gläbe & H.-J. Thomann (Hrsg.), Qualitätsmanagement in Dienstleistungsunternehmen [Loseblattsammlung, 46. Aktualisierungslieferung, September 2014, Kapitel 07200, Seite 1-24], TÜV Media

# Führungskräftefeedback – oder: Wie man Leitbilder zum Leben erweckt

**Zahlreiche Unternehmen und Organisationen, so auch viele Einrichtungen des Gesundheitswesens, verfügen heute über Unternehmens-, Kunden- und Serviceorientierungs- oder auch Führungsleitbilder. Diese sind je nach Zielsetzung sehr unterschiedlich formuliert und adressieren verschiedene Intentionen.**

**Häufig wird an solchen Leitbildern allerdings kritisiert, dass sie lediglich auf dem Papier existieren und mit dem Alltag in Organisationen nur wenig zu tun haben, weil dort Sachzwänge, persönliche Inkompetenzen oder auch fehlende Bereitschaft zur Umsetzung der Inhalte der Leitbilder eine Verwirklichung des angestrebten Soll-Zustands verhindern, der in den Leitbildern formuliert wird.**

**Um den Umsetzungsgrad von Führungsleitbildern zu erfassen, müssen die Mitarbeitenden nach dem konkreten Verhalten ihrer Vorgesetzten im Arbeitsalltag gefragt werden. Hierfür hat sich in den letzten Jahren das Instrument des Führungskräftefeedbacks in Unternehmen, Organisationen und Verwaltungen etabliert. Es dient zur Evaluation von Ist-Zuständen im Hinblick auf einen Soll-Anspruch und stellt damit ein wesentliches Verfahren zur Qualitätskontrolle dar.**

## 1 Das Führungskräftefeedback als personalwirtschaftliches Instrument

**Sinn und Zweck**

Beim Führungskräftefeedback handelt es sich demnach um ein personalwirtschaftliches Instrument zur systematischen, individuellen Rückmeldung der Wirkung des Führungsverhaltens eines Vorgesetzten durch die ihm unterstellten Mitarbeiter in Bezug auf unternehmens- oder organisationsrelevante Kriterien und Merkmale im Bereich Führung und Zusammenarbeit (Führungsgrundsätze/Führungsleitlinien). Das Führungskräftefeedback wird eingesetzt, um eine partnerschaftliche Gestaltung des Beziehungsfelds zwischen Führungskräften und Mitarbeitern zu erreichen sowie eine kooperative und kommunikative Arbeits- und Führungskultur in einer Organisation aufzubauen.

**Hohe Anforderungen an Führungskräfte ...**

Die Anforderungen, die Organisationen an ihre Führungskräfte stellen, sind vielfältig. Neben ihren fachlichen Aufgaben sollen sie beispielsweise eine kooperative, offene und diskriminierungsfreie Zusammenarbeit und Kommunikation sicherstellen und ihre Mitarbeiterinnen und Mitarbeiter in ihrer beruflichen und persönlichen Entwicklung fördern. Das Führungsverhalten soll zudem durch Verantwortungs- und Entscheidungsbereitschaft, Kreativität und innovatives Arbeiten geprägt sein. Eine hohe Wertschätzung der Mitarbeiterinnen und Mitarbeiter und die Einbeziehung ihrer vielfältigen Kompetenzen sollen die Zusammenarbeit im Alltag prägen. Solcherlei Ansprüche schlagen sich in den Anforderungsprofilen für Führungskräfte sowie den Führungsgrundsätzen von Organisationen nieder.

**... aber auch Unterstützungsangebote**

Daher existieren in den allermeisten Organisationen auch vielfältige Schulungs- und Coachingangebote zur Unterstützung der Führungskräfte, die an sie gestellten Anforderungen in konkretes Führungshandeln umzusetzen. Im Idealfall existiert auch ein Führungskräftefeedbackverfahren, das als wichtiges Element der Kommunikation über Fragen der Führung und Zusammenarbeit ein wesentlicher Teil eines Rahmenkonzepts zur Personalentwicklung der jeweiligen Organisation ist. Im öffentlichen Dienst ist die Einschätzung der Vorgesetzten durch ihre Mitarbeiterinnen und Mitarbeiter als Personalführungs- und Personalentwicklungsmaßnahme sogar in der Bundeslaufbahnverordnung (§ 46 Abs. 2 Nr. 6) verankert.

**Ziele**

Mit der Einführung eines Führungskräftefeedbackverfahrens soll ein strukturierter Austausch zwischen Führungskräften und ihren Mitarbeiterinnen und Mitarbeitern über Fragen der Führung und Zusammenarbeit in Gang gesetzt werden. Es schafft Mitarbeiterinnen und Mitarbeitern Gelegenheit, ihren unmittelbaren Vorgesetzten in anonymisierter Form eine

Rückmeldung zum wahrgenommenen Führungsverhalten zu geben. Den Führungskräften dient das Feedback ihrer Mitarbeiterinnen und Mitarbeiter zur Reflexion des eigenen Führungsverhaltens. Gegebenenfalls erforderliche Veränderungen in Führung und Zusammenarbeit können gemeinsam erörtert und initiiert werden. Fachliche Leistungen sind in aller Regel nicht Gegenstand des Feedbacks.

Neben der Fremdeinschätzung durch die Mitarbeitenden wird in Führungskräftefeedbackverfahren auch eine Selbsteinschätzung des eigenen Führungsverhaltens vor dem Hintergrund des Führungsleitbilds der Organisation durch die Führungskräfte initiiert. Aus dem Vergleich zwischen der Fremd- und der Selbsteinschätzung ergeben sich zahlreiche weitere Anknüpfungspunkte zur Evaluation und Optimierung des gelebten Führungsverhaltens in einer Organisation, und dies nicht nur auf der Ebene der einzelnen Führungskraft, sondern auch für die Mitarbeitenden (individuell, aber auch in Teams) und die gesamte Organisation.

**Warum eine Mitarbeiterbefragung nicht reicht**

Unternehmen führen gerne ins Feld, dass in ihrem Haus auf die Durchführung eines Führungskräftefeedbacks verzichtet werden kann, da man schon regelmäßig Mitarbeiterbefragungen durchführe, in denen ja auch nach der Führungskultur gefragt werde. Daher soll an dieser Stelle auf grundlegende Unterschiede im Aufbau und in der Zielsetzung von Mitarbeiterbefragungen und Führungskräftefeedbacks eingegangen werden. Die beiden Verfahren ersetzen sich nicht wechselseitig, sondern sie ergänzen sich und sind daher beide in ihren Zielsetzungen und Potenzialen wichtige Instrumente der Personal- und Organisationsentwicklung.

Tabelle 1 stellt die unterschiedlichen Inhalte und Ziele der beiden Verfahren gegenüber.

Tabelle 1: Führungskräftefeedback und Mitarbeiterbefragung – Inhalte und Ziele

| Führungskräftefeedback | Mitarbeiterbefragung |
|---|---|
| • Ermittlung der Mitarbeiterzufriedenheit mit der Führungsarbeit des Vorgesetzten im vergangenen Jahr<br>• Vergleich von Selbst- und Fremdeinschätzung zum Aufdecken von „blinden Flecken" in der Teamführung | • allgemeines Stimmungsbild zur Mitarbeiterzufriedenheit im Unternehmen als „Stimmungsbarometer", Aufzeigen von Optimierungspotenzialen auf verschiedenen Ebenen (Zusammenarbeit, Organisation und Arbeitsprozesse) |
| • personenbezogenes, individuelles Feedback an die einzelne Führungskraft | • unternehmens-/bereichsbezogen, keine Personenbewertung bzw. kein persönliches Feedback an einzelne Personen |
| • individuelle Einzelauswertung für jeden Vorgesetzten | • keine personenbezogene Einzelauswertung |
| • Messung der kontinuierlichen Verbesserung auf Personenebene | • Messung der kontinuierlichen Verbesserung auf Organisationsebene |
| • Maßnahmenebenen:<br>– Führungskraft<br>– Führungskultur in der Organisation | • Maßnahmenebenen:<br>– Unternehmen<br>– Abteilung/Bereich |

Es wird deutlich, dass beide Instrumente unterschiedliche Ansprüche und Stoßrichtungen haben. Während die Mitarbeiterbefragung auf einer eher allgemeinen Ebene operiert, liefert das Führungskräftefeedback individuelle, personenbezogene Ergebnisse. Daher dienen Führungskräftefeedbacks in erster Linie auch der Personalentwicklung, wohingegen Mitarbeiterbefragungen auf die Entwicklung der Organisation abzielen. Es erschließt sich also unmittelbar, dass beide Instrumente nicht zuletzt auch als Verfahren der Qualitätsüberprüfung und -optimierung ihre Berechtigung haben.

## 2 Führungskräftefeedback – der Ablauf

**Ablauf**

Entschließt sich eine Organisation dazu, ein Führungskräftefeedback durchzuführen, ist hierfür das Vorliegen eines Führungsleitbilds oder ausformulierter Führungsgrundsätze erforderlich. Im Folgenden wird davon ausgegangen, dass ein solches Leitbild bzw. solche ausformulierten Führungsgrundsätze bereits gegeben, im Unternehmen kommuniziert und bekannt sind. Sollte dies noch nicht der Fall sein, müssen entsprechende Vorarbeiten geleistet werden.

**Bildung einer Projektgruppe**

Zur Entwicklung der im Rahmen eines Führungskräftefeedbacks eingesetzten Befragungsinstrumente wird in der Regel eine Projektgruppe gegründet, die aus Vertretern des Bereichs Personal, der Geschäftsleitung, der Führungskräfte, der Mitarbeitenden und ggf. noch weiterer zu berücksichtigender Organisationsvertreter besteht. Diese Projektgruppe hat den Auftrag, unter externer Begleitung die Führungsgrundsätze in beobachtbare Verhaltensweisen, deren Auftreten von den Mitarbeitenden bzw. den Führungskräften eingeschätzt werden kann, zu „übersetzen“ (man spricht hier von einer verhaltensnahen Operationalisierung des Führungsleitbilds bzw. der Führungsgrundsätze).

### Verhaltensnahe Operationalisierung

**Beispiel**

Findet sich in den Führungsgrundsätzen beispielsweise eine Aussage wie:

„Wir fördern unsere Mitarbeiter“,

so könnte die verhaltensnahe Operationalisierung sich in drei Aussagen niederschlagen, die wie folgt lauten könnten:

Mein Vorgesetzter/meine Vorgesetzte

- kennt und fördert meine fachlichen und persönlichen Kompetenzen,
- überträgt mir hohe und herausfordernde, aber realistische und angemessene Aufgaben,
- fördert meine Eigeninitiative und Entscheidungsfreude.

Ziel des Führungskräftefeedbacks ist dabei immer, wie bereits dargestellt, die Erfassung der aktuellen Führungsverhaltensweisen in einer Organisation aus der Sicht der Mitarbeiterinnen und Mitarbeiter sowie die Überprüfung der Kongruenz gelebter Führungsfähigkeiten mit dem intern bestehenden Führungsleitbild.

Nachfolgend werden die zentralen Schritte zur Vorbereitung, Durchführung und Auswertung eines solchen Verfahrens vorgestellt. Die Darstellung dient dazu, den Prozess zu veranschaulichen und den mit den Maßnahmen verbundenen Aufwand aufzuzeigen. Es wird eine Vorgehensweise beschrieben, bei der auf die Unterstützung eines externen Beratungsunternehmens zurückgegriffen wird. Auch wenn ein Führungskräftefeedbackverfahren durchaus intern durchgeführt werden kann, bietet sich angesichts der speziellen Merkmale des Verfahrens – insbesondere was die Anonymität der Feedbackgeber und den Datenschutz angeht – die Hinzuziehung einer externen Beratung an. Darauf wird im Folgenden an verschiedenen Stellen noch näher eingegangen werden.

## 2.1 Planung und Vorbereitung eines Führungskräftefeedbackverfahrens

**Phase 1**

Zu Beginn des Verfahrens müssen die bestehenden Führungsgrundsätze einer Organisation in einen Selbst- bzw. Fremdeinschätzungsfragebogen überführt werden. Daraus ergibt sich erfahrungsgemäß je nach Umfang der Führungsgrundsätze eine Fragenanzahl von etwa 40 bis 60 geschlossenen und zwei offenen Fragen je Fragebogen.

Das Führungskräftefeedbackverfahren kann sowohl onlinegestützt als auch in einer klassischen Papierversion durchgeführt werden, wobei sich aus pragmatischen Gründen eine onlinegestützte Durchführung eher anbietet.

**Externe Unterstützung**

Nach vorheriger Abstimmung der finalen Fragebögen mit der Organisation werden diese als Onlinefragebogenversionen programmiert. Die Organisation stellt dem externen Beratungsunternehmen spätestens zwei Wochen vor Befragungsstart eine vollständige und geprüfte (d. h. im Idealfall von den Führungskräften bestätigte) Zuordnungsliste/ein Organigramm aller teilnehmenden Mitarbeiterinnen und Mitarbeiter sowie Führungskräfte zur Verfügung. Die feedbackgebenden Mitarbeiterinnen und Mitarbeiter werden jeweils zu sinnvollen Einheiten, in der Regel Abteilungen, Referaten, Stationen, Teams etc., zusammengefasst. Idealerweise sind alle Feedbackgeber einer einzigen Führungskraft zugeordnet. Es kann allerdings sein, dass bestimmten Führungskräften nur sehr wenige Mitarbeitende unterstellt sind. In diesem Fall kann es aus Gründen der Anonymität sinnvoll sein, größere Einheiten (in der Regel sollten mindestens 5 Mitarbeitende zu einer Feedbackeinheit zusammengefasst sein) zu bilden. Wenn alle Beschäftigten per Onlinefragebogen am Verfahren teilnehmen, ist die E-Mail-Adresse jedes Mitarbeiters in dieser Liste zu hinterlegen.

**Einbindung auch nächsthöherer Vorgesetzter**

Es ist denkbar, dass die Ergebnisse des Führungskräftefeedbacks nicht nur den Führungskräften selbst, sondern auch deren jeweiligen Vorgesetzten zur Verfügung gestellt werden. Dies ist wichtig, weil in der Regel die Vorgesetzten von Führungskräften wiederum Promotoren für die Entwicklung und Förderung von Führungskräften sind. Die Besprechung von Ergebnissen eines Führungskräftefeedbacks zwischen der Führungskraft und ihrem Vorgesetzten stellt den Ausgangspunkt für solche Personalentwicklungsmaßnahmen dar. Sollte ein solches Vorgehen in der Organisation gewünscht sein, müssen die nächsthöheren Vorgesetzten der Führungskräfte in der erwähnten Liste angegeben sein (s. auch Abschnitt 2.3).

**Wahrung der Anonymität der Feedbackgeber**

Auf Basis der zu Verfügung gestellten Informationen zu den Teamzusammensetzungen wird das Organigramm digital eingerichtet und die Organigramm-Fragebogenzuordnung entsprechend programmiert. Grundsätzlich können alle Mitarbeiter und Mitarbeiterinnen an der Befragung teilnehmen. Eine Mindestteamgröße von N = 5 sollte jedoch gewährleistet werden, um die notwendige Anonymität aufseiten der Feedbackgeber sicherstellen zu können.

**Zentral: umfassende Information der Mitarbeitenden**

Den Informationsprozess der Mitarbeitenden übernimmt der externe Berater des Unternehmens in Form eines elektronischen Informationsanschreibens. Entsprechende Anpassungen des Anschreibenentwurfs werden in Abstimmung mit dem Unternehmen vorgenommen. Zusätzlich sollte das Verfahren jedoch auch in einem gemeinschaftlichen Informationsprozess von Unternehmensleitung und Arbeitnehmervertretung auf verschiedenen Kanälen kommuniziert werden (Intranet, Anschreiben, Aushänge etc.).

**Führungskräfte abholen**

Der Information der Führungskräfte selbst sollte besondere Beachtung gewidmet werden, sind sie es doch, die sich dem Verfahren stellen müssen. Hierfür bieten sich verpflichtende ca. zweistündige Informationsveranstaltungen an. In diesen Veranstaltungen werden die Führungskräfte vom externen Beratungsunternehmen, aber auch von Organisationsleitung und Personalvertretung umfassend über Vorgehen und Ziele des Verfahrens in Kenntnis gesetzt und idealerweise darin geschult, die Ergebnisse des Verfahrens zu interpretieren und geeignete Folgemaßnahmen abzuleiten.

Die Passwortanschreiben zum Versand der Login-Passwörter und die Erinnerungsschreiben (Reminder) zur Teilnahmeaufforderung an der Befragung werden von der externen Beratung erstellt und mit dem Auftraggeber abgestimmt.

Durch die Versendung solcher Reminder ca. eine Woche bzw. zwei Tage vor Ende des Befragungszeitraums wird erfahrungsgemäß die Teilnahmequote an solchen Feedbackverfahren massiv erhöht. Daher ist ein solches Vorgehen sehr zu empfehlen.

## 2.2 Durchführung des Führungskräftefeedbackverfahrens

**Phase 2**

Die Fragebögen zur Selbst- und Fremdeinschätzung werden in der Regel auf einem externen Server für den Befragungszeitraum von drei Wochen gehostet. Die Zusammenarbeit mit einem externen Anbieter im Rahmen der Durchführung eines Führungskräftefeedbackverfahrens bietet den wesentlichen Vorteil, dass die Anonymität der Daten sehr viel überzeugender gewährleistet werden kann, als wenn das Verfahren intern durchgeführt wird. Dadurch, dass die Rohdaten des Verfahrens erst gar nicht beim Unternehmen landen, können zahlreiche datenschutzrechtliche Befürchtungen reduziert oder gar ganz zerstreut werden.

**Befragungs-start**

Am Tag des Befragungsstarts werden die benötigten Passwörter zur Fremd- und Selbsteinschätzung per E-Mail an die Befragungsteilnehmer versendet. Innerhalb des Befragungszeitraums werden je zwei Reminder an die Mitarbeiterinnen und Mitarbeiter sowie die Führungskräfte versendet. Zudem werden während der Befragungsfeldzeit ein telefonischer und ein E-Mail-Support zur Beantwortung von Fragen oder zur Klärung von technischen Problemen bereitgestellt.

Abb. 1 und 2 zeigen Screenshots eines Befragungsinstruments im Rahmen eines Führungskräftefeedbacks und vermitteln einen Eindruck vom Aufbau und von der Gestaltung.

**Exkurs: Datenerhebung und Datensicherheit**

Da bei Befragungen jedweder Art – und das absolut berechtigt – immer wieder Fragen nach dem Zugang, der Analyse und dem Verbleib der Daten gestellt werden, soll auf dieses sensible Thema hier ausführlicher eingegangen werden. Dabei wird aus Platzgründen nur auf die Durchführung des Feedbackverfahrens in der Onlineversion eingegangen. Auch für die klassische Durchführung in einer Papierversion lassen sich durch den Rückgriff auf die Unterstützung eines externen Anbieters Führungskräftefeedbackverfahren datenschutzrechtlich einwandfrei und unter höchster Wahrung der Anonymität der Daten umsetzen.

**Datenschutz in der Onlineversion**

Wird die Befragung im Onlinemodus via Internet durchgeführt, greifen die Beschäftigten und Führungskräfte auf eine speziell für dieses Führungskräftefeedback eingerichtete Internetseite zu. Diese Internetseite ermöglicht einen Zugriff, der den IT-sicherheitstechnischen und anwendbaren datenschutzrechtlichen Bestimmungen genügt. Die Beschäftigten und Führungskräfte werden per E-Mail zur Teilnahme am Führungskräftefeedback eingeladen. In diese E-Mail ist ein mit einem Passwort versehener Link integriert, der unmittelbar zum Onlinefragebogen führt. Zur Durchführung der Be-

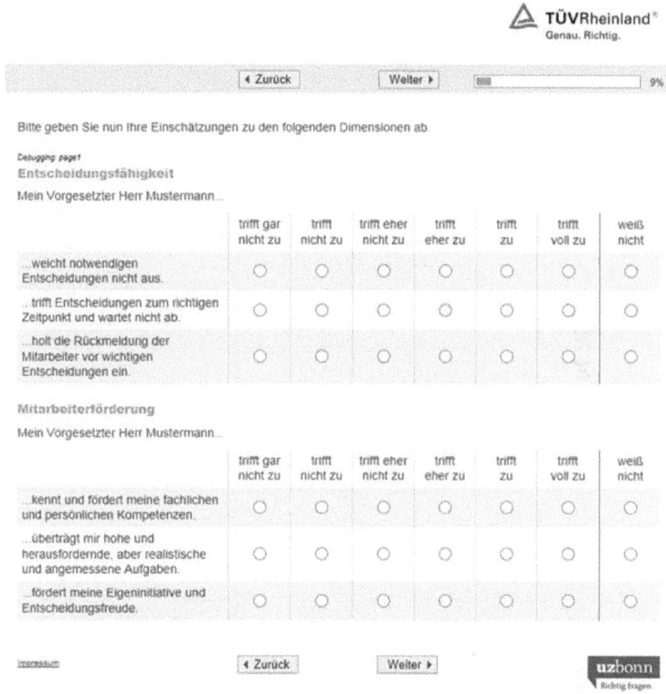
TÜVRheinland®
Genau. Richtig.

◂ Zurück | Weiter ▸ | 9%

Bitte geben Sie nun Ihre Einschätzungen zu den folgenden Dimensionen ab.

Debugging page1

Entscheidungsfähigkeit

Mein Vorgesetzter Herr Mustermann...

| | trifft gar nicht zu | trifft nicht zu | trifft eher nicht zu | trifft eher zu | trifft zu | trifft voll zu | weiß nicht |
|---|---|---|---|---|---|---|---|
| ...weicht notwendigen Entscheidungen nicht aus. | ○ | ○ | ○ | ○ | ○ | ○ | ○ |
| ...trifft Entscheidungen zum richtigen Zeitpunkt und wartet nicht ab. | ○ | ○ | ○ | ○ | ○ | ○ | ○ |
| ...holt die Rückmeldung der Mitarbeiter vor wichtigen Entscheidungen ein. | ○ | ○ | ○ | ○ | ○ | ○ | ○ |

Mitarbeiterförderung

Mein Vorgesetzter Herr Mustermann...

| | trifft gar nicht zu | trifft nicht zu | trifft eher nicht zu | trifft eher zu | trifft zu | trifft voll zu | weiß nicht |
|---|---|---|---|---|---|---|---|
| ...kennt und fördert meine fachlichen und persönlichen Kompetenzen. | ○ | ○ | ○ | ○ | ○ | ○ | ○ |
| ...überträgt mir hohe und herausfordernde, aber realistische und angemessene Aufgaben. | ○ | ○ | ○ | ○ | ○ | ○ | ○ |
| ...fördert meine Eigeninitiative und Entscheidungsfreude. | ○ | ○ | ○ | ○ | ○ | ○ | ○ |

Impressum | ◂ Zurück | Weiter ▸ | uzbonn Richtig fragen.

Abb. 1: Screenshot 1 Fragebogen Führungskräftefeedback

fragung wird beispielsweise die Onlinebefragungssoftware SPSS DimensionNet auf einem firewallgesicherten, dedizierten Befragungsserver eingesetzt. Der Zugriff auf den Fragebogen erfolgt standardmäßig durch die Befragungsteilnehmer mittels eines Webbrowsers über eine SSL-verschlüsselte 128-Bit-Verbindung, eine unverschlüsselte Verbindung ist aber ebenfalls möglich. Zum Zwecke der Anonymisierung wird jedem Mitarbeitenden und jeder Führungskraft ein zehnstelliges Passwort, bestehend aus einer zufälligen Folge von Buchstaben und Ziffern, zugewiesen. Dieses Passwort

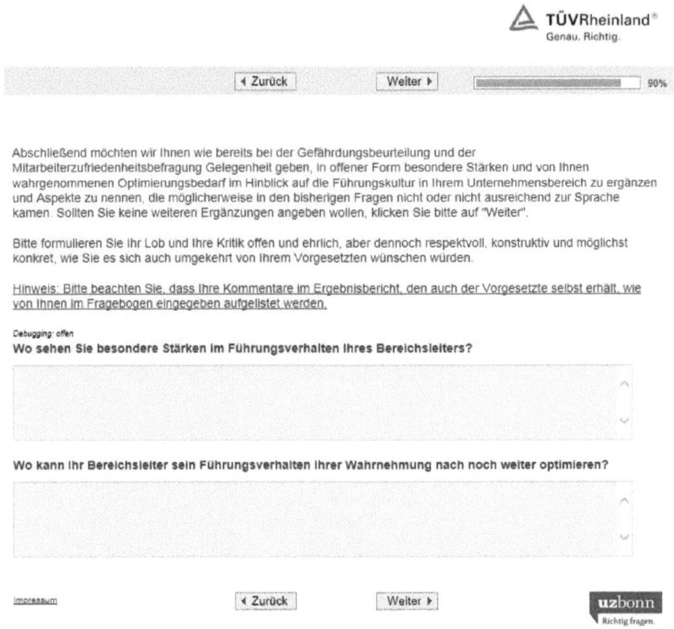


Abb. 2: Screenshot 2 Fragebogen Führungskräftefeedback

ermöglicht den individuellen Zugang zum Fragebogen. Die Kontaktdaten der Befragungsteilnehmer werden zusammen mit dem Passwort in einer SQL-Datenbank gespeichert, die Antworten der Befragten befinden sich in einer anderen Datenbank.

**Datenverschlüsselung und -sicherung**

Zur Sicherung gegen Datenverlust werden die Datenbanken regelmäßig verschlüsselt auf einem Back-up-Server gesichert. Die Einladungen zur Befragung werden unverschlüsselt per E-Mail an alle Mitarbeitenden und Führungskräfte versendet (Verschlüsselung technisch jedoch auch möglich). Für den gesamten Zeitraum der Befragung haben die Teilnehmer die Möglichkeit, den Fragebogen mittels des zugesandten Links von jedem beliebigen internetfähigen PC aus aufzurufen (eine Einschränkung auf bestimmte IP-Bereiche ist jedoch realisierbar). Wird die Beantwortung des Fragebogens durch den Befragungsteilnehmer endgültig abgeschlossen, ist der Zugang mithilfe des Passworts daraufhin gesperrt, sodass eine einmalige Teilnahme pro Mitarbeiter oder Mitarbeiterin bzw. Führungskraft sichergestellt wird. Für den gesamten Zeitraum der Befragung bleibt die Zuordnung des Passworts zur E-Mail-Adresse der Mitarbeiterin/des Mitarbeiters/der Führungskraft zum Zwecke des Logins in den Fragebogen erhalten. Die Befragung selbst erfolgt jedoch anonymisiert, d. h., das Passwort und die E-Mail-Adresse werden nicht zusammen mit den Antworten gespeichert. Nach Abschluss der Befragung wird die Datenbank mit der Zuordnung von Passwörtern gelöscht, sodass eine nachträgliche Zuordnung der Angaben zur teilnehmenden Person nicht mehr möglich ist. Die endgültige Löschung auch im Back-up-System erfolgt dabei aufgrund der regelmäßigen Datensicherung 60 Tage nach Löschdatum der Datenbank auf dem Server.

## 2.3 Auswertung des Führungskräftefeedbackverfahrens

**Phase 3**

Die online gewonnenen Ergebnisse werden getrennt für jede Führungskraft ausgewertet. Die Ergebnisse der teilnehmenden Führungskräfte werden mit dem Durchschnittswert aller am Verfahren teilnehmenden Führungskräfte des Unternehmens verglichen. So erhält man einen ersten Überblick über die seitens der Mitarbeitenden empfundene Umsetzung der Führungsgrundsätze über alle Vorgesetzten hinweg. Jede einzelne Führungskraft kann aber auch ihr eigenes Feedbackergebnis in Relation zu diesem Durchschnittswert setzen.

**Ergebnisse spätestens nach zwei Wochen**

Die Ergebnisberichte werden spätestens zwei Wochen nach Beendigung der Feldphase per E-Mail an die jeweiligen

Führungskräfte (inkl. Vergleich von Fremd- und Selbsteinschätzung), das Personalmanagement und – wenn so vereinbart – die nächsthöhere Führungsebene (hier wie auch für das Personalmanagement allerdings jeweils nur die Fremdeinschätzung) versendet. Es ist von zentraler Bedeutung, dass die Selbsteinschätzungen der Führungskräfte ausschließlich ihnen selbst zugänglich gemacht werden, um so die Möglichkeit des Selbstbild-Fremdbild-Abgleichs (zunächst) ausschließlich auf die individuelle Führungskraft zu beschränken. Nur auf deren expliziten Wunsch hin sollten eventuell auftretende Abweichungen zwischen Selbstbild und Fremdbild mit Dritten thematisiert werden.

**Auswertungshilfe: Interpretationsleitfaden**

Es empfiehlt sich, den Führungskräften nicht nur ihren persönlichen Ergebnisbericht, sondern auch weitere Hilfsmittel zur Auswertung und Reflexion der persönlichen Feedbackergebnisse zur Verfügung zu stellen. Dies kann zum Beispiel geschehen in Form eines Interpretationsleitfadens zur Auswertung der Feedbackresultate, der den Führungskräften digital zur Verfügung gestellt wird und den sie direkt am Bildschirm ausfüllen können.

Dieser Interpretationsleitfaden stellt den Führungskräften Fragen wie:

- Wie waren Ihre Stimmung und Ihre Gefühle nach Erhalt der Ergebnisse?
- Wie viele der Ihnen zugeordneten Mitarbeitenden haben Ihnen ein Feedback gegeben?
- Welche Stärken und welche Optimierungspotenziale haben Sie aus Sicht der Mitarbeitenden?
- Welche Stärken und Optimierungspotenziale haben Sie aus eigener Sicht?

- Gibt es Unterschiede in der Selbst- und Fremdeinschätzung?
- Gibt es (positive/negative) Abweichungen zur „durchschnittlichen Führungskraft“ im Unternehmen?
- Gibt es eine (Nicht-) Übereinstimmung mit Ergebnissen anderer Rückmelde- und Potenzialanalyseverfahren mit dem Fokus auf Führungskompetenzen, an denen Sie teilgenommen haben?

**Coaching-empfehlungs-liste**

Darüber hinaus wird nach Sichtung und Analyse der Ergebnisberichte der teilnehmenden Führungskräfte eine Coachingempfehlungsliste erstellt und auf Führungskräfte mit besonderem Coachingbedarf hingewiesen. Zusätzlich wird ein allgemeiner Gesamtbericht zur Teilnahmequote und zu den durchschnittlichen Befragungsergebnissen im Unternehmen insgesamt erstellt.

**Auswertung von Organisationseinheiten möglich**

Optional können weitere aggregierte Ergebnisberichte auf vom Unternehmen festgelegten Ebenen produziert werden (z. B. zur Darstellung der Ergebnisse einzelner Organisationseinheiten, Vergleich von eher unerfahrenen und erfahrenen Führungskräften u. a. m.).

**Ergebnis-darstellung und -auswertung**

Zur Ergebnisvermittlung wird vom externen Berater eine Präsentation als Management-Summary erstellt sowie entsprechende Handlungsempfehlungen für das Personalmanagement und die Unternehmensführung abgeleitet. Die interpretierten und aufbereiteten Ergebnisse werden abschließend in einem ersten Schritt vor der Unternehmensleitung und dem Personalmanagement, dann aber auch vor den Führungskräften, vor dem Betriebsrat und auf Wunsch optional auch vor weiteren Anspruchsgruppen der Organisation präsentiert.

**Externes Gesprächsangebot**

Zusätzlich wird den Führungskräften angeboten, ein Coachinggespräch mit einem externen Berater zur gemeinsamen Analyse ihrer persönlichen Ergebnisberichte und zur Vermittlung von individuellen Handlungsempfehlungen in Anspruch zu nehmen.

**Herausforderung: Teamworkshop**

Eine zentrale Wirkkomponente des Führungskräftefeedbackverfahrens liegt in der Darstellung der Ergebnisse durch die Führungskraft vor dem Kreis von Mitarbeitenden, der ihr ein Feedback gegeben hat. Da ein solcher Teamworkshop von den Führungskräften mitunter als schwierig angesehen wird, insbesondere wenn die Feedbackergebnisse nicht so ausgefallen sind, wie die Führungskraft sich das gewünscht hat, sollten die Führungskräfte schon im Vorfeld der Verfahrensdurchführung über die Vorbereitung, Durchführung und Auswertung eines solchen Workshops informiert und ggf. auch dahingehend geschult werden.

**Empfehlungen**

Bei der Durchführung eines Teamworkshops zur Besprechung der Führungskräftefeedbackergebnisse sollten zunächst einmal folgende allgemeine Aspekte berücksichtigt werden:

- Es sollte ein guter Zeitpunkt gewählt und eine entspannte Atmosphäre sichergestellt werden. So sollte der Workshop in einer Zeit und an einem Ort stattfinden, wo Störungen von außen maximal reduziert sind. Es sollte ein separater Raum genutzt werden, der eine offene Sitzanordnung ermöglicht und in dem Getränke und ggf. Speisen, aber auch Moderationsmaterialien vorhanden sind.
- Es sollte genügend Zeit eingeplant werden (Richtgröße: zwei Stunden).
- Zentrale Ergebnisse sollten von der Führungskraft deskriptiv dargestellt werden. Alternativ kann die Füh-

rungskraft auch ihren gesamten Ergebnisbericht oder Teile davon zeigen (z. B. als Präsentation per Beamer).

- Die allgemeinen Feedbackregeln sollten eingehalten werden. Zudem sollte es keine Rechtfertigungen und auch keine langen Diskussionen über Details geben. Speziell die Aufarbeitung alter Vorfälle sollte auf ein Minimum beschränkt werden. Es geht nicht um Retrospektive, sondern um eine Gestaltung und ggf. Optimierung der Zusammenarbeit in der Zukunft.
- Die Führungskraft sollte ihrerseits auf der Grundlage der Analyse der Ergebnisse des Führungskräftefeedbacks Vorschläge zur Verbesserung/Veränderung unterbreiten, aber auch Vorschläge von den Mitarbeitenden einholen. Gemeinsam sollte man überlegen, was man in den jeweiligen Bereichen zukünftig anders/besser machen kann.
- Wichtigste Grundregel für die Führungskraft im Teamworkshop ist, dass niemand gezwungen werden sollte, zu einem Punkt Stellung zu beziehen.
- Sollten seitens der Mitarbeitenden zunächst nur wenige oder gar keine Beiträge erfolgen, kann die Führungskraft auch für eine gewisse Zeit den Raum verlassen und die Mitarbeitenden bitten, sich in dieser Zeit über die Ergebnisse des Feedbacks und die daraus aus ihrer Sicht zu ziehenden Schlussfolgerungen und Handlungsempfehlungen auszutauschen und das Ergebnis dieses Austauschs dann dem Vorgesetzten vorzustellen.
- In schwierigen Vorgesetzten-Mitarbeiter-Konstellationen kann auch ein Moderator zunächst alleine oder aber von Beginn an gemeinsam mit der Führungskraft die Ergebnisse im Team vorstellen und die Sitzung begleiten.

**Typischer Ablauf**

Der typische Ablauf eines solchen Teamworkshops zur Besprechung der Führungskräftefeedbackergebnisse sieht wie folgt aus:

Es gibt eine Einleitungs- und Aufwärmphase, in der die Führungskraft die Mitarbeitenden begrüßt, die Ziele des Führungskräftefeedbacks und des Teamworkshops nochmals aktiv darstellt und zu einer offenen, freiwilligen Teilnahme auffordert, ohne dabei Druck aufzubauen.

**Spielregeln vereinbaren und Gefühle zeigen**

Es werden Spielregeln vereinbart (ausreden lassen, bei der Sache bleiben etc.), auf die Vertraulichkeit der Workshopinhalte und die Feedbackregeln sollte nochmals explizit hingewiesen werden.

Dann stellt die Führungskraft ihre Ergebnisse vor und schildert ihre persönlichen Gefühle und Eindrücke nach dem Erhalt der Ergebnisse. Dies dient vor allem dazu, die Transparenz und Authentizität der Führungskraft zu unterstreichen. Dabei ist es nicht nur zulässig, sondern sogar erwünscht, dass die Führungskraft beispielsweise auch über Wut, Enttäuschung oder Trauer berichtet, die sie möglicherweise bei der Rezeption der Ergebnisse empfunden hat. So können die Mitarbeitenden spüren, ob die Ergebnisse des Verfahrens die Führungskraft auch emotional erreicht haben. Ohne eine solche emotionale Beteiligung dürften möglicherweise notwendige Verhaltensanpassungen/-änderungen nicht zu erwarten sein.

**Darstellung von Stärken und Schwächen ... und Diskussion**

Die Führungskraft stellt aus ihrer subjektiven Sicht eigene Stärken und Schwächen sowie – wenn sie dies möchte – auch die Abweichungen zwischen Selbst- und Fremdbild dar.

Es schließt sich eine Teamdiskussion zu Optimierungspotenzialen an. Dabei sind nachfolgende Fragen zentral:

- In welchen Situationen zeigt sich das zu optimierende Verhalten? Was sind typische Beispiele?
- Gibt es Unklarheiten? Verständnisfragen?

- Welche Veränderung wünschen wir uns?
- Was könnten geeignete Maßnahmen sein?

**Maßnahmenvereinbarung**

Im Anschluss sollten konkrete Maßnahmen zum weiteren Vorgehen vereinbart werden. Als Faustformel gilt, dass hier mindestens drei bis vier, aber auch nicht zu viele Maßnahmen vereinbart werden sollten. Qualität geht hier eindeutig vor Quantität, zudem muss die Maßnahmenumsetzung realisierbar sein. Daher sollten Maßnahmen und Ziele konkret formuliert und terminiert werden. Nachfolgende Treffen sollten ebenso festgelegt wie auch Kriterien zur Überprüfung der Maßnahmenumsetzung und mehr noch des Maßnahmenerfolgs abgestimmt werden.

**Folgemaßnahmen**

Bei der Ableitung von Folgemaßnahmen lassen sich drei Ebenen unterscheiden:

1. Nur die Führungskraft selbst betreffende Maßnahmen
   Dies meint zum Beispiel konkrete Verhaltensänderungen bei der Führungskraft oder aber auch spezielle Personalentwicklungsmaßnahmen (Trainings, Coaching etc.).
2. Maßnahmen, die das Team betreffen
   Hier könnten zum Beispiel zukünftige Feedbackprozesse, Verhaltensänderungen im Hinblick auf einzelne Mitarbeitende, Verhaltensänderungen im gesamten Team und/ oder eine Teamentwicklung besprochen werden.
3. Organisations-/unternehmensbezogene Maßnahmen
   Themen hier könnten beispielsweise die Zusammenarbeit mit anderen Abteilungen/Schnittstellen oder Maßnahmen im Gesamtunternehmen sein (z. B. Neugestaltung von Kommunikations- und Informationsprozessen).

**Probleme bei der Durchführung**

Was können Führungskräfte nun aber tun, wenn der Teamworkshop nicht wirklich in Bewegung kommt, wenn die

Mitarbeitenden sich still, zurückhaltend und passiv verhalten? Typische Probleme (und ihre mögliche Lösung) sind hier:

- Die „Mauer des Schweigens“: Niemand äußert Kritik persönlich
  In solchen Fällen sollten die Führungskräfte die Ergebnisdarstellung mit unverfänglichen Dimensionen starten, um das Eis zu brechen. Über Blickkontakt sollten die Teammitglieder zum Reden aufgefordert werden, denen ein persönliches Feedback leichtfällt. Die Führungskraft selbst sollte zudem Vorbild sein und selbst offen über konfliktbehaftete Themen und ihre Reaktionen und Gefühle nach Erhalt der Ergebnisse sprechen.
- Keine Äußerung trotz gravierender Urteilsdifferenzen im Selbst- und Fremdbild
  In solchen Fällen sollte die Führungskraft nach einzelnen Unterpunkten fragen („Trifft das so zu?“). Sie sollte selbst Erklärungsansätze aus ihrer subjektiven Sicht hinsichtlich des Zustandekommens der Ergebnisse formulieren. Die Mitarbeitenden, aber auch die Führungskraft sollten konkrete Beispielsituationen benennen und nach Ablaufalternativen fragen. Die Führungskraft sollte zu jeder Zeit ein echtes Interesse an kritischer Rückmeldung zeigen, indem sie aufmerksam zuhört, sich Notizen macht, die Mitarbeitenden ausreden lässt und nicht vorschnell in eine Verteidigungs- oder Rechtfertigungshaltung fällt.
- Keine wirkliche Offenheit im Team
  Hier könnte die Führungskraft für eine gewisse Zeit den Raum verlassen, während die Mitarbeitenden relevante Punkte sammeln und auf Flipchart festhalten. Alternativ kann auch ein externer Moderator hinzugezogen werden.
- Probleme werden auf äußere Umstände geschoben
  Die Führungskraft sollte externale und internale Ursachen für ihr Verhalten bewusst voneinander trennen. Dabei

sollte ein vorschnelles Zurückführen von Problemen auf äußere Ursachen möglichst vermieden werden. Vielmehr muss die Führungskraft selbstkritisch reflektieren, was sie beeinflussen kann und was nicht.

- Rasches finden von Pseudolösungen
  Wichtig ist, dass die entwickelten Maßnahmenpläne immer konkret sind. Sie dürfen keine reinen Absichtserklärungen darstellen, sondern sollten immer Wege zur Veränderung klar benennen. Hierzu sollen spezifische, messbare und von den Mitarbeitenden wahrnehmbare Folgemaßnahmen vereinbart werden.

## 3 Potenzielle Widerstände und Zweifel gegenüber dem Verfahren – aufseiten der Führungskräfte

**Widerstände und Zweifel von Führungskräften**

Aufgrund umfänglicher Erfahrungen in der Konzeption, Durchführung, Auswertung und Nachfolgemaßnahmenumsetzung bei Führungskräftefeedbackverfahren sowohl in der Privatwirtschaft als auch in der öffentlichen Verwaltung sind Widerstände, Blockaden und „Antihaltungen“ auf der Vorgesetztenebene (teilweise auch auf der Ebene der Mitarbeitenden) durchaus zu erwarten. Nachfolgend werden häufig genannte Argumente gegen die Durchführung eines Führungskräftefeedbackverfahrens kursorisch dargestellt und gleichzeitig wird beschrieben, mithilfe welcher Argumentationslinien diese Zweifel und Widerstände entkräftet und im Idealfall gänzlich zerstreut werden können.

**Mitarbeitern fehlt das Wissen**

1. „Mitarbeiter können ihren Vorgesetzten doch gar nicht beurteilen, dazu fehlt ihnen das Wissen. Deshalb haben sie ja einen Vorgesetzten.“

Ein gut ausgearbeitetes Führungskräftefeedback beschäftigt sich nur mit solchen Dingen, die Mitarbeiter tatsächlich auch wahrnehmen und beurteilen können. Es umfasst nur Aspekte, die aus dem Führungsleitbild der Organisation, also dem Soll-Zustand, abgeleitet sind. Zudem wird im Führungskräftefeedback um eine subjektive Einschätzung, nicht um objektive Beurteilung gebeten, d. h. es geht nicht um „wahr“ oder „nicht wahr“, „richtig“ oder „falsch“, sondern darum, durch die wechselseitige Rückmeldung voneinander zu lernen. Die Einschätzung der Mitarbeiter stellt also nichts anderes dar, als die Mitteilung über die Wirkung, die ihr Vorgesetzter bei ihnen in Bezug auf organisationsrelevantes Führungsverhalten erzielt. Zudem kann man sagen, dass die Beobachtungsgabe und Intuition der Mitarbeiter häufig unterschätzt wird. Es geht im Führungskräftefeedback eben nicht primär um Wissen, sondern vor allem um Anmutungen, Gefühle und Wirkungen.

**Führungserfolg = gute Zahlen, nicht Beliebtheit**

2. „Zu einer Beurteilung gehört ja wohl auch dazu, dass man sich leistungsbezogene Ergebnisse ansieht. Nett zu seinen Mitarbeitern zu sein, reicht schließlich nicht aus, um erfolgreich zu sein.“

Ein Führungskräftefeedback darf nicht als Beurteilungssystem betrachtet werden. Es ist in erster Linie ein Instrument der Entwicklung einer offenen Kommunikationskultur, an das sich im besten Fall konkrete Maßnahmen anschließen. Zusätzlich ist es auch ein Teil der Führungsdiagnose, diese muss jedoch über weitere Feedbacks und Diagnosen ergänzt werden, wie beispielsweise leistungsbezogene Ergebnisse, Kundenzufriedenheit und Vorgesetztenurteil. Mitarbeiter erfolgreich zu führen, muss übrigens nicht unbedingt bedeuten, dass man immer nett zu seinen Mitarbeitern ist. Ein Führungskräftefeedbackinstrument enthält sehr viel spezifischere Fragen als nur die nach der Sympathie zwischen Mitarbeiter und Führungskraft.

**Es wird sowieso alles offen angesprochen**

3. „Brauchen wir nicht, bei uns herrscht eine offene Kommunikationskultur.“

Diese Einschätzung ist in der Realität leider häufig Wunschdenken der Führungskräfte. Bottom-up-Feedbacks, also Aufwärtseinschätzungen, fallen insbesondere dann schwer, wenn das Verhältnis zwischen Mitarbeiterinnen und Mitarbeitern und Führungskraft nicht einwandfrei ist. Der Führungskraft in einem solchen Fall immer und 100 %ig ehrlich ins Gesicht zu sagen, was nicht gut läuft, kommt für die allerwenigsten Mitarbeitenden infrage – aus so unterschiedlichen Gründen wie Angst vor Konfrontation oder Missgunst der Führungskraft, fehlende Gelegenheit oder die Befürchtung, dass die Führungskraft diese Information einfach ignorieren wird. Ein systematisches Verfahren hingegen sorgt dafür, dass die Ergebnisse mit einem externen Berater besprochen werden können und so die Selbstreflexion der Führungskraft gefordert wird. Ist tatsächlich eine sehr offene Kommunikation zwischen Mitarbeitenden und Führungskraft vorhanden, geschieht nichts Schlimmeres, als dass die Führungskraft von ihren Ergebnissen nicht überrascht ist.

**Fehlende Organisationsreife**

4. „Unsere Organisationskultur ist noch nicht reif dafür.“

Das Führungskräftefeedback soll die Auseinandersetzung mit der Realität fördern, kein scheinbares Idealbild der perfekten Organisation erzeugen. Das im Unternehmen eingesetzte Instrument muss der jeweiligen Unternehmens- bzw. Kommunikationskultur angepasst werden und ist idealerweise direkt aus dem Führungsleitbild abgeleitet. Für die Führungskraft bedeutet reif sein in diesem Zusammenhang, dass man ehrliches Interesse daran hat zu erfahren, wie man auf seine Mitarbeiter wirkt.

**Anonyme Angaben wirken nicht**

5. „Wenn ich schon beurteilt werde, dann aber bitte nicht anonym, sondern im persönlichen Gespräch. So viel Rückgrat erwarte ich von meinen Mitarbeitern.“

Ganz egal, wie offen die Kommunikation und wie freundschaftlich die Beziehung zwischen Führungskraft und Mitarbeitenden gestaltet ist: Es handelt sich immer um ein hierarchisches Verhältnis, weswegen die Mitarbeitenden nicht immer offenes Feedback in allen Punkten geben können. Anonymität ist insbesondere in der Anfangsphase der Installierung eines Führungskräftefeedbackverfahrens (also in den ersten Durchführungsjahren) unabdingbarer Bestandteil des Erfolgs: Nur ein Verfahren, das keine eindeutigen Rückschlüsse auf den beurteilenden Mitarbeiter zulässt, lässt auch eine ehrliche, kritische Rückmeldung zu.

**Alle müssen mitmachen**

6. „Dann müssen aber auch alle mitmachen.“

Der Königsweg bei der Einführung eines Führungskräftefeedbackverfahrens besteht aus freiwilliger Teilnahme und einer guten Überzeugungsarbeit hinsichtlich der Sinnhaftigkeit der Maßnahme den Mitarbeitenden und Führungskräften gegenüber. Eine hohe Teilnahmequote sichert man, wenn

- den Mitarbeitenden glaubhaft versichert wird, dass der Vorgesetzte nicht erfahren wird, wer welche Einschätzung vergeben hat,
- die Auswertung von einem externen Partner vorgenommen wird,
- die Mitarbeitenden verschiedener Hierarchieebenen frühzeitig bei der Entwicklung des Instruments einbezogen werden,
- die Mitarbeitenden durch interne PR-Maßnahmen wie Intranet, Mitarbeiterzeitung und Infoveranstaltungen von

der Maßnahme erfahren und die Zielsetzung hier transparent und offen dargestellt wird,
- erkannt wird, dass „wirklich Dinge bewegt werden" und konkrete Maßnahmen zur Verbesserung der Führungskultur aus den Ergebnissen abgeleitet werden.

Bei fast allen Einführungen eines Führungskräftefeedbackverfahrens werden Bedenken von den Mitarbeitenden und/oder den Führungskräften geäußert. Besonders relevant ist es hier zum einen, den Führungskräften zu verdeutlichen, dass die Ergebnisse eines solchen Verfahrens nicht als Beurteilung, sondern als Chance zur Weiterentwicklung jeder Führungsperson sowie der Führungskultur als Ganzes betrachtet werden. Zum anderen sollte der Mehrwert einer Rückmeldung und eines Selbstbild-Fremdbild-Abgleichs bei den Führungskräften ankommen – sowohl für sie persönlich als auch für das entsprechende Team bzw. die gesamte Organisation.

## 4 Anforderungen an die Mitarbeitenden

**Zweifel und Widerstände**

Die in Abschnitt 3 aufgeführten Aspekte gelten in Teilen auch für die Mitarbeitenden: Nur wer ehrliches Interesse daran zeigt, Führungskräften eine Rückmeldung zu geben und mögliche Folgeprozesse zu diskutieren, kann eine Veränderung im Arbeitskontext mitbewirken. Indem die Führungskräfte ihren Mitarbeitern ihr Interesse an einer Weiterentwicklung der Führungskultur verdeutlichen, können sie ein klares Signal geben, dass eine Teilnahme beispielsweise an einem Teamworkshop sinnvoll und zielbringend ist. Gleichzeitig spielt das Vertrauen in den Teams eine große Rolle. Es liegt in der Hand der Führungskräfte, ihren Mitarbeiterinnen und Mitarbeitern den Eindruck zu vermitteln, kritische Äußerungen konstruktiv aufnehmen zu können und offen auf Anregungen zu reagieren.

**Führen und sich führen lassen**

In der modernen Führungspsychologie ist es längst bekannt, dass Führungserfolg nicht ausschließlich von den Fähigkeiten und Fertigkeiten des Vorgesetzten alleine, sondern auch und gerade von der Bereitschaft der Mitarbeitenden, sich auch führen zu lassen, abhängt. Selbstverständlich ist der Vorgesetzte hier zunächst einmal in der Pflicht, ein Führungsverhalten zu zeigen, dass gleichermaßen aufgaben- wie auch mitarbeiterorientiert ist. So schafft er die notwendige atmosphärische und auch motivationale Grundlage dafür, dass seine Mitarbeitenden ihm mit Respekt und Wertschätzung begegnen können.

**Teamworkshops als ein Kommunikationsangebot ...**

Speziell im Rahmen der Einladung zu den Teamworkshops sollten Vorgesetzte diese Haltung zum Ausdruck bringen und die Teamworkshops als eine Möglichkeit zum kommunikativen Austausch zwischen Mitarbeitenden und Führungskraft darstellen. Hier soll offen über die Ergebnisse des Feedbacks und die daraus zu ziehenden Schlussfolgerungen und Erkenntnisse, aber auch nächsten Schritte („To-dos“) gesprochen werden. Natürlich wird es in starkem Maße von der Führungshistorie des jeweiligen Vorgesetzten abhängen, ob und inwiefern die Mitarbeitenden dieser Botschaft Glauben schenken. Möglicherweise werden hier eher Skepsis und Zurückhaltung bei manchen Mitarbeitenden vorherrschen. Dennoch sollte der Vorgesetzte – auch im Sinne der erwünschten Führungskultur im Unternehmen – dieses Angebot den Mitarbeitenden glaubhaft und seriös unterbreiten, um deren Bereitschaft zur Teilnahme am Workshop zu fördern. Dabei kann auch der Hinweis auf die externe Begleitung des Workshops hilfreich sein, da sich der Vorgesetzte so nicht nur dem Feedback der Mitarbeitenden stellt, sondern auch eine externe Sicht auf sein Agieren, auf sein Denken und Handeln zulässt und somit eine Vorleistung erbringt.

**... das auch angenommen werden muss**

Im Sinne einer Anerkennung der unterschiedlichen Rollen, Zuständigkeiten und Befugnisse in einer Organisation müssen Mitarbeitende aber ebenso Fähigkeiten und Fertigkeiten zur Adaptation, Akzeptanz, zu Respekt und Wertschätzung entwickeln, sodass ein Führungskräftefeedbackverfahren eine Personalentwicklungsmaßnahme nicht nur für den Vorgesetzten, sondern auch für das Team und letztlich auch die einzelnen Teammitglieder darstellt. Dieser Aspekt muss in den entsprechenden Teamworkshops immer wieder herausgearbeitet und betont werden. So wird verdeutlicht, dass die Maßnahmen, die aus dem Führungskräftefeedback abgeleitet werden, in den allerseltensten Fällen ausschließlich den Vorgesetzten betreffen. Vielmehr werden auch Teammaßnahmen bzw. individuelle Maßnahmen auf Mitarbeitendenseite nötig sein, um einen nachhaltigen Führungserfolg zu ermöglichen.

## 5 Fazit

Führungskräftefeedbackverfahren stellen in der modernen Unternehmensleitung ein unverzichtbares Instrument der Personal- und auch Organisationsentwicklung sowie der Qualitätsevaluation und -optimierung dar. Nachfolgend sollen die Kriterien für eine optimale Konzeption, Durchführung, Auswertung und Umsetzung des Verfahrens in zehn Empfehlungen zusammengefasst werden.

1. Das eingesetzte Erhebungsinstrument sollte möglichst partizipativ entwickelt werden und/oder auf veröffentlichten verbindlichen Aussagen der Organisation zu den Führungsgrundsätzen und der Organisationskultur basieren.
2. Die Einschätzung sollte überwiegend anhand standardisierter Fragen vorgenommen werden. Darüber hinaus sollte es Möglichkeiten für die Mitarbeitenden geben, in

eigenen Worten Anmerkungen oder weiterführende Aussagen machen zu können.

3. Das Verfahren muss so gestaltet werden, dass Anregungen und Kritik sachlich vermittelt werden. Es dürfen keine „Persönlichkeitsbewertungen“ von Vorgesetzten vorgenommen werden, sondern nur deren konkrete Verhaltensweisen als Führungskraft sollen eingeschätzt werden. Es geht letztlich um die Ermittlung der Mitarbeiterzufriedenheit mit der Führungsarbeit des Vorgesetzten.
4. Aus Gründen der Übersichtlichkeit und der Handhabbarkeit empfiehlt sich, dass Mitarbeitende jeweils nur ihren direkten Vorgesetzten einschätzen.
5. Die Führungskräfte sollten auch eine Selbsteinschätzung vornehmen. Das Selbstbild des eigenen Führungsverhaltens kann im Vergleich zu Fremdeinschätzungen gezielt reflektiert und gegebenenfalls korrigiert werden.
6. Für die Führungskräfte des Unternehmens sollte die Teilnahme obligatorisch sein: Damit wird die Relevanz der Maßnahme deutlich und es wird betont, dass das Führungsleitbild für alle Führungskräfte des Unternehmens handlungsleitend ist. Die Teilnahme aufseiten der Mitarbeitenden muss freiwillig sein.
7. Feedbackverfahren sollten in einem Unternehmen kein einmaliges Ereignis darstellen, sondern regelmäßig (z. B. einmal jährlich) durchgeführt werden. So können Verbesserungen in der Zusammenarbeit dokumentiert und eine Optimierung des Führungsverhaltens langfristig unterstützt werden.
8. Nicht nur die jeweilige Führungskraft, sondern auch ihr direkter Vorgesetzter sollte über die Ergebnisse informiert werden. Die nächsthöhere Führungskraft kann Personalentwicklungs- und Coachingmaßnahmen mit der jeweiligen Führungskraft vereinbaren, um zu einer Annäherung

zwischen gezeigtem und erwünschtem Führungsverhalten zu gelangen.

9. Die Rückmeldung der Ergebnisse der Selbsteinschätzung erfolgt grundsätzlich nur an die jeweilige Führungskraft selbst. Dies fördert die Bereitschaft zur ehrlichen und kritischen Selbstreflexion.
10. Auch die Mitarbeitenden des Unternehmens sollten über die Ergebnisse des Verfahrens informiert werden, indem z. B. die durchschnittlichen Werte in den einzelnen Führungskategorien veröffentlicht werden. So wird Transparenz erzielt und die Bereitschaft, sich am Verfahren zu beteiligen, erhöht, gleichzeitig werden aber die persönlichen Ergebnisse der einzelnen Führungskräfte vertraulich behandelt.

Grundsätzlich gilt zudem: Ein Führungskräftefeedback, das mit der Bekanntgabe der Resultate endet, ist verschwendete Zeit und herausgeworfenes Geld. Das Verfahren wird nur dann zum sinnvollen, konkreten Werkzeug, wenn sich an die Resultatbekanntgabe konkrete, von den Mitarbeitern wahrnehmbare Maßnahmen anschließen. Daher müssen sich alle Führungskräfte zu klaren, durchführbaren und nachkontrollierbaren Verbesserungen verpflichten. Es muss glaubhaft und wahrheitsgemäß belegt werden, dass ein Veränderungsprozess in Richtung auf eine offene Kommunikation und eine hierarchieübergreifende Rückmelde- und Kritikfähigkeit in Gang gebracht wurde.

**Hinweis**

Dieser Beitrag ist ursprünglich erschienen in: N. Herbig, S. Poppelreuter & H.-J. Thomann (Hrsg.), Qualitätsmanagement im Gesundheitswesen [Loseblattsammlung, 40. Aktualisierungslieferung, Juli 2016, Kapitel 10224, Seite 1-30]. TÜV Media

# 2 Themenbereich Organisationsentwicklung

# Change Management – eine Herausforderung für die Produktionsqualität

**Dieser Beitrag stellt dar, warum Change Management wichtig ist, was man genau darunter versteht, welche Erfolgsfaktoren sich für ein gelungenes Change Management ausfindig machen lassen, welche Gefahren und Risiken es zu bedenken gilt und welche Phasen ein Change-Management-Prozess durchläuft. Anhand eines konkreten Beispiels aus dem Instandhaltungsbereich werden die theoretischen Annahmen und Erkenntnisse praxisnah beschrieben.**

**Arbeitshilfe:**

- **Checkliste Change Management**

## 1 Einleitung

Folgender Beitrag gibt einen Überblick über das allgegenwärtige Konzept des Change Managements. Einzelne Menschen, Organisationen, Gesellschaften, ja, letztlich die gesamte Erde sind permanenten Veränderungsprozessen unterworfen. Im unternehmerischen Zusammenhang besteht ein großes Interesse daran, solche Veränderungsprozesse in ihrer Notwendigkeit frühzeitig zu erkennen, zu strukturieren, zu planen, erfolgreich umzusetzen und im besten Falle auch zu evaluieren – eben Change Management zu betreiben.

**Change Management – „Alles fließt“**

Was ist eigentlich eine Veränderung? Schon der griechische Philosoph Heraklit stellte ca. 500 vor Christus in seiner Lehre vom Fluss aller Dinge fest: „Alles fließt“, d. h., „Alles bewegt sich fort und nichts bleibt.“ Heraklit verglich das Sein mit einem Fluss. Dieser Fluss wandelt sich beständig, indem sich das Wasser in ihm austauscht. Aber doch ist es letztlich derselbe Fluss im selben Flussbett, obwohl keiner zweimal in denselben Fluss steigen kann.

**Veränderung = Übergang** Veränderungen kennzeichnen einen Übergang. Veränderung kann sich beispielsweise folgendermaßen zeigen:

**Evolution**
- In Form einer *Evolution* – denn schließlich wohnt der Mensch nicht mehr in einer Höhle, sondern lebt und arbeitet in Gebäuden, geht aufrecht, hat Kulturen entwickelt, auch das sind Ergebnisse der Evolution.

**Revolution**
- Veränderung kann auch die Form einer *Revolution* haben – man denke da nur an die weltberühmte Französische Revolution, die Geburtsstunde der Menschenrechte.

**Innovation**
- *Innovation* ist auch eine Form der Veränderung, denn schließlich telefoniert man heute mit den modernsten, kleinsten, dünnsten Handys und gibt keine Rauchzeichen mehr, um miteinander auf weiten Strecken zu kommunizieren.

**Modifikation**
- Genausogut kann sich Veränderung in Form einer *Modifikation* zeigen, was sich in vielfältigsten technologischen Weiterentwicklungen („von der Kutsche zum SUV") zeigt.

Grundsätzlich stellt sich natürlich die Frage, warum es überhaupt zu Veränderungen kommt. Oftmals handelt es sich um einen natürlichen Prozess, wie z. B. die Entwicklung des Menschen oder der Verlauf der Jahreszeiten. Veränderungen können innere und äußere Ursachen haben. Dann spricht man entweder von Selbstveränderung oder eben von Verändertwerden.

**„Stillstand" ist unmöglich** Warum kann nicht einfach alles so bleiben, wie es ist? Abgesehen von allgemeinen Einflussfaktoren, wie zum Beispiel wirtschaftlichen Krisen, dem zunehmend internationaler werdenden Wettbewerb oder der Weltpolitik, kann es die verschiedensten Auslöser für Wandel in Organisationen geben:

**Kultureller Wandel**

- Zum Beispiel kann sich die Zusammensetzung der Belegschaft ändern, indem sich zunehmend kulturelle Unterschiede zeigen, sich aufgrund des Fachkräftemangels Veränderungen in der Belegschaft ergeben oder einfach mehr akademische Fachkräfte eingestellt werden.

**Technologischer Wandel**

- Die sich ständig fortentwickelnde Technologie, Stichwort Digitalisierung, führt zu massiven Wandlungs- und Veränderungsprozessen.

**Soziodemografischer Wandel**

- Genauso sind gesellschaftliche Trends als Auslöser für Veränderungen nicht zu vernachlässigen. Der soziodemografische Wandel oder die Städtewanderung werden zu weiteren erheblichen Veränderungen auf dem Arbeitnehmermarkt führen und somit auch einen erheblichen Einfluss auf Unternehmen haben.

Und wie reagieren wir Menschen auf Veränderungen? Welche Gefühle werden durch Veränderungen im Individuum hervorgerufen?

**Reaktionen auf Veränderungen**

Veränderungen können immer auch positive Gefühle verursachen, weil so beispielsweise unangenehme oder sogar untragbare Situationen zukünftig vermieden werden. Veränderungen können der Langeweile entgegenwirken, sie können zu Gefühlen wie freudiger Erwartung, Aufregung, Neugierde und Hoffnung führen.

**Angst vor Veränderungen**

Neben positiven Gefühlen verursachen Veränderungen jedoch auch negative Gefühle, vor allem häufig Angst. Jede noch so geringe Veränderung wird von Menschen zunächst einmal auf ihre Bedrohlichkeit hin überprüft. Diesen Sicherungsmechanismus hat die Evolution sozusagen in den Menschen „eingebaut“. Die sofortige Überprüfung der Bedrohlichkeit jeder stattfindenden Veränderung hat eine überlebenswichtige Funktion und deshalb für Mensch und Tier absolute Priorität.

Erst, wenn der Mensch sicher ist, dass eine Veränderung nicht bedrohlich ist, wendet er seine Aufmerksamkeit anderen Aspekten zu – z. B. den potenziellen Vorteilen und Chancen von Veränderungen, ihrer Nützlichkeit für eigene Interessen oder ihrem Unterhaltungswert.

**Der Mensch als Gewohnheitstier**

Und wie kann man mit Veränderungen umgehen? Einst sagte der italienische Philosoph und Dominikanerpater Thomas von Aquin (1224–1274): „Für Wunder muss man beten, für Veränderungen muss man arbeiten." Der Mensch als „Gewohnheitstier" steht in der Regel Veränderungen skeptisch gegenüber.

**Veränderung = Verunsicherung**

Veränderungen sind mit Unsicherheit über die Zukunft verbunden und können als Gefahren und Risiken wahrgenommen werden. Daher können Mitarbeiter auf Veränderungen mit Misstrauen und Widerstand reagieren, d. h., sie können sich trotzig aktiv gegen Neues sträuben, indem sie neue Maßnahmen sabotieren oder schlechte Stimmung machen. Resignation und Gleichgültigkeit wären weitere Reaktionsmöglichkeiten.

**Veränderung = Chance**

Aber es geht auch anders: Mitarbeiter können genauso gut auf Veränderungen angebracht reagieren. Sie können aktiv neue Lösungen suchen, d. h., sie können agieren und nicht nur reagieren, oder sie können sogar im besten Falle proaktiv auf Veränderungen hinarbeiten bzw. Veränderung von sich aus suchen. Und genau hier setzt das Thema Change Management an.

## 2 Warum ist Change Management wichtig?

**Veränderungsdruck nimmt zu**

Im Zeitalter von Globalisierung und Digitalisierung werden Unternehmen zunehmend mit komplexen und dynamischen

Veränderungen in Wirtschaft und Gesellschaft konfrontiert. Die Globalisierung der Märkte, steigender Wettbewerbsdruck und neue Technologien erfordern ein schnelles und flexibles unternehmerisches Handeln. Daneben üben gesellschaftliche Veränderungen wie der Wunsch nach Selbstbestimmung, Partizipation und Persönlichkeitsentfaltung einen starken Einfluss auf Unternehmen aus. Die Folge ist, dass Unternehmen unter einem permanenten Veränderungsdruck stehen, die Häufigkeit, Anzahl und Bedeutung von Veränderungen sind gestiegen.

**Fehlende Veränderungsbereitschaft**

Einer Umfrage zufolge sind von ca. 600 deutschen Spitzenmanagern nur etwa 16 % Visionäre, Entdecker, Veränderer und/oder ständig auf der Suche nach Spitzenleistung. Die restlichen 84 % (!) hassen nichts mehr als die/jede Veränderung [1]. Ein Grund hierfür könnte sein, dass mit jeder Veränderung auch potenziell ein Verlust von Kontrolle und Vorhersagbarkeit, also auch Verlässlichkeit und Zuverlässigkeit einhergehen kann.

Folgende Rahmenbedingungen von Veränderungen provozieren Verunsicherung und Ängste bei den Mitarbeitern:

- radikale und durchgreifende Veränderungen,
- unerwartete und plötzliche Veränderungen,
- Veränderungen mit potenziell negativen Konsequenzen für beteiligte Personen,
- Veränderungen, bei denen das Ziel diffus ist.

**Strategisch bedeutsam**

Ein erfolgreiches Change Management ist also von großer strategischer Bedeutung, denn die Fähigkeit von Unternehmen, sich rasch zu verändern und anzupassen, bringt enorme Wettbewerbsvorteile mit sich.

# 3 Was ist Change Management?

**Definition Veränderungsmanagement**

Unter Veränderungsmanagement (englisch Change Management) lassen sich alle Aufgaben, Maßnahmen und Tätigkeiten zusammenfassen, die eine umfassende, bereichsübergreifende und inhaltlich weitreichende Veränderung – zur Umsetzung neuer Strategien, Strukturen, Systeme, Prozesse, Verhaltensweisen, Denkmuster und Werte – in einer Organisation bewirken sollen.

## 3.1 Voraussetzungen für ein erfolgreiches Change Management

**Erfolgsfaktoren**

Veränderungsprozesse lassen sich nur erfolgreich umsetzen, wenn folgende Faktoren im Unternehmen berücksichtigt werden bzw. gegeben sind:

**Alle müssen mitmachen**

Change Management muss von jedem Mitarbeiter als persönliche Aufgabe verstanden werden. Nur, wenn alle Mitarbeitenden von der Veränderung überzeugt sind und diese mittragen, kann es zu einem erfolgreichen Adaptationsprozess kommen.

**Verkrustungen aufbrechen**

Verkrustungen müssen aufgebrochen und vermieden werden. Vor allem Haltungen wie „Das haben wir ja noch nie so gemacht“ oder „Da könnte ja jeder kommen“ (sogenannte „Killerphrasen“) sind massiv veränderungshinderlich. Verkrustungen meint hierbei sowohl das individuelle, mitunter krampfhafte Festhalten an Gewohntem, als auch die fehlende Bereitschaft, sich auf neue Kolleginnen und Kollegen und/oder Prozesse und Strukturen einzulassen.

**Fehlertoleranz ist wichtig**

Es muss Toleranz gegenüber Instabilitäten und Fehlern herrschen. Jede Veränderung führt auch dazu, dass alte Routinen aufgegeben und neue Verhaltensmuster und Vorgehensweisen eingeübt werden müssen. Das klappt meist nicht auf Anhieb und muss sich einspielen.

**Streit- und Leitkultur**

Eine Streit- und Lernkultur muss aufgebaut werden (oder bereits vorhanden sein). Veränderungsprozesse führen auch dazu, dass man eben nicht auf Erfahrungswissen zurückgreifen kann. Das gemeinsame Lernen kann im Rahmen von Veränderungsprozessen eine großartige Möglichkeit sein, Teams zusammenzubringen und menschliche Ressourcen sich ergänzend zu nutzen. Dabei muss es auch Konflikte und Streit geben, ein Ringen um bessere Lösungen. Dadurch werden intellektuelle Potenziale erst geweckt und gefördert. Dass dies in einem konstruktiven Rahmen stattfinden sollte, versteht sich von selbst.

**Führungskräfte sind Promotoren**

Die Führungskräfte müssen als Promotoren des Wandels einen aktiven Beitrag leisten. Wie so oft kommt dem Führungsverhalten in Situationen des Wandels und der Veränderung eine zentrale Bedeutung zu. Führungskräfte nehmen hier in vielerlei Hinsicht eine Vorbildfunktion ein. Sie müssen den Wandel nicht nur vorbereiten, sondern auch kommunizieren, begründen, einleiten, umsetzen und vorleben. Je konsequenter und glaubwürdiger das geschieht, umso größer ist die Wahrscheinlichkeit, dass ein Veränderungsprozess auch gelingt.

**Mitarbeitende als Change Agents**

Change Agents sollten als Missionare, Vorbilder und methodische Experten eingesetzt werden. Eher noch als von ihren Vorgesetzten lassen sich die Mitarbeitenden von ihren Kolleginnen und Kollegen überzeugen, wenn es um die Umsetzung von Veränderungen geht. Daher sollten Unternehmen im Wandel dafür sorgen, dass die Projektmanager speziell geschult sind, um den Wandel zu gestalten und mit der Geschäftsführung umzusetzen.

**Leadership**

Ein guter Manager beherrscht vor allem folgende Dinge:

- planen und budgetieren,
- organisieren und das Personal managen,
- controllen und bewerten,
- Probleme lösen,
- die Qualität und den Prozess sichern.

Ein guter Manager ist so in der Lage, Komplexität zu reduzieren und in den Griff zu bekommen. Er steuert die Effizienz der Organisation und optimiert diese ständig. Im Vordergrund steht das Erfüllen der Tagesaufgaben.

**Zusätzliche Eigenschaften eines Managers**

Um kompetent mit dem Wandel umzugehen, benötigen die heutigen Manager folgende Zusatzeigenschaften:

- Er hat eine Vision und gibt eine Langfristperspektive.
- Er mobilisiert und inspiriert seine Mitarbeiter.
- Er motiviert Mitarbeiter, bindet sie in seine Gedankenwelt ein und weckt Energien.
- Er schafft Bewegung im Unternehmen.

Ein moderner Manager schafft Veränderungen. Er ist ein Visionär, beschäftigt sich mit der Zukunft und nimmt die Mitarbeiter mit auf diese Reise. Er sieht sich als Motor für quantitatives und qualitatives Wachstum im Unternehmen. „Wenn Du ein Schiff bauen willst, dann trommle nicht Männer zusammen, um Holz zu beschaffen, Aufgaben zu vergeben und die Arbeit einzuteilen, sondern lehre die Männer die Sehnsucht nach dem weiten, endlosen Meer“ (Antoine de Saint-Exupéry aus „Die Stadt in der Wüste“).

## 3.2 Gefahren und Risiken im Change-Management-Prozess

**70 % aller Change-Projekte scheitern**

Es ist eine immer wieder gemachte Erfahrung in Unternehmen, dass Veränderungen nur schwer und zäh umsetzbar sind, dass sie Zeit brauchen, nur teilweise umgesetzt werden oder völlig scheitern. Schätzungen zufolge scheitern bis zu 70 % aller Change-Prozesse, d. h., die ursprünglich ausgerufenen Ziele werden nicht oder nur teilweise erreicht, sie sind nicht nachhaltig im Unternehmen verankert oder müssen im Laufe des Prozesses verändert werden. Welche Rahmenbedingungen erweisen sich immer wieder als Risiko für den Erfolg eines Veränderungsprozesses? Hier sind zu nennen:

**Unklare Ziele**

- **Unklare Ziele**:
  „Wenn man nicht weiß, wo man hin möchte, darf man sich nicht wundern, wenn man ganz woanders ankommt." Diese banale Lebensweisheit gilt auch und gerade für Change-Management-Prozesse. Viele Maßnahmen werden angestoßen, *ohne* das klar und allgemein verbindlich herausgearbeitet wurde, welche Ziele man mit einer Veränderungsmaßnahme verfolgt. Unklare Ziele können zu vermeintlichen Zielkonflikten führen, wenn nämlich beispielsweise Mitarbeitende das Ziel einer Veränderungsmaßnahme anders interpretieren als das, was die Geschäftsführung als Ziel vorgibt.

**Fehlende Partizipation**

- **Kein Einbezug/keine Mobilisierung der Betroffenen:**
  Nur überzeugte Mitarbeitende werden bereit und in der Lage sein, sich dem Veränderungsprozess zu stellen und die damit verbundenen Gefahren, Belastungen und Unsicherheiten auszuhalten. Eine solche Überzeugung kann nur entstehen, wenn transparent und aufrichtig, aber auch wertschätzend und motivierend über den (anstehenden) Veränderungsprozess kommuniziert wird. Viele Unternehmen scheuen diesen Aufwand gerade zu Beginn des

Change-Prozesses. Aber gerade hier sind Austausch und Kommunikation von zentraler Bedeutung für den späteren Erfolg einer Maßnahme. Über Mitarbeiterbefragungen, Konferenzen, Workshops und andere Kommunikationsfördermaßnahmen können sowohl die Einbeziehung als auch die Mobilisierung der Mitarbeitenden gefördert werden.

**Widerstände**

- **(Zu) große Widerstände verhindern eine Verhaltensänderung:**
Wenn es nicht gelingt, eine substanzielle Zahl von Mitarbeitenden für den Veränderungsprozess zu gewinnen, ist ein Scheitern vorprogrammiert. Dabei tun Unternehmen (im Übrigen auch ganze Staaten) gut daran, jeden einzelnen Mitarbeitenden anzuhören und einzubinden. Sollte sich ein zu großes Widerstandspotenzial gegen einen Veränderungsprozess abzeichnen, gibt es zwei Handlungsmöglichkeiten: Man versucht, bestehende Zweifel und Widerstände aufzulösen, oder aber eine Veränderung wird „par ordre du mufti" durchgesetzt. Zweiteres kann zur Folge haben, dass der Widerstand gegen die Veränderung eskaliert und im Untergrund weitergeführt wird. Ein Mangel an Arbeitszufriedenheit, Arbeitsmotivation, Arbeitsleistung und Arbeitsqualität kann die Folge sein, ebenso können Absentismus und Fluktuation zunehmen.

**Fehlende Nachhaltigkeit**

- **Verhaltensänderungen sind nicht nachhaltig:**
Change-Prozesse haben, wie der Name schon sagt, Prozesscharakter. Sie benötigen Zeit und Raum, um sich zu etablieren. Das veränderte Verhalten muss sich stabilisieren, durch Einübung, Reflexion, Anpassung und gegebenenfalls auch Individualisierung verfestigt werden. Hierfür sind Evaluationen notwendig, Überprüfungen, wo man im Veränderungsprozess steht. Nur so kann sich eine neue Methode, ein neues Vorgehen, ein neuer Prozess auch nachhaltig etablieren. Oftmals fehlt Veränderungsprozes-

sen ein solcher Begleitmechanismus, was zur Folge haben kann, dass Veränderungen „versanden“.

**Fehlende Ressourcen**

- **Fehlende Ressourcen (Zeit, Personal)**:
„Wer zu spät kommt, den bestraft das Leben.“ Ob sich Veränderungen erfolgreich umsetzen lassen, hängt nicht zuletzt auch davon ab, wann sie angestoßen werden und wie viel Zeit für die Umsetzung zur Verfügung steht. Die Beispiele aus der Wirtschaft, wo Veränderungen zu spät erkannt oder angegangen wurden, sind Legion. Man denke nur an die aktuelle Diskussion über die Mobilität der Zukunft und den immer wieder vorgebrachten Vorwurf, deutsche Automobilhersteller würden die Umstellung auf den Elektroantrieb „verschlafen“. Gerade wenn sich technologische Veränderungen abzeichnen, ist es wichtig, frühzeitig und mit entsprechenden Ressourcen – zeitlich wie personell – darauf zu reagieren.

**Hohe Erwartungen**

- **(Zu) hohe Erwartungen:**
Die mit Veränderungen verbundenen Erwartungen sind mitunter unrealistisch. Dies zeigt sich häufig dann, wenn man sich als Unternehmen von Prozessveränderungen oder neuen Technologien Einsparungen und Effizienzsteigerungen verspricht. Die Umstellung auf neue Produktionsverfahren beispielsweise bringt eine Vielzahl von Veränderungen mit sich, die in ihrer Umsetzung, Geschwindigkeit und ihrem Ausmaß eine Zielerreichung beeinflussen können. Theorie und Praxis sind eben immer noch zwei unterschiedliche Felder. Insbesondere um die Veränderungsbereitschaft nicht zu unterminieren, ist es daher von großer Bedeutung, einen Veränderungsprozess mit realistischen und auch erreichbaren Zielvorstellungen anzugehen.

### 3.3 Die Rolle der Kommunikation im Change Management

**Schlüsselfaktor Kommunikation**

Aus den bisherigen Ausführungen wird deutlich, dass Veränderungsprozesse in ihrer Vorbereitung, Umsetzung und langfristigen Etablierung vor allem kommunikativer Begleitung bedürfen. Die Entwicklung eines Kommunikationskonzepts zur Unterstützung des Veränderungsprozesses ist zentrale Aufgabe und wesentlicher Bestandteil des Change Managements. Dabei muss die Kommunikation intensiv, gut strukturiert und gesteuert sein. Nur so lassen sich ein Kenntnisstand und Transparenz gewährleisten, die zu einer hinreichenden Beteiligung der Betroffenen an Veränderungsprojekten führt. Dazu gehört auch die Fehlerkommunikation vor allem bei der Umsetzung in die Praxis. Projektleiter müssen sich Kritik stellen, wenn Schwachstellen zutage treten. Genauso, wie Sie hier behandelt werden wollen, sollten Sie auch mit den Kollegen umgehen, die bei der Umsetzung der Veränderung etwas länger brauchen.

**Dauerhaft und nachhaltig**

In der Regel ist eine Vielzahl von Mitarbeitern eines Unternehmens von Veränderungsprozessen betroffen. Die Zielgruppen des Wandels sollten dabei fortlaufend und umfassend informiert werden, denn eine gute Kommunikation wird die Einstellung der Belegschaft gegenüber den Veränderungen beeinflussen. Dabei sollte die Kommunikation über eine Veränderung über die Dauer der Veränderung hinausgehen, es sollte also vor- und nachgelagerte Kommunikationsaktivitäten geben. Hierzu gehören vielfältige Rückkopplungen bzw. Feedbackschleifen ebenso wie die Nutzung formeller und informeller Kommunikationsstrukturen.

Es gilt im Rahmen von Veränderungsprozessen immer wieder, Erfolge und/oder Misserfolge zu benennen, Leistungen anzuerkennen, Konsequenzen aufzuzeigen und mögliche weitere Entwicklungen zu erarbeiten, sowohl auf horizontaler als auch auf vertikaler Ebene.

# 4 Die acht Aspekte eines guten Change Managements

Auch wenn jedes Change-Projekt individuell und einzigartig ist und von seinen Zielsetzungen, Rahmenbedingungen und beteiligten Personen her betrachtet und entsprechend strukturiert werden muss, gibt es dennoch acht grundlegende Aspekte, deren Berücksichtigung den Erfolg einer Veränderungsmaßnahme zwar nicht garantieren, wohl aber befördern können. Auf diese acht Aspekte soll im Folgenden näher eingegangen werden.

## 4.1 Bildung Projektteam/Steuerungsgruppe

Jedes Unternehmen, das einen Veränderungsprozess anstößt, sollte – insbesondere, wenn es sich um strategisch wichtige und langfristig relevante Veränderungen handelt – ein eigenes Projektteam oder eine Steuerungsgruppe für diesen Prozess einrichten. Die Zusammenstellung eines solchen Gremiums erfordert eine umsichtige Planung von zeitlichen, personellen und finanziellen Mitteln sowie geeigneter Kompetenzen (z. B. Fachkompetenzen, Entscheidungskompetenzen). Die „optimale“ Konstellation bringt sowohl Entwickler der Strategien als auch operative Umsetzer aus allen beteiligten Unternehmensbereichen (Change Agents als Ansprechpartner) zusammen.

**Den Wandel als positiv erleben**

Hilfreich ist es, wenn hier Personen agieren, die als Team eine gemeinsame Vergangenheit oder schon früher in anderen Projekten zusammengearbeitet haben. Allerdings liegt der Fokus bei der Kooperation auf den gemeinsamen Aufgaben und Zielen der Gegenwart und der Zukunft. Zentral ist, dass alle Mitglieder dieses Teams den (bevorstehenden) Wandel als positiv erleben. Dies erfordert, dass jeder Einzelne aus dem Team den Wert des Wandels – auch ganz persönlich – erkennt und so eine Motivation und Begeisterung für den Wandel entsteht.

## 4.2 Entwicklung von Leitlinien

Bevor das Change-Management-Team inhaltlich zu arbeiten beginnt, sollte es sich auf Regeln verständigen, wie man innerhalb des Unternehmens vor, während und nach der Veränderung miteinander umgehen möchte. Diese Regeln müssen unbedingt zu Beginn des Prozesses vorliegen und transparent sein, denn solche Leitlinien wirken den Sorgen und Ängsten der Beteiligten positiv entgegen. Folge ist eine Erhöhung der Identifikation mit den Zielen des Veränderungsprozesses. Hierbei trägt das Management Verantwortung dafür, dass Entscheidungen transparent kommuniziert werden. Jeder Mitarbeiter sollte die Richtlinien kennen, verstehen und annehmen, denn so wird die Entwicklung von Vertrauen und Solidarität gefördert. Ebenso wesentlich ist eine klare Formulierung der Ziele des Wandels.

## 4.3 Vernetzung

Da Veränderungsprozesse, insbesondere solche umfänglicherer Natur, immer mehr oder weniger große Teile des Unternehmens betreffen, ist eine bereichsübergreifende Verzahnung von Kompetenzen, Fähigkeiten und Ressourcen der betroffenen Unternehmensbereiche unabdingbar. Dies erfordert zum Beispiel die Entwicklung neuer projektspezifischer Kommunikationsstrukturen, eine Gesamtvernetzung der einzelnen Einheiten eines Projekts und eine klare Definition von Schnittstellen zu Verhinderung unkoordinierter Aktivitäten.

## 4.4 Festlegung von Verantwortlichkeiten

In jedem Change-Projekt müssen Verantwortlichkeiten eindeutig festgelegt werden. Dies sollte klar und unmissverständlich geschehen, bevor der Veränderungsprozess gestartet wird, um so den Mitarbeitenden ein Gesamtbild über den geplanten Veränderungsprozess und eine Orientierung für die Zukunft zu geben. Dabei ist die oberste Führung des Unternehmens für die nachhaltige Umsetzung des Wandels verantwortlich.

## 4.5 Zeitplanung

Die Festlegung von Zwischenzielen („Milestones") ist wesentlicher Bestandteil der Planung eines Veränderungsprozesses. Dabei sollte der zeitliche Aufwand von Veränderungsschritten (Vorbereitung, Durchführung und Nachbereitung) zur Effektivität der Maßnahmen im Verhältnis stehen. Die Frage, wann welche Informationen an welche Zielgruppen gegeben werden, ist sorgfältig zu diskutieren und zu planen. Auf dieser Grundlage müssen zielgruppenspezifische Aktivitäten (Information, Partizipation, operative Umsetzung) – auch hinsichtlich ihres Ausmaßes und ihrer Frequenz – vorbereitet werden.

## 4.6 Initiierung von Partizipation

Wo immer möglich, sollte im Rahmen von Veränderungsprozessen eine maximale Beteiligung der Betroffenen an den verschiedenen Phasen bzw. Stufen des Veränderungsprozesses gewährleistet werden. So lassen sich Phasen der Unsicherheit verkürzen, die Gerüchtebildung wird verhindert und das Vertrauensverhältnis gestärkt.

## 4.7 Einplanen von Flexibilität

Zwar heißt es, dass nichts so praktisch ist wie eine gute Theorie, aber man weiß auch, dass zwischen (theoretischer) Planung und (praktischer) Umsetzung in den seltensten Fällen eine 1:1-Beziehung besteht. Daher sollte die Planung von Change-Projekten selbstverständlich richtungweisenden Charakter haben, aber es sollte auch zumindest mitbedacht werden, dass sie in der Umsetzung nie hundertprozentig bindend sein kann. Dies gilt nicht zuletzt deswegen, weil jedes System in der Zusammensetzung seiner Elemente und Beziehungen einzigartig ist. Eine gewisse flexible Anpassungsfähigkeit der Planung an die sich zeigende Realität ist daher unbedingt zu empfehlen.

## 4.8 (Weiter-)Entwicklung der Unternehmenskultur

Veränderungsprozesse, deren erfolgreiche Umsetzung vor allem davon abhängt, dass alle im Unternehmen „an einem Strang ziehen“, müssen auf eine entsprechende Unternehmenskultur aufbauen können, denn ansonsten erweisen sie sich allzu oft als „Rohrkrepierer“.

**Die eigene Unternehmenskultur realistisch einschätzen**

Mit anderen Worten: Bevor das Projekt gestartet wird, sollten Fehlwahrnehmungen und organisationskulturelle Hindernisse möglichst beseitigt werden. Dies setzt voraus, dass man eine realistische Einschätzung der bestehenden Unternehmenskultur, mithin eine Aussage über die Veränderungsfähigkeit und -bereitschaft des Unternehmens und seiner Mitarbeitenden vornehmen kann. Zudem sollten Veränderungsprozesse unbedingt einer „Gewinner-Verlierer-Mentalität“ beraubt werden, was bei zahlreichen Change-Projekten, speziell wenn sie auf Effizienzsteigerungen abzielen, nur schwerlich oder auch gar nicht möglich ist. Je mehr es gelingt, echte „Win-

win-Situationen“ zu schaffen, umso eher darf man auf eine erfolgreiche Umsetzung des Veränderungsprozesses hoffen.

# 5 Modelle des Change Managements

## 5.1 Das Grundmodell von Lewin

**Grundmodell von Lewin**

Bereits im Jahr 1947 formulierte der 1933 nach Amerika emigrierte Psychologe Kurt Lewin [2] ein 3-Phasen-Modell zur Beschreibung von Veränderungen in Gesellschaften oder auch Organisationen (s. Abb. 1).

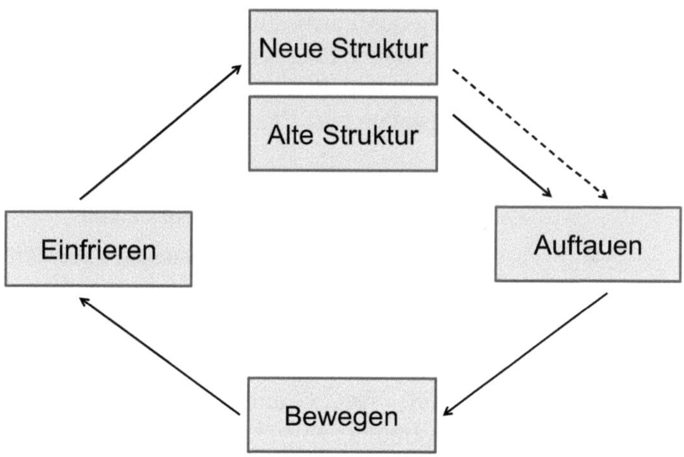


Abb. 1: Das 3-Phasen-Modell der Veränderung von Lewin [2]

In der *Auftauphase* sollen die bestehenden (eingefrorenen) Strukturen aufgetaut werden, um so einen Change-Prozess überhaupt erst zu ermöglichen bzw. in Gang zu setzen. In der *Bewegungsphase* werden Lösungen gesucht, neue Verhaltensweisen ausprobiert, ein bestehendes Problem wird in Teilprojekten gelöst. Dabei soll eine Bewegung zu einem neuen Gleichgewicht vollzogen werden. In der *Einfrierphase* schließlich finden eine Implementierung der gefunden Problemlösungen und der vorläufige Abschluss des Veränderungsprozesses statt. Salopp gesprochen soll aus „neu“ „alt“ im positiven Sinne des Vertrauten und Bekannten, aus einem „Das haben wir noch nie so gemacht“ soll ein „Das haben wir nie anders gemacht“ werden.

## 5.2 Der PDCA-Zyklus

**PDCA-Zyklus**

Der PDCA-Zyklus geht zurück auf den Qualitätsexperten W. E. Deming [3]. Er postuliert, dass sich eine ständige Verbesserung qualitätsbestimmender Faktoren im Rahmen eines revolvierenden Prozesses vollziehen sollte, dem aus vier Phasen bestehenden PDCA-Zyklus. Dabei bezeichnet jeder der Buchstaben eine Phase:

- **Plan**: In der Planungsphase werden Maßnahmen zur Qualitätsverbesserung entwickelt.
- **Do**: Die geplanten Maßnahmen werden im gesamten Unternehmen umgesetzt.
- **Check**: Die Maßnahmen werden hinsichtlich ihrer Zielwirksamkeit kontrolliert und bewertet.
- **Act**: Auf Grundlage des Check-Ergebnisses werden eventuelle Korrekturmaßnahmen eingeleitet.

Die Korrekturmaßnahmen der letzten Phase bilden wiederum den Ausgangspunkt für ein erneutes Durchlaufen des Zyklus.

Der PDCA-Zyklus wirkt auf das gesamte Unternehmen und ist daher vom Management anzustoßen. In der Do-Phase können aber PDCA-Subzyklen auf Bereichsebene initiiert werden, die ihrerseits die Verbesserung vor Ort planen, durchführen, kontrollieren und gegebenenfalls anpassen.

Der PDCA-Zyklus kann als geeignetes Rahmenmodell auch für die Vorbereitung, Durchführung und Evaluation von generellen Veränderungsprozessen betrachtet werden.

## 5.3 Das 7-Phasen-Modell der Veränderung von Streich

**Das Modell von Streich**

Richard K. Streich [4], dessen Modell sich in zahlreichen Change-Management-Ratgebern wiederfindet, lehnt sich in der Beschreibung der unterschiedlichen Phasen eines Change-Prozesses in einem Unternehmen an die Diktion von Elisabeth Kübler-Ross (die sechs Phasen der Trauerbewältigung [5]) an, transferiert diese aber eindeutig in einen organisationalen Kontext.

**Sieben Phasen**

Ausgehend von einer sogenannten „Stunde null“, zu der aufgrund organisatorischer Notwendigkeiten die Leitung eines Unternehmens einen Veränderungsprozess einleitet, wird von Streich [4] ein Verlauf mit insgesamt sieben Phasen angenommen. Grundlage des Modells ist die Annahme, dass die Bereitschaft zur Veränderung bzw. möglicherweise auftretende Widerstände durch die individuell wahrgenommene Kompetenz der Betroffenen bedingt und beeinflusst werden. Dabei ist die wahrgenommene Kompetenz zur Initiierung und Bewältigung einer Veränderung ein Zusammenspiel von „wollen“, „dürfen“ und „können“.

**Wollen – dürfen – können**

D. h., erst wenn man befugt ist, ein verändertes Verhalten zu zeigen (dürfen), die Einsicht besteht, dass dieses Verhalten Vorteile gegenüber früheren Handlungs- und Einstellungsweisen bringt (wollen) und auch die Kompetenzen erlernt wurden, dieses Denken und Verhalten zu zeigen (können), kann ein Veränderungsprozess verhaltenswirksam werden.

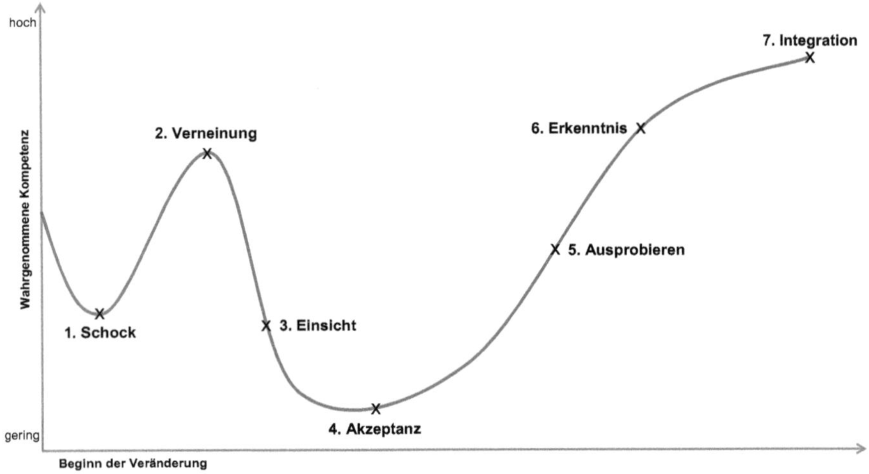


Abb. 2: 7-Phasen-Change-Modell von Streich [4]

**Beispiel**

Ein Beispiel: Es soll eine neue Computersoftware (z. B. Instandhaltungsplanungssystem) eingeführt werden, die die Reibungsverluste zwischen einzelnen Abteilungen vermindern und den Arbeitsprozess generell beschleunigen soll. Erst, wenn ein Mitarbeiter die Berechtigung erhält, die neue Software zu nutzen, er auch einsieht, dass ihm dies gegenüber früher Zeit und Auseinandersetzungen mit anderen Abteilungen einspart und er darüber hinaus im Umgang mit der Software auch ausreichend geschult wurde, wird er das neue Programm benutzen. Bis die Mitarbeiter allerdings so weit sind, durchlaufen sie sechs weitere Phasen.

Abbildung 2 verdeutlicht die einzelnen Phasen eines Veränderungsprozesses nach Streich [4] in Abhängigkeit von der wahrgenommenen individuellen Kompetenz der Beteiligten und des zeitlichen Verlaufs des Prozesses.

Dabei unterscheidet Streich [4] folgende Phasen:

1. **Schock-/Überraschungsphase**
Die Beteiligten werden mit Anforderungen und Erwartungen konfrontiert, für die sie noch kein angemessenes Verhalten erworben haben. Beispielsweise werden im Hinblick auf die regelmäßige Berichterstattung mittels Kennzahlen neue Erwartungen und Forderungen an eine Instandhaltungsabteilung herangetragen. Dies kann eine große Gefahr für die Reputation der Abteilung darstellen, da die Tätigkeiten für alle transparenter werden. Gilt man künftig als „effizient, verfügbarkeitssteigernd"? Die Produktionsleiter wollen überzeugende Belege dafür, dass sich die Abteilung an den Verfügbarkeitsforderungen der Produktion orientiert und diese auch „lebt". Gelingt es nicht, dies als „verstanden" und „erkannt" nach innen und außen zu kommunizieren, sind Reputationsschäden unausweichlich. Schnell gilt eine Instandhaltung als wenig kundenorientiert und im schlimmsten Fall als „unproduktiv", werden diese Erwartungen nicht erfüllt. Wenn dieser Veränderungsprozess für viele Mitarbeiter unerwartet ist, entsteht mitunter eine große Unsicherheit unter den Angestellten.
2. **Verneinungs-/Abwehrphase**
In dieser Phase beziehen viele Beteiligte deutlich Position, da es nun um ihre eigene Zukunftssicherung geht. Es stehen sich die Befürworter der Veränderung und die Bewahrer der alten Positionen und Verhaltensweisen („Das haben wir schon immer so gemacht") gegenüber. Häufig herrscht gerade bei den Gegnern der Veränderung eine Überschätzung der eigenen Verhaltenskompetenz vor („Die Hunde bellen, aber die Karawane zieht weiter"). Gerade in der heutigen Zeit ist ein „Aussitzen" von Entwicklungen immer weniger möglich. Angestrebte Ziele müssen vom Unternehmen deutlich kommuniziert und

deren Erreichung als realistisch oder ggf. in Teilen schon gegeben dargestellt werden.

3. **Einsichtsphase**
   Den Beteiligten werden die Grenzen der alten Verfahrensweisen allmählich bewusst. Die neue Situation wird nach und nach akzeptiert. Es tritt eine rationale Einsicht ein („Wir brauchen die Transparenz, um besser zu werden“). Die Veränderung wird häufig dennoch nur schmerzlich akzeptiert. Hier kommt es darauf an, dass „first mover“ in der Abteilung, erste Unterstützer, aktiv angesprochen und in ihrer Haltung bestärkt werden. Wer sich der neuen Instandhaltungssoftware widmet, wird belohnt. Wer Vorschläge zur Zielerreichung macht, wird gehört.
4. **Akzeptanzphase**
   Nach der rationalen folgt die emotionale Akzeptanzphase. Die Realität wird akzeptiert und alte Denk- und Verhaltensweisen werden abgelegt. Es entsteht ein Optimismus, durch den neue Energien freigesetzt werden („Hier haben wir eine echte Chance, effizienter und transparenter zu werden“). Ein engmaschiges Reporting von (Teil-)Erfolgen, ein stetiges Einbinden der Beteiligten, aber auch die Diskussion von Fehlern, Rückschlägen und Enttäuschungen gehören zu einer glaubwürdigen Reputationsentwicklung dazu. „Wir werden nicht alles anders machen, aber vieles besser!“ Nicht nur in der Politik sind es griffige Sätze und Formulierungen, die Veränderungen ankündigen, vorbereiten, konsensfähig machen.

5. **Ausprobierphase**
   Nun werden Strategien entwickelt, um die neuen Herausforderungen bewältigen zu können. Neue Denk- und Verhaltensweisen werden erprobt, evaluiert und modifiziert. Es soll ein Prozess des bewussten Lernens entstehen. Diese Phase erfordert viel Geduld und Ausdauer. Die Führungskräfte unterstützen das Ausprobieren. Werben spielt hier eine ebenso wichtige Rolle wie das Vorbildverhalten der Leiter der Abteilung oder der Unternehmenspolitik im Allgemeinen.
6. **Erkenntnisphase**
   In dieser Phase werden Gründe für Erfolg und Misserfolg der Strategien in der Ausprobierphase ermittelt, reflektiert und überdacht. Die Geschäftsführung versorgt den Change Manager mit Daten über Erfolg und Misserfolg. Was hat gewirkt? Was hat funktioniert? Was nicht? Diese Erkenntnis hilft auch bei der Implementierung neuer Verhaltensweisen und bildet die Grundlage für die letzte Phase.
7. **Integrationsphase**
   Die erfolgreichen Verfahrens- und Verhaltensweisen werden ins aktive Handlungsrepertoire übernommen. So werden sie mit der Zeit zur Normalität. Den meisten Mitarbeitern ist es kaum noch in Erinnerung, dass die Abläufe und Handlungsweisen früher anders waren. Die Perspektiven haben sich erweitert und der Prozess ist vorerst abgeschlossen. Das Change-Team greift diese Verhaltensverfestigungen auf und stabilisiert sie, z. B. durch Kommunikation von transparenter, kundenorientierter Instandhaltung als Tradition.

## 6 Ein Beispiel aus der Praxis

**Change Management in der Krise**

Ein Unternehmen der Baustoffherstellung hatte in den letzten Jahren mit einem großen Preisverfall auf dem Markt zu kämpfen, was immer wieder zu Ergebnisreduzierungen und Unternehmensverlusten führte. Durch die starke Konkurrenz mit Wettbewerbern erhöhte sich der Druck auf die Geschäftsführung stetig. Ein zweimaliger Austausch des Geschäftsführers in den letzten drei Jahren brachte nicht den erwünschten Effekt. Zuletzt betrug die „negative Umsatzrendite" mehr als 18 Prozent. Der neue Vorsitzende der Geschäftsführung, seit Anfang des Jahres im Amt, steht massiv unter Druck, da der Mutterkonzern inzwischen an eine vollständige Schließung von Standorten denkt. Der neue Geschäftsführer hat eine letzte Frist von einem Jahr für einen Turnaround erhalten; falls das Unternehmen bis zu diesem Zeitpunkt keine „schwarze Null" vorweist, soll es endgültig geschlossen werden.

**Harte Sanierung notwendig**

Unter Einbezug eines Beratungsunternehmens erarbeitet die Geschäftsführung einen Sanierungsplan, welcher nicht nur eine Verbesserung der Instandhaltungsabläufe und eine Senkung der Herstellkosten zur Folge haben soll, sondern auch eine Einsparung beim Personal vorsieht. Von den aktuell ca. 2.000 Mitarbeitenden sollen etwa 450 abgebaut werden, davon 300 in der Verwaltung und 150 in der Produktion. Ebenso ist eine Verschiebung von Mitarbeitern von der Instandhaltung in die Produktion geplant. Die Umsetzung des Plans dauert inklusive notwendiger Analysen und Berechnungen sowie Verhandlungen mit dem Betriebsrat (Stichwort Interessenausgleich und Sozialplan) mindestens drei Monate. Selbstverständlich muss in dieser Zeit mit Hochdruck und gleichbleibend optimaler Qualität weiter produziert werden. Sollte es wieder zu Lieferungsverzögerungen oder Rückrufen kommen, wäre die Sanierung schon im ersten Quartal des Jahres gescheitert.

**Kommunikation – was und wann?**

Die große Frage in solchen Situationen, wo innerhalb eines Unternehmens ein erheblicher (und auch schmerzhafter) Umbruch ansteht ist, ob, und wenn ja wie und was die Mitarbeitenden über die aktuelle Situation erfahren sollen. Ein solcher Kommunikationsprozess muss gut vorbereitet, strukturiert und diszipliniert umgesetzt werden. Somit ist die Frage nach dem „ob" der Kommunikation eine rhetorische. Die Belegschaften von Unternehmen in schweren Krisensituationen bekommen Tag für Tag mit, wie es um ihre Firma steht. Kundenbeschwerden, Zeitdruck, Controllingdokumente, die es auszufüllen gilt, externe Berater, die Prozesse und Materialien kontrollieren und vieles andere mehr machen ersichtlich, dass die Lage ernst ist.

**Transparenz Gebot der Stunde**

In solchen Fällen einfach zu schweigen, gibt Spekulationen, Gerüchten und auch Panikmache ein unbestelltes Feld. Von daher ist Transparenz das Gebot der Stunde, denn nur so – wenn überhaupt – lässt sich Vertrauen gewinnen und eine „Wir schaffen das"-Mentalität stärken. Wie sollte das Unternehmen also vorgehen?

## 6.1 Strategische Planungsphase des Kommunikationsprozesses

### 6.1.1 Was passiert?

Auf Grundlage der (absehbaren) Veränderungen und Einschnitte werden zentrale Botschaften erarbeitet, die in der Kommunikation immer wieder „gespielt" werden müssen, z. B. welche Ursachen zur gegebenen Situation geführt haben (ohne hierfür zu viel Zeit und Raum einzuräumen und ohne persönliche Schuldzuweisungen auszusprechen), dass diese

Ursachen nun aber identifiziert wurden und Maßnahmen erarbeitet werden/wurden, die einen Turnaround herbeiführen werden, dass hierfür die Mitarbeit aller erforderlich ist, welche Ziele in welchen Schritten erreicht werden sollen, welche Folgen die Maßnahmen für den Einzelnen haben, welche Unterstützung diejenigen Mitarbeitenden erhalten, von denen sich das Unternehmen wird trennen müssen etc.

### 6.1.2 Was ist zu tun?

Sammlung von Informationen, Generierung von Wissen, Durchführung von Analysen, Entwicklung von Strategien

## 6.2 Thematisierungsphase, Überraschungs- oder Schockphase

### 6.2.1 Was passiert?

Die Geschäftsführung stellt im direkten persönlichen Gespräch (z. B. Betriebsversammlung, Besuch an einzelnen Standorten/in einzelnen Abteilungen), aber auch über indirekte Kommunikation (z. B. Aushänge, Intranet, persönliche Anschreiben) ungeschönt die aktuelle Lage dar, thematisiert die Mängel und Probleme, die den Veränderungsprozess unumgänglich machen und beschreibt die Maßnahmen, die beschlossen wurden (Optimierung der Produktionsprozesse, Senkung der Materialkosten, Abbau des Personals nach Sozialplan). Zudem werden die neuen Ziele und Anforderungen eindeutig und klar formuliert.

Augenfällig ist, dass solche Kommunikationsprozesse hohe Anforderungen an die handelnden Akteure stellen, und das nicht nur an die Geschäftsleitung, sondern auch an den Betriebsrat. Letzterer muss den Veränderungsprozess – durchaus kritisch – begleiten und mittragen, andernfalls wird sich seitens der Belegschaft keine Identifikation mit den neuen Zielen und den notwendigen Veränderungsmaßnahmen einstellen können. Die Mitarbeitenden mögen überrascht oder gar schockiert sein ob der Nachrichten.

**Paralyseerscheinungen möglich**

Es kann durchaus zu kurzfristigen Lähmungserscheinungen kommen. Das ist im Rahmen von Veränderungsprozessen nicht ungewöhnlich, insbesondere wenn solche Veränderungen plötzlich und unerwartet auftreten. Eine zeitlich befristete Paralyse sollte zugelassen werden, selbst wenn diese je nach „Veränderungssituation“ nur wenige Sekunden oder Minuten dauern darf, weil es weitergehen muss. Insbesondere der Individualität solcher Paralyseerscheinungen sollte Rechnung getragen werden, d. h., Geschäftsführung und Führungskräfte brauchen (sehr) viel Zeit für die Kommunikation. Leider wird genau dieser Aspekt in zahlreichen Change-Projekten, insbesondere in solchen, in denen es um Krisenbewältigung geht, sträflich vernachlässigt. Es sollte allen Beteiligten immer wieder klar sein, dass umfängliche Veränderungen für bestimmte Personen durchaus traumatisch sein können, auch wenn sie noch gar nicht eingetreten sind.

### 6.2.2 Was ist zu tun?

Informationen über die bevorstehenden Veränderungen geben, Ängsten vorbeugen, Gründe erläutern, Vorlegen eines (groben) Aktionsplans

## 6.3 Verneinungs-, Abwehr- und Positionierungsphase

### 6.3.1 Was passiert?

Wenn „die Katze aus dem Sack“ ist, wird sofort und umfassend Bewegung in die Belegschaft kommen. Je nach Mentalität, Persönlichkeit und (persönlicher) Lebenssituation wird es ablehnende und befürwortende Haltungen geben. Ängste, ob berechtigt oder nicht, werden das Verhalten und die Haltung der Mitarbeitenden beeinflussen. Wut und Frustration werden aufkommen ob der Fehler, die in der Vergangenheit gemacht wurden. Es können offene Aggressionen und Feindseligkeiten auftreten.

**Gefühle kommen ins Spiel**

Wenn Gefühle ins Spiel kommen, ist ein offener und transparenter Kommunikationsprozess umso wichtiger. Alle Beteiligten, vor allem aber Geschäftsführung und Führungskräfte, müssen diese Emotionen offen ansprechen, zulassen und ggf. sogar einfordern. Gleichfalls müssen auch sie selbst zu ihren Gefühlen stehen. Eine fassadäre Behauptung, dass „man die Krise schon meistern" werde, kann desaströse Folgen haben, denn sie schafft kein Vertrauen. Man hat das Spiel quasi schon verloren, bevor es überhaupt angepfiffen wurde. Eine hohe Kommunikationsqualität sollte auf allen Ebenen sichergestellt werden. Gegebenenfalls sollte hier auch externe Beratung und Unterstützung hinzugezogen werden, denn Kommunikationsfehler können jedes noch so erfolgversprechende Sanierungskonzept torpedieren oder sogar exekutieren.

### 6.3.2 Was ist zu tun?

Emotionen der Beteiligten müssen adressiert werden, Verständnis muss gezeigt werden, über entsprechende Kommunikation muss auch bei den Mitarbeitenden ein Veränderungswunsch erzeugt werden („wenn es nicht zu vermeiden ist, dann werde ich den Weg mitgehen")

## 6.4 Rationale Akzeptanz, Klärungs- und Entscheidungsphase

### 6.4.1 Was passiert?

Die transparente und fortgesetzte Kommunikation zeigt erste Wirkung. Nach der „Schockphase“ und den nachfolgenden Positionierungsfindungen kommt es zu einer schrittweisen Akzeptanz von Veränderungsprozessen. Hier ist es wichtig, insbesondere Erfolge, aber auch aufgetretene Probleme und Schwierigkeiten engmaschig zu berichten und daraus wahlweise Freude, Motivation, Animation und Ehrgeiz oder auch eine Jetzt-erst-recht-Mentalität zu beziehen. Im besten Fall kommt es in spätestens dieser Phase zu einem Wachsen des Realitätsbewusstseins aufseiten aller Beteiligten. Es werden, selbst wenn der Sanierungsplan ambitioniert und strikt ist, Handlungsoptionen auch für den Einzelnen erkennbar. „Man kann die Revolution gestalten, oder man kann darin umkommen“.

**Rationale Entscheidungen und teamstärkende Rituale**

Der Frage, welche Rolle man einnehmen möchte, sollte sich jedes Belegschaftsmitglied stellen. Die Mitwirkung an der Veränderung sollte ein bewusster und entschiedener, ein rationaler Prozess sein. Hier wird deutlich, dass ein gefühlstaumeliges Aufgreifen einer Wir-meistern-die-Krise-schon-Äußerung nicht weit trägt. Nur, wenn man sich bewusst der (möglichen) Konsequenzen einer Entscheidung stellt, dann kann auch eine tragfähige Akzeptanz und nachhaltige Umsetzungsmotivation für einen Veränderungsprozess entstehen. Wichtig in dieser Phase ist, dass die Bewältigung der Aufgabe und die Erreichung der Ziele auf viele Schultern verteilt wird. Veränderung funktioniert nur, wenn sie von (möglichst) allen getragen wird. So können in Unternehmen aber auch sich gegenseitig stützende und motivierende Teams entstehen. Krisen können zusammenschweißen. Feste (Kommunikations-) Rituale wie Aushänge, Breaking News im Intranet, Stand-up Meetings, „management by walking around“ und andere Maßnahmen mehr können nicht nur (dringend notwendige) Redundanz, sondern auch Vertrauen und Überzeugung durch (Wieder-)Erkennen schaffen.

Die Botschaften müssen sich tief im Bewusstsein der Mitarbeitenden verankern. Ein Slogan („Yes, we can!“) – als *Teil* des Kommunikationskonzepts im Rahmen des Veränderungsprozesses und nicht einfach nur als bloße, alleinstehende „Durchhalteparole“, gemeinsame Symbole (Arbeitskleidung) oder Rituale (Kurzmeeting zum Stand der Dinge) sind hier wichtige (emotionale) Begleiter der sich mehr und mehr festsetzenden rationalen Überzeugungen.

### 6.4.2 Was ist zu tun?

Aufzeigen von Handlungsperspektiven, Übertragung von Verantwortung, „Penetranz ist wichtig.“

## 6.5 Emotionale Akzeptanz- und Testphase

### 6.5.1 Was passiert?

Es werden neue Prozessabläufe eingeführt. Die Mitarbeitenden müssen andere Wege gehen, mit anderen Kolleginnen und Kollegen zusammenarbeiten, neue Dokumente ausfüllen, andere Materialien verarbeiten. Eine „neue Realität“ am Arbeitsplatz stellt sich ein. Vieles wird zunächst argwöhnisch betrachtet, eine Früher-war-es-aber-besser-Mentalität behindert möglicherweise die Veränderungsprozesse. Die Abwehr von Veränderungen kann mitunter – auch unbewusst – zu sabotierendem Verhalten führen. Die Mitarbeitenden arbeiten langsamer, kommunizieren weniger, sind unachtsamer, stellen sich „dumm“ an. Auf solche Reaktionen müssen Geschäftsleitung und Führungskräfte eingestellt sein. Sie mit Druck und Gewalt, oder gar mit Unterstellungen und Abwertungen zu kontern, wäre völlig verfehlt.

**Survival of the fittest?**

Vielmehr müssen die Change Manager mit Geduld und Wertschätzung insbesondere die Mitarbeitenden abholen und mitnehmen, denen die Veränderung schwerer fällt als anderen. Hierfür bieten sich spezielle Maßnahmen, z. B. Tutorien oder auch Einzelunterweisungen, an für diejenigen, die das „Tempo“ (noch) nicht mitzugehen bereit oder in der Lage sind. Ein Wettbewerb der Mitarbeitenden mag dem einen oder anderen Geschäftsführer möglicherweise einfacher erscheinen, sozusagen ein „survival of the fittest“. Und es mag auch Situationen geben, in denen das die einzig mögliche Reaktion auf die Situation darstellt. Sollte dem so sein, dann sollte dies aber auch so kommuniziert werden.

In dieser Phase kann es aber dennoch passieren, dass Mitarbeiter in der mittleren Führungsebene, die partout nicht mitmachen wollen, abgelöst werden müssen. Dies ist auch ein wichtiges Zeichen, dass das Unternehmen hinter der Veränderung steht. So musste in einem Werk der Leiter Technik über einen Interimsmanager ersetzt und in die Zentrale versetzt werden.

**Erfolge und Vorteile kommunizieren**

Eine gelungene Change-Begleitung schafft es in dieser Phase aber, die Chancen und Möglichkeiten der „neuen Realität“ in den Vordergrund zu stellen. Die Mitarbeitenden erleben (im Idealfall), welche Vorteile die neuen Produktionsprozesse, die neuen Materialien, die Diskussion der Einsparung von Personalkosten haben. Diese gilt es, an Beispielen und Erfolgen, mögen diese auch noch so klein sein, immer wieder zu zeigen. Also gilt auch hier, dass ein permanenter Kommunikations- und Informationsaustausch geboten ist, auf allen zur Verfügung stehenden Kanälen, im persönlichen Gespräch, in

Teambesprechungen, in Betriebsversammlungen, auf Aushängen, im Intranet.

**Das Neue mitgestalten**

So kann es gelingen, die Mitarbeitenden in der neuen Realität ankommen zu lassen und, mehr noch, sie dort zum Mitdenken zu motivieren. Erfahrungswissen führt zu weiteren Vorschlägen aus der Belegschaft, wie die Dinge (noch) besser gemacht werden können. Das Festhalten am Alten tritt in den Hintergrund, das Gestalten der „neuen Welt“ wird von den Mitarbeitenden mehr und mehr als Möglichkeit wahrgenommen und proaktiv aufgegriffen. So können, von der Belegschaft entwickelt und damit auch in viel stärkerem Maße von ihr getragen, neue Pläne entwickelt und zusätzliche Energien mobilisiert werden.

### 6.5.2 Was ist zu tun?

Konkretisierung von Strategien und Zielen, bestmögliche Integration aller Beteiligten (Einbringen von Ideen und Erfahrungen mit dem Arbeitsablauf)

## 6.6 Erkenntnisphase

### 6.6.1 Was passiert?

Der Change-Prozess läuft seit mehreren Monaten. Erste Resultate liegen vor. Wie haben sich die Produktionsprozesse entwickelt? Wie sieht die Kostenentwicklung bei der Instandhaltung in Bezug auf die Verfügbarkeit aus? Wie viele Störungen stehen den präventiven Maßnahmen gegenüber? Wie ist die Stimmung in der Belegschaft?

**„Weiche“ Faktoren messen**

In dieser Phase sollten nicht nur die KPIs (Leistungskennzahlen) eine Rolle spielen, auch „weiche“ Faktoren wie zum Beispiel die Stimmung in der Belegschaft, die Wahrnehmung der Kommunikationsprozesse, das Vertrauen sollten „gemessen“ werden. Dies kann über eine Mitarbeiterbefragung geschehen, aber auch über moderierte Gruppendiskussionen oder Einzelinterviews. Viele Unternehmensleitungen scheuen den Einsatz solcher Instrumente im laufenden Veränderungsprozess, weil sie Angst vor den Ergebnissen haben. Was soll dabei schon herauskommen, so mitten im Umbruch?

Damit agieren sie wie ein Arzt, der unter der Operation wichtige Überwachungsinstrumente (Blutdruck, EKG, EEG) einfach abstellt. Gerade weil diese Instrumente auf Probleme und Schwierigkeiten hinweisen können, müssen sie den Change-Prozess unbedingt begleiten. Sie tragen dazu bei, die Gründe für Erfolge und Misserfolge im Change-Prozess zu ermitteln und zu reflektieren. So werden Korrekturnotwendigkeiten aufgedeckt. In zahlreichen Change-Projekten verfällt man gerne in Aktionismus, weil man unter erheblichem wirtschaftlichem und mitunter auch zeitlichem Druck steht. So verständlich solche Reaktionen sein mögen, kopfloses und hektisches Agieren vernichtet Chancen und Ressourcen.

**Notfallpläne sinnvoll**

Notfallteams, beispielsweise im Rettungsdienst oder im Katastrophenschutz, üben ihren Einsatz immer wieder, um im Krisenfall eben nicht aktionistisch, hektisch oder kopflos zu agieren. Unternehmen tun dies in aller Regel nicht. Erst in den letzten Jahren setzte sich, zumindest in einigen Branchen wie z. B. der Finanzindustrie, die Erkenntnis durch, dass es eines Risikomanagements bedarf. Notfallpläne für plötzlich auftretende Entwicklungen werden aufgestellt, zum Teil sogar vom Gesetzgeber eingefordert. Ein entwickeltes Change Management in den Unternehmen, das auch in konsolidierten Phasen nicht vernachlässigt wird, würde manchen, auch schmerzhaften Change-Prozess, zu größerem und auch schnellerem Erfolg verhelfen.

### 6.6.2 Was ist zu tun?

Aus Fehlern lernen, Förderung der Lernbereitschaft, kontinuierliche Optimierung von Fähigkeiten, ggf. Überarbeitung und Neujustierung von Zielen

## 6.7 Integrations- und Konsolidierungsphase

### 6.7.1 Was passiert?

Das Change-Projekt erreicht das zeitlich gesetzte Ziel (12 Monate Laufzeit). Die Entwicklungen sind positiv, die „schwarze Null" wurde erreicht. Der Personalabbau wurde weitestgehend umgesetzt, die entsprechenden Vorgaben erreicht. Es stellt sich das Gefühl ein, dass „das Schlimmste erst einmal geschafft ist". Die große Gefahr, die sich dann einstellt, ist, dass man versucht, die eingeleiteten und umgesetzten Veränderungen – zumindest zum Teil – wieder zurückzunehmen [6]. Speziell Bereiche, die besonders unter Stellenabbau zu leiden haben, werden ihren Bedarf anmelden und „Nachforderungen" stellen.

**Nachverhandlungen erschweren**

Im Grunde hat die Geschäftsleitung in solchen Fällen nur zwei Möglichkeiten, einen Rückfall zu verhindern: Entweder sie lässt überhaupt keine Nachverhandlungen zu, selbst um den Preis, dass im Veränderungsprozess gemachte Fehler trotz inzwischen besserer Einsicht zementiert werden. Oder die Hürden für Nachbesserungen werden so hoch gelegt, dass es kaum einen Anreiz für Abteilungs- oder Teamleiter gibt, „es einfach mal zu probieren".

**Nachbesserungen nur auf GF-Ebene erlauben**

Es lässt sich aber auch ein Kompromiss finden: Demnach dürfen Anträge auf Nachbesserung nicht von den Abteilungs- oder Teamleitern selbst eingebracht werden, sondern nur durch das zuständige Mitglied der Geschäftsführung. Dieses muss die Anträge einerseits prüfen und entscheiden, ob es sie sich zu eigen machen will, und es muss sie zweitens mit einem Vorschlag verbinden, wo im eigenen Verantwortungsbereich die gleiche Zahl von Stellen eingespart werden sollte. Falls die zweite Bedingung nicht erfüllt ist, sollte der Vorschlag nur genehmigt werden, wenn einer der anderen Geschäftsführer bereit ist, in seinem Verantwortungsbereich die entsprechende Zahl von Stellen zu streichen.

**Nullsummenspiel**

Da das Ziel des Change-Prozesses eine schwarze Null und das Kostensenkungsprogramm ohne Reserven angelegt ist, ist jeder einzelne errechnete Einsparbeitrag notwendig, um das Ziel zu erreichen. Es handelt sich also um ein echtes Nullsummenspiel: Wo immer ein Einsparbeitrag niedriger ausfällt als veranschlagt, muss ein anderer entsprechend höher ausfallen. Wenn sich eine solche Erkenntnis verfestigt, kann das auch zu erweiterten Wahrnehmungs-, Denk- und Handlungsperspektiven im Unternehmen führen, speziell auf der Ebene des mittleren Managements.

### 6.7.2 Was ist zu tun?

Veränderungen in das Unternehmen integrieren, Aufrechterhaltung der Unternehmenskultur, Überwindung von „Mini-Krisen“ mittels „Learning by Doing“

## 7 Ein Fazit – und eine Empfehlung

**Change Management professionalisieren**

Im Zeitalter der Globalisierung sind Unternehmen permanent verschiedenen Veränderungs- und Anpassungsprozessen unterworfen. Um auf den stark umkämpften Märkten langfristig erfolgreich sein zu können, ist es notwendig, diese Prozesse mit einem umfassenden Change Management professionell zu steuern und interne sowie externe Stakeholder in den Veränderungsprozess von Beginn an mit einzubinden. Durch geeignete Vorgehensweisen wie frühzeitige Information, aktive Beteiligung in der Konzeptphase und Übernahme von Verantwortung in der Umsetzungsphase werden Mitarbeitende und Führungskräfte zu Mitgestaltern. Mithilfe von offener und transparenter Kommunikation können Widerstände so gering wie möglich gehalten werden.

**Externe Beratung wann?**

Wann kann ein Unternehmen selbst den Change Prozess gestalten und umsetzen, wann ist externe Beratung empfehlenswert? Ohne die Antwort auf diese Frage generalisieren zu können – eine Einzelfallentscheidung ist immer notwendig – empfiehlt sich der Einsatz von externen Beratern, wenn

- dem internen Change-Berater nicht genügend Zeit für seine Tätigkeit eingeräumt werden kann,
- vorangegangene, intern gesteuerte Change-Projekte bereits gescheitert sind und die Glaubwürdigkeit beschädigt ist,
- nicht ausreichend qualifiziertes Personal und methodisches Know-how im eigenen Unternehmen vorhanden ist,
- der „Blick von außen" wegen fehlender Problemdistanz gewünscht oder erforderlich ist,
- dieser als Coach auftritt, der den internen Leiter des Veränderungsprozesses in Fachthemen berät und in der Arbeit unterstützt.

Checkliste.docx

Die beigefügte Arbeitshilfe[1] [7] gibt in Form einer Checkliste die wichtigsten Schritte bei der Vorbereitung, Umsetzung und stabilen Verankerung eines Veränderungsprozesses wieder. Sie kann als erste Orientierungshilfe herangezogen werden,

1 Die Arbeitshilfe zu diesem Beitrag steht für Sie zum Download bereit: **www.tuev-media.de/download/60296.php**, Passwort: 18026

wenn es um die systematische und professionelle Veränderung in einem Unternehmen geht.

**Quellen**

[1] Koppermann, H.G.: Warum ist der Publikumsjoker stets erfolgreicher als der Expertenjoker? Zeitschrift Führung + Organisation, 6, S. 384–386, 2010

[2] Lewin, K.: Feldtheorie in den Sozialwissenschaften. Huber, 1963

[3] Deming, W. E.: Out of the Crisis. Cambridge: Massachusetts Institute of Technology, 1982

[4] Streich, R.: Veränderungsprozessmanagement. In M. Reiß, L. v. Rosenstiel & A. Lanz (Hrsg.). Change Management (S. 237–254). Schäffer-Pöschel, 1997

[5] Kübler-Ross, E.: Interviews mit Sterbenden. Droemer Knaur, 2001

[6] Berner, W.: Personalabbau: Fallstudie Turnaround eines produzierenden Unternehmens. 2005 (abgerufen 22.01.2017) **www.umsetzungsberatung.de/fallstudien/↩ personalabbau-fallstudie.php**

[7] Stegmeier, R.: Management von Veränderungsprozessen. Hogrefe, 2016

**Hinweis**

Dieser Beitrag ist ursprünglich erschienen in: G. Horn (Hrsg.), Der Instandhaltungsberater [Loseblattsammlung, 71. Aktualisierungslieferung, März 2017, Kapitel 13211, Seite 1-38], TÜV Media.

# Employer Branding in der IT-Branche – Chancen und Möglichkeiten

**Recruiting und Bindung von qualifiziertem Personal und die Steigerung von Effizienz sind für jedes Unternehmen in der IT-Branche zentrale Herausforderungen. Für die Personalverantwortlichen in Systemhäusern, IT-Beratungen und Entwicklungsunternehmen, bei Softwareanbietern und Telekommunikationsprovidern stehen daher Recruiting und Bindung von Fach- und Führungskräften sowie die Weiterqualifizierung der Mitarbeiter ganz oben auf der Agenda. Employer Branding kann hier ein zielführender und erfolgversprechender Ansatz sein.**

## 1 Fachkräftemangel in der IT-Branche – langsam wird es ernst

**Soziodemografischer Wandel überall spürbar**

Fachkräftemangel, eine alternde Bevölkerung und damit auch eine alternde Belegschaft in den IT-Berufen, all das sind Themen, die seit Längerem schon bekannt sind und diskutiert werden. Statistische Zahlen hierzu gibt es viele. So führte der Digitalverband Deutschlands, die Bitkom, hinsichtlich der IT-Berufe schon im Jahr 2015 aus [1]:

In Deutschland werden derzeit rund 43.000 IT-Spezialisten gesucht. Verglichen mit dem Vorjahr ist das ein Anstieg um rund 5 %. 17.500 der unbesetzten Stellen finden sich in Unternehmen des IT- und Telekommunikationssektors (ITK). IT-Experten werden aber auch verstärkt von Unternehmen aus allen anderen Branchen gesucht. In diesen sogenannten Anwenderunternehmen gibt es derzeit 25.500 offene Stellen. Die Daten basieren auf einer repräsentativen Umfrage, bei der mehr als 1.500 Geschäftsführer und Personalverantwortliche von Unternehmen aller Branchen befragt wurden.

**Wachsender Bedarf in allen Bereichen**

Dort geben sechs von zehn ITK-Unternehmen (60 %) an, dass zurzeit ein Mangel an IT-Spezialisten herrscht. Im Jahr 2014 waren es noch 54 %. Und jedes zweite Unternehmen (50 %) geht davon aus, dass sich der Fachkräftemangel in Zukunft weiter verschärft (2014: 42 %).

In der ITK-Branche findet sich das Gros der 17.500 unbesetzten Stellen bei Softwareanbietern und IT-Dienstleistern. Dort gibt es allein 15.000 Vakanzen. Rund 1.800 Experten werden bei Unternehmen gesucht, die IT-Hardware und Kommunikationstechnik oder Unterhaltungselektronik anbieten. 700 freie Stellen gibt es bei den Anbietern von Telekommunikationsdiensten. Die Unternehmen sind dabei vor allem auf der Suche nach Softwareentwicklern. Rund zwei Drittel (64 %) der Unternehmen, die freie Stellen für IT-Spezialisten haben, suchen Softwareexperten. Bei ihnen ist vor allem Know-how im Bereich Cloud Computing (48 % der Unternehmen, die Softwareentwickler suchen), Big Data (45 %) und App-Programmierung (33 %) gefragt. Jedes fünfte ITK-Unternehmen mit offenen Stellen für IT-Spezialisten (20 %) ist auf der Suche nach Projektmanagern, 15 % suchen IT-Sicherheitsexperten. Im Jahr 2015 war dieser Wert rasant von drei auf 15 % angestiegen. Hintergrund waren die Abhöraktionen von Geheimdiensten sowie vermehrte Berichte über Industriespionage.

**Aber auch Ansätze und Möglichkeiten**

Um im Wettbewerb um (neue) Mitarbeitende mitzuhalten, müssen sich gerade in der IT-Branche Unternehmen kreativ und innovativ auf dem Personalmarkt bewegen. Zentrale Merkmale attraktiver (IT-) Unternehmen sind dabei beispielsweise:

**Branchenübergreifende Personalsuche**

**Branchenübergreifende Personalsuche:**
Um Fachkräfte zu finden, empfehlen sich neben klassischen Jobportalen auch Social-Media-Plattformen wie Xing, Face-

book und andere. Eine weitere Alternative bieten Recruiting-Veranstaltungen als Plattform, um den persönlichen Kontakt zu Kandidaten aufzubauen.

**Entwicklungsperspektiven**

**Interessante Entwicklungsperspektiven:**
Attraktive Entwicklungsperspektiven sind z. B. Mitgestaltungsmöglichkeiten in spannenden IT-Projekten oder die Arbeit mit und an neuen Technologien.

**Aus- und Weiterbildung**

**Ausbildung und Weiterbildung:**
Um langjährige Mitarbeiter an das Unternehmen zu binden, sollten regelmäßige Weiterbildungsmaßnahmen zum Standardangebot gehören, beispielsweise IT-Trainings und -Zertifizierungen.

**Work-Life-Balance**

**Vereinbarkeit von Familie und Beruf – Work-Life-Balance:**
Hilfreich für ein familienfreundliches Klima sind z. B. flexible Arbeitszeiten, die Möglichkeit, im Home-Office zu arbeiten, oder eine finanzielle Unterstützung für die Kinderbetreuung.

**Abhilfe auch durch Employer Branding**

In dieser Gemengelage ist es eine weitere Möglichkeit für Unternehmen der IT-Branche, über Aktivitäten und Maßnahmen im Bereich der Personalgewinnung und -bindung auch selbst aktiv zu werden. Vorausschauende Akteure des IT-Bereichs begegnen dem steigenden Fachkräftemangel daher nicht nur mit wachsenden Rekrutierungsbemühungen, sondern positionieren sich und ihr Unternehmen medienwirksam als attraktiver Arbeitgeber. Es gilt, ein positives Markenimage zu schaffen, um sich gegenüber Mitbewerbern im Wettbewerb um geeignete Mitarbeitende durchzusetzen. Der Aufbau einer Arbeitgebermarke (Employer Brand) ist aber nicht isoliert zu betrachten. Ob man als Arbeitgeber Attraktivität besitzt, hängt nicht zuletzt von Branchenmerkmalen, aber auch von

Faktoren wie dem Standort und der Auswahl an Alternativen für die (potenziellen) Mitarbeitenden ab. Zudem benötigt der Aufbau einer Arbeitgebermarke Zeit. Einfache und singuläre Maßnahmen reichen bei Weitem nicht aus, um sich nachhaltig regional, umso mehr noch überregional als attraktiver Arbeitgeber zu platzieren. Employer-Branding-Maßnahmen sind mithin Aktivitäten, deren Erfolg sich erst in einigen Jahren zeigt, die aber gerade hier und jetzt wichtig sind.

## 2 Employer Branding – was ist das?

**Employer Branding – wozu?**

Employer Branding kann als eine Möglichkeit für eine erfolgreiche Positionierung des eigenen Unternehmens in der Öffentlichkeit, im Bewerbermarkt, bei Stakeholdern, aber auch beim bereits bestehenden Personal gesehen werden. Häufig wird Employer Branding mit Personalmarketing gleichgesetzt. Employer Branding meint aber viel mehr als nur die Personalrekrutierung. Vielmehr geht es dabei um Imagestiftung, um Abgrenzung vom Wettbewerb, um Markt- und Markenpositionierung.

**Branding – eine kurze Historie**

Branding an sich ist nichts Neues. Zwar tauchte der Begriff Employer Branding erstmals erst Mitte der 90er Jahre in der Fachliteratur auf. Aber das Thema Marke (brand) beschäftigt die Menschheit schon seit Jahrtausenden. So wurden schon im alten Ägypten von den Handwerkern Ziegel markiert, weil sie glaubten, besser als der Wettbewerb zu sein. Im Mittelalter waren Kaufleute angehalten, ihre Produkte eindeutig identifizierbar zu machen, um so eine gleichbleibende Qualität zu betonen. Die industrielle Revolution, die zur Massenproduktion führte, hat wahrscheinlich das Branding, wie wir es heute kennen, hervorgebracht. Durch das sich verändernde Konsumverhalten der Menschen veränderte auch ihr Markenbewusstsein. War im 20. Jahrhundert der Besitz einer bestimmten Marke noch mit einem besonderen Status verbunden, so haben im 21. Jahrhundert Marken die Menschen jeder Generation, Gesellschaftsschicht und Kultur erreicht – womit Markenbildung kein Luxus, sondern Notwendigkeit geworden ist. Es geht also darum, sich aus der Masse austauschbarer Produkte und Dienstleister hervorzuheben.

**Branding über Markenslogans**

Heute prägen Marken in sämtlichen Produkt- und Dienstleistungsbereichen den Alltag. Dass Markenbildung auch im IT-Bereich kein Fremdwort ist, zeigen Markenslogans wie: Bechtle GmbH – „Ihr starker IT-Partner – heute und morgen.“, Ditcon GmbH – „IT auf den Punkt gebracht“ oder Matrix42 GmbH – „Smarter Workspace – better life“. Im günstigsten Fall setzen sie sich, wie erfolgreiche Marken der Konsumwirtschaft zeigen, nicht nur im alltäglichen Sprachgebrauch durch, sondern werden synonym für ein Produkt oder eine ganze Produktgruppe verwendet (z. B. Tempo, Post-It oder Tupperware).

**Slogans als „mission statements“**

Mithilfe von Markenslogans sollen bestimmte Werte und Stimmungen als eine Art „mission statement“ für eine Vision vermittelt werden, die darauf hinweist, welche Markenstrategie verfolgt wird. Auch bei Arbeitgebermarken sind prägnante Slogans wichtige Repräsentanten. Während Slogans bei Unternehmens-, Produkt- oder Leistungsmarken im Gesundheitswesen z. B. für Zuverlässigkeit, Vertrauen, Glaubwürdigkeit oder Verantwortungsbewusstsein als eine Art „Verkaufsversprechen“ angesehen werden können, sollen Arbeitgebermarken andere Werte vermitteln: Sie sollen durch eine hohe Identifizierung einen Sog- (neue Mitarbeiter), Motivations- und Bindungseffekt (bestehende Mitarbeiter) auslösen.

**Employer Branding – eine Definition**

In diesem Sinne definiert die Deutsche Employer Branding Akademie [2] schon im Jahr 2006: *„Employer Branding ist* *die identitätsbasierte, intern wie extern wirksame Entwicklung und Positionierung eines Unternehmens als glaubwürdiger und attraktiver Arbeitgeber. Kern des Employer Brandings ist immer eine die Unternehmensmarke spezifizierende oder adaptierende Arbeitgebermarkenstrategie. Entwicklung, Umsetzung und Messung dieser Strategie zielen unmittelbar auf die nachhaltige Optimierung von Mitarbeitergewinnung, Mitarbeiterbindung, Leistungsbereitschaft und Unternehmenskultur sowie die Verbesserung des Unternehmensimages. Mittelbar steigert Employer Branding außerdem Geschäftsergebnis sowie Markenwert."*

**Branding – weniger Werbung, mehr Kulturvermittlung**

Halten wir also fest: Der Begriff Arbeitgebermarke stammt aus dem Marketing. Dennoch geht es beim Thema Employer Branding weniger um Werbung, sondern vielmehr um das Ermitteln, Kommunizieren und Leben einer Unternehmens- oder Organisationskultur – und zwar sowohl nach innen als auch nach außen. Der Weg zu einer erfolgreichen Arbeitgebermarke führt daher über einen Prozess, in dem die internen Werte sowie ein gemeinsames Verständnis über die Vorstellungen von Mitarbeitern/Bewerbern/Stakeholdern und die des Unternehmens erarbeitet werden.

## 3 Employer Branding in der IT-Branche – Themen und Vorgehensweise

**Besonderheiten der IT-Branche**

Das Problem ist erkannt: Fach- und Führungskräfte werden fehlen, auch und gerade im IT-Bereich. Neben dem demografischen Wandel, der alle Branchen trifft, hat die IT-Branche auch mit spezifischen Merkmalen zu kämpfen, die eine Arbeit in diesem Bereich nicht unbedingt attraktiv machen. Der IT-Beruf übt auf die Studierenden trotz leicht steigender Studienanfängerzahlen eine geringe Anziehungskraft aus. Noch immer dominiert das Image des eigenbrötlerischen

„Computer-Nerds", auch wenn es von der Realität längst überholt ist. Zudem ist die Branche immer noch eine Männerdomäne, nur 20 % der Studienanfänger sind Frauen.

**Was tat man bislang?**

Bislang hat man das Problem vor allem über zwei Wege zu lösen versucht:

1. Anwerbung und Einstellung von Arbeitskräften aus dem Ausland
2. Erhöhung des Lehrstellen- bzw. Ausbildungsangebots

Beide Lösungen führen aber nicht dazu, dass der bestehende und zukünftige Bedarf an Fachkräften im IT-Bereich gedeckt werden kann. Zudem stehen der ersten Lösung mitunter auch politische Argumente, insbesondere aber auch Qualitäts- und Qualifikationsfragen entgegen.

Es geht also darum, dass sich die IT-Branche als Ganzes, aber auch einzelne kleine und große Institutionen darum Gedanken machen müssen, wie qualifizierte Mitarbeitende angezogen und vor allem auch langfristig gehalten werden können.

**Die Arbeitgebermarke als Versprechen**

Um Fachkräfte anzuziehen und zu halten, muss eine stimmige Employer Brand (Arbeitgebermarke) aufgebaut werden, um sich von den Mitkonkurrenten abzuheben und die passenden Mitarbeitenden zu gewinnen. Dabei ist eine Arbeitgebermarke das Versprechen eines Arbeitgebers sowohl an die bestehenden Mitarbeiter als auch an potenzielle Bewerber und zeigt auf, welche Attraktivitätsmerkmale ein Unternehmen vorweist. Die Arbeitgebermarke soll den (potenziellen) Mitarbeitenden eine Antwort auf die Frage geben, warum man sich als talentierter, qualifizierter und motivierter Mensch für ein bestimmtes Unternehmen als Arbeitgeber interessieren und diesem über einen längeren Zeitraum erhalten bleiben soll.

Doch wie soll man verfahren? Nachfolgend findet sich ein Grundgerüst für das Vorgehen bei der Entwicklung einer Arbeitgebermarke in der ITK-Branche.

## 3.1 Zum Einstieg: Stärken-Schwächen-Analyse

**Zu Beginn: Zuhören**

Am Anfang steht das Zuhören: Was hat das eigene Haus schon jetzt zu bieten? Welche Aspekte schätzen die aktuellen Mitarbeiter? Was ist ihnen wichtig oder weniger wichtig? Wo sehen sie Veränderungsbedarf? Aber auch: Wohin will sich das Unternehmen oder die Organisation entwickeln? Und welche Eigenschaften und Kompetenzen muss das Personal der Zukunft dafür mitbringen?

**Mitarbeitendenbefragungen zur Datensammlung**

Sensibel ausgearbeitete Befragungen von Mitarbeitenden und Führungskräften sowie die Einbindung von Kultur, Selbstverständnis, Zielen und Werten eines Unternehmens bilden die Basis einer Arbeitgebermarke. Sind diese fixiert, werden sie mit den Bedürfnissen und Wünschen der (potenziellen) Bewerberinnen und Bewerber abgeglichen. Die herausgearbeiteten übereinstimmenden Faktoren fließen in besonderer Weise in die Markenkommunikation und das Recruiting ein.

**Wichtig: Ehrlichkeit**

Ehrlich währt am längsten. Diese alte Weisheit gilt im Employer Branding vor allem auch dann, wenn hoch qualifizierte Leistungsträger langfristig gebunden werden sollen. Es ist wenig zielführend, ein Bild nach außen zu vermitteln, dem ein Haus intern nicht gerecht wird. Dementsprechend sollten die kommunizierten Aussagen realistisch und glaubwürdig sein.

**Leitfragen der Einstiegsanalyse**

In einem ersten Schritt der Analysephase sollten Stärken und Schwächen eines Unternehmens oder einer Organisation identifiziert werden. Die analysierten Schwächen geben wichtige Hinweise auf Verbesserungspotenziale. Bei der Analyse von Stärken und Schwächen können ausgewählte

Leitfragen weiterhelfen, die sich vor allem auf für (potenzielle) Arbeitnehmer wichtige Felder beziehen. Dazu gehören zum Beispiel:

- das Betriebsklima in einem Unternehmen,
- das Führungsverständnis/-verhalten bzw. der Führungsstil in einer Organisation (hier können existierende Führungsleitbilder hilfreich sein, um entsprechende Werte und Ziele des Unternehmens zu verdeutlichen),
- die Familienfreundlichkeit/Work-Life-Balance (z. B. erkennbar über flexible Arbeitszeitmodelle, die Verfügbarkeit von Kinderbetreuungsplätzen, Hausaufgabenbetreuung etc.),
- die Arbeitsplatzsicherheit,
- Weiterbildungsmöglichkeiten,
- Entwicklungsperspektiven,
- das Vergütungssystem/Sozialleistungen (inklusive solcher Dinge wie Kantine, Jobticket oder andere mobilitätsunterstützende Leistungen etc.),
- die Arbeitsbedingungen (Arbeitsplatzausstattungen, persönliche Ausstattungen, Sozialräume etc.) oder
- innovative/interessante Dienstleistungen im IT-Bereich.

**Mitarbeitende einbeziehen**

Die Beantwortung der Frage, wo ein Unternehmen im Hinblick auf die genannten Felder steht, sollte unbedingt durch Mitarbeitendenbefragungen in der Organisation unterstützt werden. Dadurch wird aufgezeigt, wie wohl sich Mitarbeitende in einer Organisation fühlen und welche Unzufriedenheit in der Belegschaft eventuell besteht. Ohne eine Zufriedenheit der bereits in der Belegschaft befindlichen Mitarbeitenden lässt sich nur schwerlich ein positives Arbeitgeberimage aufbauen, denn Mitarbeitende sind die besten und wichtigsten Botschafter, um ein positives Image als Arbeitgeber nach außen zu transportieren.

**Stärken und Schwächen analysieren**

Leitfragen zur Stärken-Schwächen-Analyse können zum Beispiel sein:

- Warum sollte sich ein Bewerber für unsere Organisation entscheiden?
- Was zeichnet uns als Arbeitgeber aus? Was macht uns attraktiv?
- Was können wir unseren Mitarbeitern/Bewerbern konkret bieten?
  (Diese Frage kann sich auf die unterschiedlichsten Aspekte beziehen, beispielsweise innovative und moderne Technologien, motivierte Teams, leistungsgerechte/überdurchschnittliche Bezahlung, gute Vereinbarkeit von Familie und Beruf, gute Weiterbildungs- und Karriereperspektiven, einen gut erreichbaren, idealerweise auch in anderen Hinsichten attraktiven Standort etc.)
- Wie gut sind wir in den Feldern aufgestellt, die potenziellen Bewerbern bei der Wahl ihres Arbeitsplatzes wichtig sind?
  (Dafür ist eine dezidierte Analyse der Bedürfnisse der relevanten Zielgruppen wie z. B. Hochschulabsolventen, spezielle Fachkräfte etc. wesentlich; siehe Abschnitt 3.2.)
- Welche Werte vertritt unsere Organisation als Arbeitgeber? Worin unterscheiden wir uns dabei von Wettbewerbern?
  (Diese Frage kann nur beantwortet werden, wenn man die Arbeitgeberauftritte der Mitbewerber aufmerksam beobachtet und analysiert.)
- Welches Image hat unsere Organisation? Wie schätzen wir unseren Ruf als Arbeitgeber ein?

(z. B. fair, konservativ, verantwortungsbewusst, mitarbeiterorientiert etc.)

- Wie schätzen andere unseren Ruf ein?
  (Dazu müssen Stakeholderanalysen/-befragungen hinzugezogen werden, denn eine pure Selbsteinschätzung kann an dieser Stelle mitunter sehr irreführend sein.)
- Wie schätzen wir den Bekanntheitsgrad unserer Organisation ein und was tun wir gegenwärtig dafür, um diesen zu steigern?
- Wie ist das Betriebsklima/die Organisationskultur in unserem Haus?
  (z. B. familiär, vertraut, teamorientiert, leistungsorientiert etc.)
- Wie ist die Altersstruktur/die Qualifikationsstruktur unserer Mitarbeitenden?
- Stimmen externe Selbstdarstellung und intern gelebte Organisationsrealität überein? Wo gibt es eventuell Unstimmigkeiten?
- Wo besteht Verbesserungsbedarf in Bezug auf unsere Leistungen und unsere Außendarstellung als Arbeitgeber?

**Entscheidend: Transfer der Marke in die Organisationskultur**

Entscheidend für eine erfolgreiche Arbeitgebermarke ist der spürbare Transfer in die interne Organisationskultur. Es ist ratsam, die Arbeitgeberpositionierung in allen mitarbeiterorientierten Prozessen konsequent durchzusetzen [3]. Dazu eignen sich Maßnahmen wie beispielsweise Personalentwicklungsgespräche, die Förderung der Vereinbarkeit von Familie und Beruf, Diversity Management oder flexible Arbeitszeitmodelle. Das Employer Branding sollte auch durch verbindliche Leitlinien, Feedbacks oder Coachings in der Führungspraxis verankert werden. Ein professionell entwickeltes Employer Branding verbessert so nicht nur das Image, sondern auch die tatsächliche Arbeitgeberqualität – und wirkt sowohl nach außen als auch nach innen.

Ein nachhaltiges Employer Branding trägt auf diese Weise dazu bei, bereits vorhandene Mitarbeiter zu halten. Vor allem in Zeiten wirtschaftlicher Turbulenzen oder wenn attraktive Alternativen für Mitarbeiterinnen und Mitarbeiter gegeben sind, hilft die Identifikation mit der Organisation, einer Abwanderung von Leistungsträgern vorzubeugen.

Eine hohe Identifikation und ein hohes Engagement (Commitment) führen zudem zu einer Steigerung der Leistungsmotivation, Eigenverantwortung und Qualität der Arbeitsergebnisse. In erfolgreichen Fällen verbessert sich nicht nur das Arbeitsklima, sondern es wird auch der Zusammenhalt gestärkt und die interne Kommunikation wird effektiver. Meist sinkt auch der Krankenstand [3].

**Vom Mitarbeiter zum Markenbotschafter**

Wird das Employer Branding konsequent umgesetzt und wächst eine Kultur der Glaubwürdigkeit, werden Mitarbeitende zu Markenbotschaftern. Wenn Mitarbeitende ihren eigenen Arbeitgeber weiterempfehlen, ist dies eine sehr effektive und kostengünstige Form des Recruitings.

### 3.2 Zielgruppenanalyse

**Analyse von Zielgruppen**

In diesem Schritt wird die Stärken-Schwächen-Analyse um eine Zielgruppenanalyse erweitert. Es gilt herauszufinden, welche Präferenzen eine bestimmte Zielgruppe bei der Wahl ihres Arbeitsplatzes hat und welche Erwartungen von einer Organisation dementsprechend erfüllt werden müssen, um als guter und interessanter Arbeitgeber wahrgenommen zu werden. Gespräche mit eigenen Mitarbeitenden können hilfreich sein, um auf Bedürfnisse einer bestimmten Zielgruppe schließen zu können.

Ergänzend ist es sinnvoll, auf die Ergebnisse von Umfragen und Studien über die Präferenzen und Entscheidungskriterien bestimmter Zielgruppen bei der Arbeitgeberwahl zurückzugreifen. Vor allem für die Zielgruppe der Hochschulabsolventen liegen hier vielfältige und über das Internet frei zugängliche Erkenntnisse wie beispielsweise die HIS-Absolventenbefragung vor. Informationen über Präferenzen von Schülerinnen und Schülern bietet immer wiederkehrend die Shell-Jugendstudie, in der Erwartungen, Sichtweisen und Stimmungen der Jugendlichen im Alter von 12 bis 25 Jahren regelmäßig abgefragt werden.

**Die Top 10 der Studierenden**

Eine Befragung von Informatikstudentinnen und -studenten aus dem Jahr 2012 [4] ergab folgende Kriterien, die für Hochschulabsolventen aus dem IT-Bereich bei der Arbeitgeberwahl eine besonders wichtige Rolle spielen:

- Innovationsklima im Unternehmen
- Gute Arbeitsatmosphäre
- Interessante Aufgabe
- Aufgabenvielfalt
- Freiräume

Schon hier zeigt sich, dass vor allem die Rahmenbedingungen der Arbeit den zentralen Ausschlag dafür geben, ob man sich bei einem Unternehmen bewirbt oder nicht. Mit den gewonnenen Informationen kann man abgleichen, in welchem Umfang eine Organisation die Anforderungen der Zielgruppe bereits erfüllt und wo Erwartungen und derzeitiges Angebot auseinanderfallen.

## 3.3 Wettbewerberanalyse

**Markt- und Wettbewerbsanalyse**

Eine Markt- und Wettbewerbsanalyse ist Teil eines jeden Strategieentwicklungsprozesses. Im Rahmen der Personalgewinnung und -bindung ist sie von essenzieller Bedeutung. Am Anfang der Analyse stehen vier wesentliche Bereiche:

**Vier Analysebereiche**

1. Die Analyse des Umfelds
2. Die Analyse der strategischen Fähigkeiten (Ressourcen und Kompetenzen)
3. Die Analyse der strategischen Zielsetzung (Zweck, Mission und Vision)
4. Die Analyse der Unternehmenskultur

Alle vier Bereiche befinden sich in mehr oder minder starken Wechselbeziehungen und sollten vollständig in einer Wettbewerberanalyse berücksichtigt werden.

**Was kann die Konkurrenz? Und was nicht?**

Im Rahmen der hier relevanten Wettbewerbsanalyse sollten Konkurrenzunternehmen vor allem in ihrer Eigenschaft als Arbeitgeber betrachtet und die angebotenen Arbeitgeberleistungen in Erfahrung gebracht werden. Wenn man weiß, was andere bieten, kann man die Besonderheiten des eigenen Unternehmens als einzigartige Leistungsangebote kommunizieren. Ein Besuch der Karriere-Homepage oder des Stands von Konkurrenten auf einer Hochschulmesse kann beispielsweise wertvolle Informationen liefern. Aber auch eine Befragung der eigenen Mitarbeitenden zu vorherigen Arbeitgebern und deren Leistungen kann nützlich sein.

### 3.4 Analyse der Alleinstellungsmerkmale

**Eigene Stärken herausfinden**

Um die für eine Organisation relevanten Alleinstellungsmerkmale zu identifizieren, stellt man die eigenen Arbeitgeberstärken den Präferenzen der Zielgruppe(n) und den Stärken der Wettbewerber gegenüber. Alleinstellungsmerkmale ergeben sich immer an den Positionen, an denen eigene Stärken mit den Präferenzen der Zielgruppen übereinstimmen und an denen (ein Großteil) der Wettbewerber keine Stärken aufweist.

**Vorteile kleiner und mittlerer Organisationen**

Typische Stärken von kleinen und mittleren Unternehmen könnten zum Beispiel sein:

- flache Hierarchien
- kurze Entscheidungswege
- viel Verantwortung für den einzelnen Mitarbeiter
- Loyalität und Verbundenheit gegenüber den Mitarbeitern
- Innovationsfreude, Flexibilität und Anpassungsfähigkeit
- familiäres Betriebsklima
- flexible Arbeitszeiten
- Nähe zu den Mitarbeitern/direkte Kommunikation mit der Leitung
- ggf. Hidden Champions (Marktführer in einem Segment)
- breites, abwechslungsreiches Aufgabenspektrum für den einzelnen Mitarbeiter
- Nähe zum Kunden, persönliche Beziehungen
- familienfreundliche Arbeitsbedingungen

## 3.5 Maßnahmen zur Etablierung einer Arbeitgebermarke

**Die Marke kommunizieren und leben**

Im nächsten Schritt geht es darum, das erarbeitete Arbeitgeberprofil konsequent zu leben und wirksam zu kommunizieren. Die Etablierung der Arbeitgebermarke erfolgt sowohl extern als auch intern. Dabei sollten Maßnahmen/Aktivitäten aufeinander abgestimmt werden, um ein einheitliches Bild des Unternehmens zu zeichnen. Auch an dieser Stelle kann ein Brainstorming in der Organisation (beispielsweise im Rahmen eines speziellen Projektteams) hilfreich sein, um

Ideen für passende Maßnahmen zu generieren. Diese Maßnahmen müssen jeweils auf die unternehmensindividuelle Ausgangssituation und die Ziele abgestimmt sein. Ihre Umsetzung muss auch neben dem Tagesgeschäft ohne größere Unterbrechung erfolgen können. Um dies sicherzustellen, sollte zunächst nur die Umsetzung einiger weniger ausgewählter Maßnahmen auf die Agenda gesetzt werden.

**Gesucht: ein Leitsatz/Slogan**

Prägnant, einzigartig und leicht zu merken: Was im Kopf bleiben soll, muss einfach und schlüssig sein. Daher wird aus der erarbeiteten Markendefinition idealerweise ein Leitsatz entwickelt, der jene Aspekte zusammenfasst, die ein Unternehmen als guten Arbeitgeber ausmachen. Neben einem „knackigen“ Leitsatz werden Kernaussagen formuliert, die die Attribute des Arbeitgebers genauer spezifizieren [5].

**Relevante Zielgruppen ansprechen**

Dort sein, wo die Zielgruppe ist: Die Arbeitgeberpositionierung sollte über alle verfügbaren Kanäle hinweg konsistent kommuniziert werden. Den ersten Ansatzpunkt bieten die eigenen Mitarbeiter, die z. B. über das Intranet, die Mitarbeiterzeitung oder auch über Betriebsversammlungen erreicht werden. Für die externe Kommunikation können klassische Medien und Plattformen, aber auch Social Media oder Guerilla-Maßnahmen eingesetzt werden.

**Ein Bündel von Maßnahmen – extern**

Ausgewählte Maßnahmen für eine erfolgreiche Personalrekrutierung (externe Maßnahmen) können sein:

- Arbeitgeberslogan erarbeiten und kommunizieren
- Karrierewebseite erstellen, Stellenanzeigen schalten (Print und Online)
- ggf. auch Web-2.0-Medien nutzen

- Einheitliches „Corporate Design“ mit Wiedererkennungswert bei Anzeigen, Internetauftritt, Organisationspräsentationen etc.
- Professionelle Bewerberbetreuung
- Pressearbeit/Öffentlichkeitsarbeit
- Schulkooperationen
- Hochschulkooperationen
- Stipendienprogramme
- Teilnahme an Arbeitgeberrankings
- „Mitarbeiter-werben-Mitarbeiter“-Programme

Damit der Außenauftritt des Unternehmens authentisch und glaubwürdig ist und die rekrutierten Fachkräfte auch langfristig in der Organisation verbleiben, ist es unerlässlich, dass das neue Arbeitgeberprofil im Unternehmen fest verankert und im Arbeitsalltag gelebt wird. Nachfolgend werden Maßnahmen beschrieben, die dies unterstützen können.

**... und auch intern**

Maßnahmen für eine erfolgreiche Personalentwicklung und Mitarbeiterbindung (interne Maßnahmen) können sein:

- Förderung der Vereinbarkeit von Familie und Beruf
- Etablierung eines funktionierenden Diversity Managements
- Personalentwicklungsgespräche mit Ziel- und Personalentwicklungsvereinbarungen
- Gezielte Förderung älterer Mitarbeitenden
- Ermittlung der Mitarbeitendenzufriedenheit (z. B. über eine Mitarbeitendenbefragung)
- Angebot dualer Ausbildungsplätze
- Angebot von Traineeprogrammen
- Angebot flexibler Arbeitszeitmodelle

- Angebot dualer Studienplätze
- Wertschätzung guter Arbeit und Förderung der Motivation durch positive Feedbacks von Führungskräften an Mitarbeitende
- Individuelle Förderung durch Laufbahnplanung oder Unterstützung der eigenen Fachkräfte auf dem Weg zu höherwertigen Qualifikationen
- Regelmäßiger – auch informeller – Austausch mit Mitarbeitenden
- Maßnahmen des Wissens- und Erfahrungstransfers

Wichtig ist es, solche Maßnahmen auch nach außen zu kommunizieren.

**Exkurs: Wie erstellt man einen Arbeitgeberslogan?**

**So „macht" man einen Slogan**

Ein Arbeitgeberslogan dient der gezielten Ansprache potenzieller Kandidatinnen und Kandidaten für eine Stelle in einem IT-Unternehmen. Er ist nicht zu verwechseln mit dem allgemeinen Organisationsslogan, mit dem ein Unternehmen in der Öffentlichkeit auftritt, sondern kommt vielmehr ergänzend für den Bereich des Rekrutierens hinzu.

**Checkliste Sloganentwicklung**

Checkliste: Erarbeitung eines erfolgreichen Arbeitgeberslogans

Vor der Formulierung:

- Sie sind sich Ihrer Stärken bewusst und wissen, was Ihr Unternehmen einzigartig macht.
- Sie haben eine Vorstellung davon, wie Sie auf potenzielle Bewerber wirken möchten.

Anforderungen an den Slogan:

- Der Slogan ist kurz, markant und einprägsam.
- Der Slogan enthält eine oder wenige zentrale Botschaft(en).
- Die Botschaft(en) des Slogans ist/sind realistisch.
- Der Slogan bringt auf den Punkt, was Sie als Arbeitgeber ausmacht.
- Der Slogan ist kreativ.
- Der Slogan wirkt sympathisch.
- Der Slogan wirkt glaubwürdig.
- Der Slogan weckt Aufmerksamkeit und macht neugierig.

Positiv wirkt außerdem, wenn der Slogan einen konkreten Bezug zur eigentlichen Tätigkeit hat, Begeisterung/Leidenschaft für die Profession signalisiert, erkennbar um Bewerber wirbt sowie an den Interessen der potenziellen Bewerber orientiert ist.

**Slogans – Beispiele**

Beispiele für bestehende Arbeitgeberslogans aus dem IT-Bereich:

- „Wir bewegen was. Wellenmacher willkommen" (IT-Consulting Unternehmen)
- „Neue Wege mit IT – und Ihnen" (IT-Consulting)
- „Wir freuen uns auf die Kommunikation – mit Dir und für Dich" (Call-Center)

### 3.6 Pressearbeit als (potenzieller) Arbeitgeber

**Kommunikation auf breiter Front**

Das externe Employer Branding setzt vor allem am Rekrutierungsmarkt an. Die Arbeitgeberpositionierung zieht sich dabei wie ein roter Faden durch alle Maßnahmen, bei denen

Kontakt zu Bewerbern hergestellt wird. Dazu zählen z. B. Karrierewebsites, Darstellungen in Social Networks, Stellenanzeigen, Messeauftritte, Recruiting-Veranstaltungen oder Hochschulkooperationen. Hier wird ein attraktives Image vermittelt und gleichzeitig die Unternehmenskultur glaubwürdig dargestellt [3].

**Folge: mehr und bessere Bewerbungen**

Was resultiert daraus? Zum einen führt dies zu einer höheren Gesamtzahl an Bewerbungen. Zum anderen werden gezielt diejenigen Kandidaten angezogen, die zur Organisationskultur passen. Das Risiko von Fehlbesetzungen und der Personalbeschaffungsaufwand werden reduziert und die Qualität der Bewerber steigt.

**Imagegewinn**

Nicht nur auf dem Arbeitsmarkt erfährt ein IT-Unternehmen durch Employer Branding einen Imagegewinn. Ebenso erhalten öffentliche Meinungsbildner, Kunden, Angehörige und Stakeholder ein positiveres Bild von der Organisation. Dies verbessert im günstigen Fall auch die Kundenloyalität sowie die Neukundengewinnung [3].

Gerade für kleinere und mittlere Unternehmen ist es wichtig, das eigene Licht nicht unter den Scheffel zu stellen, sondern die vorhandenen Vorzüge als Arbeitgeber selbstbewusst zu kommunizieren.

Kontinuierliche und gezielte Pressearbeit bietet hierzu eine effektive und kostengünstige Möglichkeit und kann den Aufbau der Arbeitgebermarke unterstützen.

**Pressearbeit – gerade regional wichtig**

Dabei geht es selbstverständlich nicht darum, unter großem Aufwand ein Medienecho zu erreichen, das dem eines bundesweit aufgestellten Großunternehmens gleichkommt. Ziel ist es vielmehr, Image und Bekanntheitsgrad als attraktiver Arbeitgeber bei den relevanten Zielgruppen und im näheren

Umkreis zu stärken. Zeitungs- bzw. Presseartikel sind eine besonders gute Möglichkeit zur Darstellung der Organisation.. Indem „ein Dritter“ über ein Unternehmen berichtet, wird ein Presseartikel nur bedingt als Werbemaßnahme wahrgenommen werden und erzielt damit ein glaubhaftes, authentisches und sympathisches Arbeitgeberbild.

**Pressearbeit – so wird es ein Erfolg**

Nachfolgend finden sich einige Hinweise für eine erfolgreiche Pressearbeit im Bereich Employer Branding:

- Wählen Sie geeignete (Print-)Medien aus und knüpfen Sie (erste) Kontakte mit den verantwortlichen Redakteuren dieser Medien. Neben der lokalen Tages- und Wochenpresse sind dabei auch Fachzeitschriften der Branche und Hochschulmagazine zu berücksichtigen.
- „Tue Gutes und sprich darüber“: Kommunizieren Sie es, wenn Sie Ihre Auszubildenden besonders fördern, ein Mitarbeiter ein hohes Dienstjubiläum feiert oder Sie in Krisenzeiten Personal einstellen.
- Bereiten Sie mögliche Themen stets unter dem Gesichtspunkt des Employer Branding auf. Sie bieten eine neue Technologiedienstleistung an? Dann berichten Sie über die Arbeit und den Werdegang der beteiligten Fachkräfte. Sie feiern ein hohes Firmenjubiläum? Stellen Sie heraus, dass Ihr Unternehmen schon lange ein solider Arbeitgeber in der Region ist.
- Weitere geeignete „Aufhänger“ für einen Pressebericht können sein: Veranstaltungen für Mitarbeiter oder potenzielle Bewerber im Unternehmen, Teilnahme am Girls’ Day, gemeinsame Teilnahme von Kollegen an einem Firmenlauf, eine langjährige oder neu eingegangene Hochschulkooperation, ein besonders kreatives und familienfreundliches Arbeitszeitmodell, ein vom Unternehmen geförderter Auslandsaufenthalt eines Mitarbeiters, eine

ausgefallene oder überdurchschnittlich gute Abschlussarbeit eines Studenten, eine Übernahme von Auszubildenden.

- Achten Sie darauf, dass die Inhalte stets aktuell sind und einen „Newswert“ für den Leser bieten.
- Achten Sie stets auf einen einheitlichen, nicht widersprüchlichen Außenauftritt.
- Es wirkt glaubwürdig, sympathisch und weckt Interesse bei den Lesern, wenn sich die Berichterstattung über Ihre Organisation auf der persönlichen Mitarbeiterebene bewegt. Mit einem Erfahrungsbericht von Auszubildenden oder einem Arbeitnehmerportrait können Sie Wertschätzung für Ihre Mitarbeiter signalisieren und potenziellen Bewerbern authentische Informationen übermitteln.
- Versuchen Sie, einen regelmäßigen Kontakt zu Journalisten aufrechtzuerhalten, und seien Sie an einer guten Zusammenarbeit interessiert. Laden Sie Pressevertreter zu Veranstaltungen im Unternehmen ein und halten Sie sie über aktuelle Unternehmensentwicklungen (z. B. Zahl der Ausbildungsplätze, Standorterweiterungen) auf dem Laufenden.

## 4 Der Employer Branding Check – Ein Screening-Instrument zur Annäherung an eine Mammutaufgabe

**Ein erstes Screening: der Employer Branding Check**

Während Sinn und Zweck eines guten Employer Branding inzwischen unumstritten sind, erscheint vielen gerade kleineren und mittleren Organisationen der Weg dorthin weit und kompliziert. Dennoch wird die Bildung einer Arbeitgebermarke für die meisten IT-Unternehmen mittel- bis langfristig unumgänglich sein, wenn qualifizierte Fach- und Führungskräfte gewonnen und gebunden werden sollen. Dazu bietet es sich an, Partner hinzuzuziehen, die nicht nur Erfahrung und eine übergreifende Sichtweise einbringen, sondern auch den Markenfindungsprozess mithilfe strategischer Instrumente verkürzen und den Aufbau der Marke professionell begleiten.

**Ein Strategiebaukasten**

Genau dort setzt der Employer Branding Check an (siehe Abbildung 1). Mit diesem Strategiebaukasten bietet sich insbesondere für kleine und mittlere Organisationen eine innovative Vorgehensweise, die den systematischen Aufbau einer Arbeitgebermarke nach innen und außen ermöglicht.

Der Weg zur Top-Arbeitgebermarke führt schrittweise von der systematischen Attraktivitätsanalyse zur passenden Arbeitgeberpositionierung und zu einer strategisch optimierten Kommunikation im Markt: Der erste Schritt zum Employer Branding führt über den „Quick-Check". Dieser umfasst eine Erstanalyse der Situation in der Organisation, der Zielgruppe sowie des Wettbewerberverhaltens. Im zweiten Schritt unterstützen Einzelinterviews, Workshops und Mitarbeiterbefragungen sowie Analysen der Branche, des Wettbewerbs, des Images und der Organisationsattraktivität zielgerichtet die Entwicklung einer Arbeitgeber- und Organisationsmarke. Um einen übergreifenden Einblick zu erhalten, werden die Befragungen mit Personal und Stakeholdern durchgeführt. Nach der umfassenden Analyse des Status quo zum Employer Branding und der Entwicklung der Arbeitgebermarke werden passende Kommunikationsmaßnahmen entworfen. Diese können sowohl intern (Intranet, Mitarbeiterzeitung, Teambuildings, Mitarbeiterveranstaltungen) als auch extern (Recruitingveranstaltungen, PR, Guerilla-Marketing, Bewertungsportale) ansetzen.

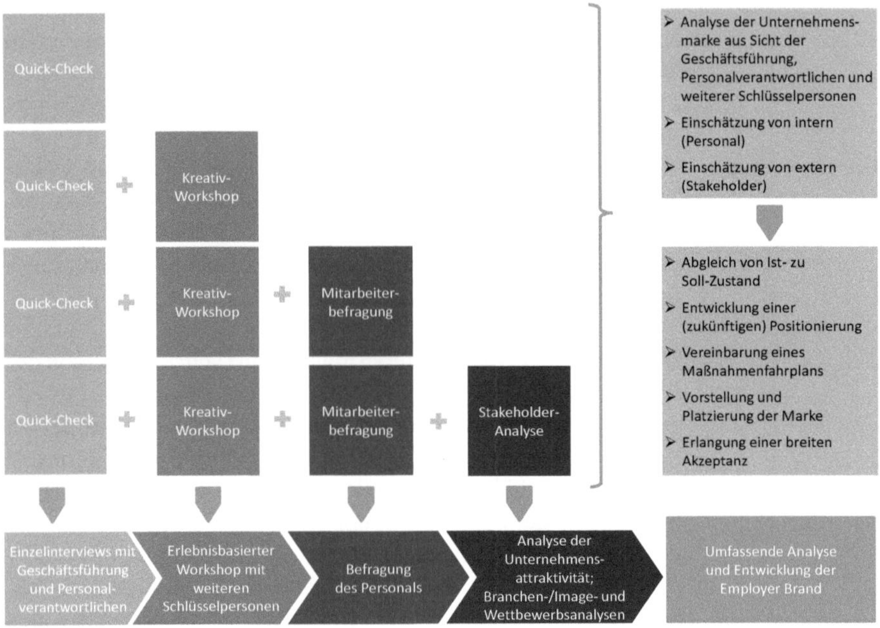


Abb. 1: Der Employer Branding Check in der Übersicht

**Quellen**


[1] Bitkom: 43.000 offene Stellen für IT-Spezialisten. 2015 (abgerufen 08.12.2016): **www.bitkom.org/Presse/Presseinformation/43000-offene-Stellen-fuer-IT-Spezialisten.html**

[2] Deutsche Employer Branding Akademie (DEBA): Employer Branding. 2006 (abgerufen 06.11.2016): **www.employerbranding.org/employerbranding.php**

[3] Scherenberg, V.: Zwischen Sein und Schein: Employer Branding im Gesundheitswesen. In: Jahrbuch und Monitoring Gesundheitswirtschaft, 2012 – Prozessoptimierung, Technologien, Politik & Recht, Wegweiser Media & Conferences GmbH, S. 120–121.

[4] ikn 2020: Arbeitgeberattraktivität aus Informatiker-Sicht. 2012 (abgerufen 08.12.2016): **www.fachkraefte-initiative.de/assets/↩ Downloads/Unternehmen/Arbeitgeber↩ attraktivitt-aus-informatikersicht-IKN-2020**

[5] TOP-Arbeitgebermarke: Wegweiser Employer Branding. 2013 (abgerufen 06.11.2016): **www.top-arbeitgebermarke.de/templates/↩ File/intern/leitfaden-employer-branding.pdf**

**Hinweis**

Dieser Beitrag ist ursprünglich erschienen in: H.-J. Thomann (Hrsg.), Qualitätsmanagement in Dienstleistungsunternehmen [Loseblattsammlung, 57. Aktualisierungslieferung, März 2017, Kapitel 08900, Seite 1-26]. TÜV Media

# 3 Themenbereich Personalentwicklung

# Mentoring – ein Instrument (nicht nur) zur Verbesserung der (Führungs-)Qualität

**Der nachfolgende Beitrag stellt – immer unter Berücksichtigung der Perspektive der Qualitätssicherung bzw. -verbesserung auch im Bereich der Personalarbeit und Personalentwicklung – Grundlagen des Mentorings vor und beschreibt unterschiedliche Konzepte sowie Instrumente zur Vorbereitung, Durchführung und Beendigung von Mentorings sowohl aufseiten des Mentors als auch des Mentees.**

**Es werden Anforderungen und Rahmenbedingungen eines erfolgreichen Mentorings dargestellt. Unterschiede zu Training, Coaching, Beratung, Supervision und Therapie werden herausgearbeitet, wesentliche Voraussetzungen für den Einsatz des Mentorings aufseiten des Mentors erklärt.**

**Arbeitshilfen:**

- **Voraussetzungen und Kompetenzen für das Mentoring, Reflexion**
- **Bedarfsklärung und Zielfindung für Mentees**
- **Themenliste für das Mentoring**

## 1 Einleitung

**Fach- und Führungskräftemangel – ein Dauerbrenner**

Eines der meist diskutierten Themen die Zukunft der Arbeitswelt betreffend ist der Fach- und Führungskräftemangel. Nicht nur, aber besonders auch Einrichtungen des Gesundheitswesens haben zunehmend Schwierigkeiten, den eigenen Personalbedarf, der sich aus dem demografischen Wandel heraus, aber auch aufgrund veränderter Tätigkeits- und Anforderungsprofile ergibt, zu decken [1].

**Personalgewinnung aus dem eigenen Haus**

Zunehmend werden daher auch Personalentwicklungsansätze interessant, die eine Rekrutierung von Fach- und Führungskräften „aus dem eigenen Haus“ fokussieren. Dabei bietet die „interne Personalgewinnung“ durchaus Vorteile, aber sie birgt auch Risiken. Tabelle 1 gibt einen Überblick über die Vor- und Nachteile der internen Personalbeschaffung.

Tabelle 1: Vor- und Nachteile der internen Personalbeschaffung

| Interne Personalbeschaffung | |
|---|---|
| Vorteile | Nachteile |
| Bereits eingestellte Mitarbeiter können ihr Potenzial entfalten. | Weitere Stellenbesetzungen können die Folge sein, da die Vakanz (oft) nur verschoben wird. |
| Aufstiegs- und Entwicklungschancen der aktuellen Mitarbeiter vergrößern sich. | Der Mitarbeiter mag einer Betriebsblindheit unterliegen. |
| Die Chance einer erfolgreichen Stellenbesetzung erhöht sich. | Aufgrund der geringen Auswahl besteht das Risiko, die Stelle unterqualifiziert zu besetzen. |
| Der innerbetriebliche Bewerber kennt das Unternehmen bereits. | Wird regelmäßig intern besetzt, ist das Risiko hoch, dass das Leistungsniveau sinkt („Organisationale Inzucht"). |
| Kürzere Einarbeitungszeit, da bereits Organisations-Know-how vorhanden ist. | Ehemalige Kollegen, die zur Führungskraft aufsteigen, werden mitunter weniger akzeptiert. |
| Kosten- und Zeitersparnis, da das Recruiting kürzer ausfällt. | Mitarbeiter, die auf ihre Bewerbung eine Absage erhielten, fühlen sich eventuell gedemütigt. |

**Mentoring als ein Instrument**

Um zukünftige Fach- und Führungskräfte, die aus dem bestehenden Personal heraus entwickelt werden sollen, auf ihre künftigen Aufgaben vorzubereiten, ist das Instrument des Mentorings ein zunehmend populäres und attraktives Mittel.

## 2 Mentoring – Was ist das?

**Mentoring = Förderbeziehung**

Als Mentoring bezeichnet man eine unter dem Förder- und Unterstützungsgedanken stehende Beziehung zwischen zwei Personen, die sich innerhalb einer Organisation auf unterschiedlichen Erfahrungs- und Hierarchieebenen befinden. In der Regel berät eine beruflich erfahrene Person oder Führungskraft (Mentor/-in) eine andere, meist jüngere Person (Mentee), die sich am Anfang ihrer beruflichen (oder auch politischen) Laufbahn befindet.

Der Begriff „Mentor" stammt aus der griechischen Mythologie: In Homers „Odyssee" sollte Odysseus Freund Mentor Odysseus' Sohn Telemachos erziehen, während dieser selbst in den Krieg zog.

**Dialogisches Verhältnis**

Zwischen Mentor und Mentee besteht ein dialogisches Verhältnis. Beide stehen in gemeinsamer Verantwortung für den Mentoringprozess, allerdings sollte der Mentor immer „einen Schritt voraus" sein, um dem Mentee Spielräume zum risikofreien Lernen zu gewähren.

**Formelles vs. informelles Mentoring**

Das Mentoring kann „formell" und „informell" sein. „Formell" bedeutet, dass eine Mentoringbeziehung bewusst hergestellt (und begleitet) wird, in der Regel steht der Mentor dabei in der Hierarchiestufe über dem Mentee. „Informell" wird das Mentoring genannt, wenn eine zufällige Beziehung zwischen zwei Kollegen besteht, in der der Erfahrenere dem Unerfahreneren hilft und ihn unterstützt.

## 2.1 Mentoring – eine Abgrenzung

**Mentoring ...**

Aus Gründen der begrifflichen Klarheit ist es wichtig, zwischen Mentoring einerseits, und anderen Personalentwicklungskonzepten wie zum Beispiel Training, Coaching, Beratung und Therapie andererseits zu unterscheiden.

Mentoring

- meint eine Art „Patenschaft" zwischen jüngeren/unerfahrenen Mitarbeitern und einer älteren/erfahrenen Führungskraft,
- verfolgt die Interessen der Organisation (Coaching oder Therapie i. d. R die Interessen des Klienten),
- ist nicht immer freiwillig (obschon es das besser sein sollte), nämlich dann wenn es zur „Unternehmenskultur" gehört, dass dem „Frischling" ein „alter Hase" an die Seite gestellt wird, bei Coaching oder Therapie ist Freiwilligkeit Voraussetzung,
- soll eine langfristige Bindung des Mitarbeiters an die Organisation erreichen,
- hat nicht nur die Verbesserung der Leistungsfähigkeit des Mitarbeiters zum Ziel.

**... und Training**

Training

- dient dem gezielten Auf- und Ausbau bestimmter Verhaltensweisen (Lernen). Im Mentoring geht es hingegen öfter um Haltungen und Werte.
- Der Trainer ist Anleiter und Experte (sachorientiert), der Mentor eher Zuhörer und Reflexionspartner (beziehungsorientiert).
- Mentoring richtet sich vorwiegend an zukünftige Fach- und Führungskräfte, Training hat keine vorbestimmte Zielgruppe.
- Trainingsinhalte sind oft vorbestimmt und standardisiert, im Mentoring bestimmen Mentor und Mentee den Ablauf.
- Der Trainer ist als Experte in seinem Gebiet dem Trainingsteilnehmer klar überlegen. Im Mentoring sollte der

Mentor immer auch offen und lernbereit sein, um von den Erfahrungen des Mentees zu profitieren.

**... und Coaching**

Coaching

- „... ist ein interaktiver, personenzentrierter Beratungs- und Betreuungsprozess, der berufliche und private Inhalte umfassen kann. Im Vordergrund stehen die berufliche Rolle bzw. damit zusammenhängende Anliegen des Gecoachten“ [2].
- Coaching widmet sich vorwiegend Problemen, die aus der Berufsrolle heraus entstehen.
- Coaching ist keine verdeckte Psychotherapie für Manager, auch wenn viele Techniken aus psychotherapeutischen Schulen eingesetzt werden.
- Coaching findet seine Anwendung vor allem im Profitbereich.
- Die berufliche Rolle des Gecoachten steht im Vordergrund (Leistung, Führung).
- Psychotherapie wird durch einen Mangel an Selbstmanagementfähigkeiten erst notwendig, für Coaching werden diese vorausgesetzt.

**... und Beratung**

Beratung

- bezieht sich primär auf fachliche Fragen, wohingegen Mentoring eher Prozesse thematisiert.
- Der Mentor löst nicht die Probleme des Mentee, sondern leistet „Hilfe zur Selbsthilfe“ und eröffnet neue Blickwinkel bzw. vermittelt sehr persönliches Erfahrungswissen.
- Der Mentor benötigt allerdings ebenfalls Fachexpertise um vom Mentee überhaupt akzeptiert zu werden.

- Der Mentor ist beziehungsorientiert, ein Berater eher sachorientiert.
- Der Berater ist als Fachexperte auf seinem Gebiet dem Klienten klar überlegen.
- Durch Beratung soll technisches/sachliches Wissen vermittelt werden, Mentoring beabsichtigt primär „nur“ eine Verhaltenserweiterung bzw. Verhaltensflexibilisierung.

## 2.2 Ein strukturierter Prozessablauf für ein Mentoring

**Mentoring Prozessablauf**

Entscheidet sich eine Organisation für die Einrichtung eines Mentoringprogramms, so sollte zunächst ein strukturierter Prozessablauf für eine solche Personalentwicklungsmaßnahme festgelegt werden. Abbildung 1 beschreibt beispielhaft diesen Prozess von der Bewerbung des interessierten Mentees über die „Vermittlungstätigkeit“ des Bereichs Personal bis hin zum Informationsfluss zu Beginn und zum Ende des Mentorings.

**Personalbereich als Vermittler**

Deutlich wird, dass sowohl vom Mentee als auch vom Mentor eine Initiative im Rahmen eines solchen Programms ausgehen muss. Der Personalbereich einer Organisation hat hier sicherlich zunächst eine anregende, dann aber „nur noch“ begleitende Funktion. Wesentlichste Voraussetzungen für ein gelungenes Mentoring sind nämlich die Freiwilligkeit der Maßnahme auf beiden Seiten (Mentee und Mentor) sowie eine gegenseitige Sympathie und Wertschätzung der beiden Protagonisten untereinander. Zudem sind insbesondere auf Mentorenseite bestimmte Voraussetzungen zu gewährleisten, damit das Mentoring seine gewünschte Wirkung entfalten kann. Auf diese soll im nachfolgenden Kapitel eingegangen werden.

| | |
|---|---|
| 1. Bewerbung | • Die Fach- oder Führungskraft entscheidet sich zur Bewerbung für das Mentoringprogramm und kontaktiert den Bereich Personal.<br>• Mit neuen Führungskräften erfolgt (als Standardprozess) ein Beratungsgespräch durch den Bereich Personal.<br>• Der Bereich Personal sendet dem interessierten Mitarbeiter das Mentee-Profil-Formular zu und bittet um die Darlegung der Motivation im Profil .<br>• Der Bereich Personal führt ein Bewerbungsgespräch, ggf. unter Einbeziehung der jeweiligen direkten Führungskraft (Information erfolgt in jedem Fall). Sollte die Motivation gegeben und das Mentoring als passendes Instrument bewertet werden, wird der Vermittlungsprozess gestartet. |
| 2. Matching | • Der Bereich Personal wählt einen Mentor aus (auf Basis von Mentoren-/Menteeprofil). |
| 3. Info Mentor/ Mentee | • Der Bereich Personal informiert Mentor/Mentee über die Auswahl und schickt beiden das Profil des jeweils anderen. Beide geben eine Rückmeldung, ob sie mit dem Vorschlag einverstanden sind. Falls einer der beiden nicht einverstanden ist, wird erneut versucht, einen passenden Mentor zu finden (Schritt 2. Matching). |
| 4. Kennenlern-treffen | • Sofern der Vorschlag für beide passt, organisiert der Bereich Personal ein erstes Kennenlerntreffen zwischen Mentor und Mentee und schickt beiden eine Mentoringvereinbarung zu (plus weiterer Informationen). |
| 5. Mentoring-vereinbarung | • Sofern beide Parteien mit dem Tandem weiterhin einverstanden sind, unterzeichnen sie die Mentoringvereinbarung, die nur bei ihnen verbleibt. |
| 6. Info an Bereich Personal | • Der Mentee informiert den Bereich Personal über den Start und das Ende des Mentorings. |

Abb. 1: Prozessmodell Mentoringprogramm

## 2.3 Mentoring – Voraussetzungen, Aufgaben und Rollen aufseiten des Mentors

Auch wenn sich keine pauschalen Aussagen zum „guten Mentor" treffen lassen, so erweisen sich doch bestimmte Merkmale aufseiten des Mentors als wünschenswert für ein erfolgreiches Mentoring.

**Eigenschaften des guten Mentors**

Ein Mentor braucht demnach Erfahrungen in den Bereichen Führung (als Führungskraft tätig sein), Karriere (Planung und Entwicklung), Planung und Organisation von auch umfänglicheren Arbeitsaufgaben/-projekten, Konfliktmanagement. Auf der persönlichen Seite sollte ein Mentor sich mit seiner beruflichen Position identifizieren. Ebenso sind berufliches und außerberufliches Engagement, ein hohes Maß an Eigenverantwortung, Zielstrebigkeit und Begeisterungsfähigkeit hilfreich, um als Mentor ein Rollenvorbild für den Mentee geben zu können. Schließlich sollte auch die persönliche Motivation des Mentors „stimmen", um diese Rolle gut ausfüllen zu können. So sollten Mentoren die berufliche Entwicklung des Mentees fördern und seinen Aufstieg unterstützen wollen, die Bereitschaft besitzen, Zeit zu investieren, Erfahrungen weiterzugeben und schließlich selbst Spaß an innovativen Wegen haben und bereit sein, das eigene Verhalten zu überdenken.

**Kompetenzen und Fähigkeiten**

Betrachtet man die Ebene der Kompetenzen und Fähigkeiten, über die ein Mentor in hinreichendem Maße verfügen sollte, so finden sich zahlreiche Eigenschaften, die generell von Führungskräften erwartet werden. Im Einzelnen sind zu nennen:

- Empathiefähigkeit,
- Konzentrationsfähigkeit,
- Fähigkeit zum Perspektivwechsel,
- Stärken-Schwächen-Potenzial erkennen können,
- Vertraulichkeit,
- Zuverlässigkeit,
- Konfliktfähigkeit,
- Kooperationsbereitschaft,
- Durchsetzungsstärke,

- Wertschätzung und Akzeptanz,
- aktiv zuhören können,
- Gesprächsmoderationskompetenz,
- Feedback geben und nehmen können,
- Prozess-/Methodenkompetenz,
- Lösungsorientierung
- pädagogische Fähigkeiten,
- Analyse-/Abstraktionsfähigkeit.

**Standards für die Mentorenauswahl**

Auch wenn solche Listen schnell einen abschreckenden Charakter bekommen können („Wer kann all das schon bieten?"), so sind sie dennoch sinnvoll, hilfreich und wichtig, um die Kompetenzspanne zu verdeutlichen, die einem guten Mentor abverlangt wird. Denn ähnlich wie im Führungsbereich ist es auch beim Mentoring so, dass sich viele berufen fühlen, ohne sich über die Heraus- und Anforderungen eines solchen Prozesses bewusst zu sein. Daher sollte der Bereich Personal durchaus nicht nur bei der Auswahl der Mentees, sondern auch und gerade bei der der Mentoren hohe Standards anlegen.

**Funktionen und Rollen des Mentors**

Zu den Funktionen und Aufgaben des Mentors gehört es,

a) die Karriere des Mentees zu fördern,
b) dessen soziale Kompetenzen und Fähigkeiten zu stärken und
c) ein Rollenvorbild für den Mentee anzubieten.

**Karriereförderung**

Im Bereich Karriereentwicklung bedeutet dies zum Beispiel, dass der Mentor den Aufstieg des Mentee innerhalb der Organisation begleitet und als „Türöffner" fungiert. Er vermittelt interne und externe Kontakte und Beziehungen. Er gibt Impulse, Anregungen und konkrete Hilfestellungen, gewährt

Einblicke in „berufliche Kniffe“, macht Leistungen und Potenzial des Mentees sichtbar, klärt den Mentee über formale und informale Regeln und Zusammenhänge in der Organisation auf, regt zum Ausprobieren an, schützt aber auch vor größeren Fehltritten, schätzt Chancen und Risiken ein, interveniert nur bei unvertretbarem Risiko und führt den Mentee in die (Mikro-)Politik der Organisation ein (z. B. Definition und Honorierung von Erfolg).

**Soziale Unterstützung**

Im sozialen Bereich befasst sich der Mentor auch mit den „emotionalen Aspekten“ des beruflichen Alltags des Mentees, wobei er immer wieder zwischen Lernphasen und selbstständigem Erkunden wechselt. Er hilft dem Mentee bei persönlichen Problemen und hört dabei aktiv zu. Der Mentor bietet dem Mentee eine freundschaftliche Vertrauensbeziehung des Gebens und Nehmens an, gibt Hilfestellungen und erteilt Ratschläge, drückt Respekt und Wertschätzung aus, passt die Ausgestaltung der Beziehung an den Reifegrad des Mentees an und zeigt durch konstruktives Feedback die Schwächen und Stärken des Mentees auf. So regt er den Mentee auch zum Ausprobieren an, schützt ihn aber gleichzeitig vor größeren Fehltritten.

**Rollenvorbild sein**

Im Bereich des Rollenvorbilds schließlich kann der Mentee durch Lernen am Modell die Einstellungen, Werthaltungen und Verhaltensmuster des Mentors übernehmen. Mit zunehmender Entwicklung des Mentees nimmt diese Funktion des Mentors ab.

Voraussetzungen.docx

Die beigefügte Arbeitshilfe[1] kann potenziellen Mentoren dabei helfen, die eigenen Voraussetzungen und Kompetenzen für die Übernahme der Mentorenrolle besser abzuschätzen.

1 Die Arbeitshilfen zu diesem Beitrag stehen für Sie zum Download bereit: **www.tuev-media.de/download/60296.php**, Passwort: 18026

## 2.4 Voraussetzungen und Stolpersteine auf dem Weg zu einem erfolgreichen Mentoring

**Voraussetzungen für den Mentoring-erfolg**

Betrachtet man das Zusammenspiel von Mentor und Mentee im Rahmen eines Mentoringprozesses, so lässt sich eine Reihe von günstigen Voraussetzungen benennen, die zum Erfolg des Mentorings beitragen. Zunächst ist hier sicherlich die vertrauensvolle und offene Beziehung zwischen Mentor und Mentee anzuführen. Dies bedeutet auch eine gegenseitige Offenheit für Schwächen und Stärken des jeweils anderen. Beide, Mentor und Mentee, sollten ziel- und ergebnisorientiert sein und übereinstimmende Vorstellungen vom Stil der Beziehung haben. Diese kann eher formal, aber auch freundschaftlich sein. Es gibt hier kein richtig oder falsch, entscheidend ist das gemeinsame Verständnis aufseiten von Mentor und Mentee. Daher müssen Möglichkeiten und Grenzen der Beziehung von beiden Seiten akzeptiert werden. Dem Mentor obliegt dabei die Aufgabe, die Beziehung zu seinem Mentee in Abhängigkeit von dessen Reifegrad flexibel zu gestalten. Dazu gehört auch eine zeitliche Begrenzung des Mentorings zur Vermeidung von Überforderung und Abhängigkeit aufseiten des Mentees. Zu einem bestimmten Zeitpunkt muss es eine aktive Beendigung und Überführung der Beziehung in eine Eigenständigkeit des Mentees geben.

**Evaluation ist wichtig**

Als erfolgsförderlich erweist sich im Mentoring auch immer wieder die kontinuierliche, gemeinsame Bewertung des Mentoringprozesses sowie die daraus möglicherweise resultierende Nachjustierung von Zielen, Themen und Umgangsweisen.

**Beidseitiges Wachstum**

Wesentlich ist auch, dass Mentor und Mentee die erweiterte Perspektive zweier Standpunkte, die sich aus ihrer Begegnung und ihrem Austausch ergibt, nutzen. Damit ist gemeint, dass Mentor und Mentee die Chancen und Möglichkeiten zum beidseitigen Wachstum und Lernen durch die gemeinsamen Herausforderungen sehen und aktiv suchen.

Immer wieder zu betonen ist, dass das Mentoring außerhalb eines Führungsprozesses stattfindet. Im Mentoring bietet sich ein geschützter Raum, in dem sich Fähigkeiten und Kompetenzen sowohl von Mentor als auch vom Mentee entwickeln können.

Schließlich ist unabdingbare Voraussetzung für einen Mentoringerfolg, dass Vorurteile und Unstimmigkeiten sofort angesprochen und ggf. ausgeräumt werden.

**Stolpersteine**

Und woran scheitern Mentoringprozesse häufig? Was sind Stolpersteine, die Mentor und Mentee kennen und idealerweise natürlich auch umschiffen sollten?

**Mentoring ist keine Seilschaft**

Grundsätzlich ist hierzu zu sagen, dass die Wirkung von formellem Mentoring im Vergleich zum informellen Mentoring vor allem dann geringer ist, wenn es eine geringe Passung und Sympathie zwischen Mentor und Mentee gibt. Problematisch ist es auch, wenn sich speziell aufseiten des Mentees und/oder in dessen Umfeld der Eindruck einstellt, dass es sich beim Mentoring um eine Art „Seilschaft", im Kölner Raum auch gerne „Klüngel" genannt, handelt. Sollte das Mentoring nichts anderes als ein Initiationsritus sein, eine homologe Gesinnungskooptation, so wäre sein Sinn, sein Zweck und sein Potenzial völlig verkannt.

**Mentoring darf nicht zementieren**

Natürlich besteht immer die Gefahr, insbesondere wenn der Mentor seine Rolle falsch interpretiert, dass es lediglich zu einer Zementierung vorhandener Wertvorstellungen und Betrachtungsweisen kommt. Dies wäre jedoch weder für den Mentee, noch für den Mentor und auch nicht für die Organisation hilfreich, denn Mentoring sollte immer auch Fortentwicklung und Veränderung aller Beteiligten bedeuten.

**Kein Konkurrenzkampf**

Daher wäre es auch gänzlich verkehrt, den Erfolg des Mentorings ausschließlich am beruflichen Aufstieg und nicht an der Weiterentwicklung des Mentees zu messen. Noch fataler wäre, wenn es im Rahmen des Mentorings zu einer Konkurrenz zwischen dem Mentor und der Führungskraft des Mentees aufgrund einer Rollenunklarheit beim Mentor käme. Gerade dieser Rollenwechsel ist für viele Mentoren, die ja selbst häufig auch Führungskraft sind, schwierig. Auch ist es nicht Aufgabe des Mentors, eventuell bestehende Konflikte zwischen dem Mentee und dessen Führungskraft zu lösen.

Schließlich können Mentor und Mentee auch scheitern, wenn die Fähigkeiten zum konstruktiven Umgang mit eigenen Schwächen fehlen. Sind die jeweiligen Rollen nicht hinreichend geklärt, führt dies auch häufig zum Scheitern. Der Mentor als Teil der Organisation kann weder die Rolle des neutralen Coaches übernehmen, noch einen spezialisierten Trainer ersetzen.

**Keine Eltern-Kind-Beziehung**

In Einzelfällen entwickelt sich in Mentorings auch eine „Eltern-Kind-Beziehung“, was ebenso wenig sachdienlich ist wie ein sich entwickelnder Konkurrenzkampf zwischen Mentor und Mentee. Wenn der Mentor nicht mit der (gewünschten) zunehmenden Selbstständigkeit des Mentees umgehen kann und „klammert“, bedroht das den Erfolg des Mentorings.

**Mentees müssen eigenständig werden**

Welche Stolpersteine schließlich finden sich aufseiten der Mentees mitunter? Manche Mentees nehmen sich den Mentor so sehr zum Rollenvorbild, dass sie dazu neigen, dessen Erscheinungsbild, Denken und Handeln zu kopieren und sich damit ihrer eigenen Identität und Persönlichkeit berauben. Manche Mentees sehen das Mentoring auch zu sehr als

„Karrieresprungbrett“ und verlieren sich in „Mentorgefälligkeiten“. Schließlich entwickeln Mentees auch manchmal eine Abhängigkeit von ihrer Ziehmutter oder ihrem Ziehvater (die dann auch so genannt werden) und betrachten sie/ihn als Problemlöser, was sich insbesondere in einer (zu) häufigen Kontaktaufnahme, auffälliger Unselbstständigkeit und dem fast permanenten Vortragen „dringender Themen“ äußert.

## 2.5 Mentoring – Themen und „No-Gos“

Selbstverständlich legen Mentor und Mentee immer im gemeinsamen Austausch die Themenagenda fest, mit der sie sich im Rahmen des Mentorings beschäftigen wollen.

**Mentoringthemen**

In einem Mentoring relevante Themen können beispielsweise sein

- persönliche Krisen und Konflikte des Mentees mit Mitarbeitern und Kollegen,
- Stress, Burn-out, Krankheit (gerade beim Thema Krankheit ist jedoch Vorsicht geboten, da es sich hier um ein besonders sensibles Feld handelt),
- Unterschiede in der Selbst- und Fremdwahrnehmung,
- persönliche Karriere- und Lebensplanung,
- Work-Life-Balance,
- Beziehungs- und Netzwerkthemen,
- das eigene Führungsverhalten und seine Wirkung,
- Projekt- und Zeitmanagement,
- Prozessabläufe, Methoden und Instrumente, Unternehmenskultur,
- Vermittlung von Fach- und Erfahrungswissen,
- Kommunikations- und Informationsthemen,

- Unternehmenspolitik und Unternehmenskultur,
- Zielkonflikte und Entscheidungsfindung,
- die persönliche Kritikfähigkeit (sowohl im Nehmen als auch im Geben).

**No-Gos**

Es gibt durchaus auch Themen und/oder Verhaltensweisen, die im Rahmen eines Mentoringprozesses vermieden werden sollten bzw. die zum unmittelbaren Abbruch des Mentorings führen können. Hierzu gehören zum Beispiel die Besprechung von Inhalten der Mentoringtreffen mit anderen Personen (z. B. dem/der Vorgesetzten des Mentees), die Überforderung des Mentors, die Übernahme von Aufgaben der Führungskraft des Mentees durch den Mentor, ein Ungleichgewicht von Aufwand und Nutzen, eine nicht stimmige Chemie zwischen Mentor und Mentee. Dies gilt insbesondere, wenn vonseiten des Mentors oder auch des Mentees mehr als eine „berufliche" Beziehung angestrebt wird. Gerade bei gemischtgeschlechtlichen Mentortandems sollte dieser Aspekt im Blick behalten werden. Auch können Probleme, die eine ernsthaftere Ursache nahelegen (z. B. psychische Erkrankungen) zum Abbruch des Mentorings führen. Schließlich führt die Missachtung getroffener Vereinbarungen, egal ob von Mentor oder Mentee, ebenso zur Beendigung des Mentorings wie auch der Versuch des Mentees, die vermittelten Inhalte nur zu eigenen Vorteilen und nicht im Sinne des Unternehmens zu nutzen.

# 3 Mentoring – der Ablauf

## 3.1 Das Auftaktgespräch

**Auftakt-gespräch**

Nachdem sich Mentor und Mentee, in der Regel mit Unterstützung des Bereichs Personal „gefunden“ haben, beginnt das Mentoring mit einem Auftaktgespräch.

Nachfolgend werden die wesentlichen Punkte dargestellt, die bei der Planung und Durchführung eines Auftaktgesprächs im Rahmen eines Mentoringprozesses berücksichtigt werden sollten:

**Vorbereitung**

- Organisieren Sie einen Raum, in dem Sie das Auftaktgespräch ungestört führen können.
- Planen Sie ausreichend Zeit für das Auftaktgespräch ein (ca. zwei Stunden).
- Sorgen Sie für eine angenehme Atmosphäre (Getränke, Kaffee, Notizpapier etc.)
- Klären Sie den Bedarf und das Anliegen Ihres Mentees. Dies sollte der Mentee schon im Vorfeld des Auftaktgesprächs reflektieren. Dafür händigt der Mentor dem Mentee ein Arbeitsblatt aus. Ein Beispiel für ein solches Arbeitsblatt findet sich in der beigefügten Arbeitshilfe[1].
- Vereinbaren Sie die ersten Themen, mit denen Sie das Mentoring beginnen wollen.
- Klären Sie das terminliche Vorgehen.
- Legen Sie fest, wie Sie miteinander zwischen den Terminen kommunizieren.
- Treffen Sie eine Vereinbarung über die Vertraulichkeit Ihrer Zusammenarbeit.

Bedarfsklärung.docx

1 Die Arbeitshilfen zu diesem Beitrag stehen für Sie zum Download bereit: **www.tuev-media.de/download/60296.php**, Passwort: 18026

- Beginnen Sie zumindest mit der Bearbeitung eines ersten Anliegens.

**Themen**

Die folgenden Fragen können dabei helfen, die Themenfelder zu gliedern, die der Mentee mit dem Mentor besprechen möchte.

Zu den Zielen des Mentorings aufseiten des Mentees:

- Was möchten Sie im Rahmen unserer Mentoringgespräche erreichen?
- Mit welchen Themen oder Bereichen sind Sie gerade unzufrieden?
- Was möchten Sie künftig vermeiden?
- Was möchten Sie auf jeden Fall erreichen?
- Wo sehen Sie Konflikte?
- Welche Fähigkeiten möchten Sie erwerben?
- Was wäre Ihr Traumberuf?
- Wo möchten Sie in fünf Jahren sein?

Zu den möglichen Themen des Mentorings:

- Bei welchen Themen und Fragen erwarten Sie von mir als Mentor Unterstützung?

Zu den Prioritäten des Mentees:

- Welche Themen sind Ihnen besonders wichtig?

Themenliste.docx

In der beigefügten Arbeitshilfe[1] findet sich ein Arbeitsblatt, das dem Mentee dabei hilft, für sich persönlich die von ihm

1 Die Arbeitshilfen zu diesem Beitrag stehen für Sie zum Download bereit: **www.tuev-media.de/download/60296.php**, Passwort: 18026

gewünschten Themen des Mentorings ebenso zu benennen wie auch (subjektive) Erfolgskriterien dafür zu definieren, wann ein Thema erfolgreich abgeschlossen wurde.

**Termine**

Bereits im Auftaktgespräch sollten Termine und das weitere organisatorische Vorgehen festlegt werden:

- Wann treffen Sie sich persönlich zu Ihren nächsten Gesprächsterminen?
- Wie bleiben Sie zwischen den persönlichen Terminen in Kontakt?
- Wie kann der Mentee Sie zwischen den Terminen in dringenden Fällen erreichen?

**Vertraulichkeit**

Die Vertraulichkeit der Gesprächsinhalte zwischen dem Mentor und dem Mentee ist für den Erfolg der Arbeit wichtig. Als Mentor sollte man die Vertraulichkeit auch schriftlich bestätigen, zum Beispiel mit einem kurzen Anschreiben („Sehr geehrte(r) Frau/Herr ..., wie besprochen, bestätige ich Ihnen hiermit die uneingeschränkte Vertraulichkeit unserer Gespräche im Rahmen des Mentorings.“).

**Frequenz der Treffen**

Das erste Treffen dient dem gegenseitigen Kennenlernen und insbesondere dem Aufbau von Vertrauen. In dieser Phase sollten auch die Themen und Ziele des Mentorings erarbeitet werden. Danach sollten die Treffen in einem ca. zwei bis vierwöchigen Rhythmus stattfinden. Idealerweise wählt man für die Treffen wenn möglich Randzeiten (z. B. Abendstunden, ggf. sogar am Wochenende) aus, um Zeitdruck und Stress zu vermeiden. Gegebenenfalls sollte man auch Termine/Veranstaltungen/Jour Fixes oder ähnliches beachten, die von Mentor und Mentee gemeinsam besucht werden können und die für den Mentee unter Berücksichtigung seines Ziels sinnvoll sind.

## 3.2 „This is the end“ – Wann und wie beendet man ein Mentoring?

Wichtig für ein erfolgreiches Mentoring ist, den „richtigen“ Zeitpunkt zu finden, um das Mentoring abzuschließen. Mentoringprozesse sollten Zeiträume von 12 bis 18 Monaten in der Regel nicht überschreiten. Mitunter kann das Mentoring auch schon früher offiziell beendet werden. Indikatoren für den richtigen Zeitpunkt zur Beendigung des Mentorings können z. B. sein:

**Indikatoren für ein Ende des Mentorings**

- Der Mentee erkennt für sich neue Herausforderungen und entwickelt Strategien zur persönlichen und beruflichen Unabhängigkeit.
- Der Mentee fordert zunehmend weniger Anleitung.
- Der Mentee übernimmt Aufgaben und Problemlösungen eigenständig und verlässt so mehr und mehr den geschützten Erfahrungs- und Unterstützungsraum.
- Der Mentor gibt seine direkten Einflussmöglichkeiten mehr und mehr ab und löst sich so aus seiner zentralen Position.
- Es ist zunehmend eine Re-Definition und Neuausrichtung der Beziehung zu spüren, deren Fokus nicht mehr auf der Entwicklung des Mentees liegt.

Die Beendigung des Mentorings erfolgt aufgrund der gemeinsamen Evaluation, Reflexion und Würdigung der erreichten Ergebnisse durch den Mentor und den Mentee. Die Aufhebung der formalen Mentor-Mentee-Beziehung kann durchaus in eine andere Form der Beziehung münden (z. B. freundschaftliche Beziehung). In vielen Fällen bleibt zudem die Unterstützung des Mentees durch den Mentor informell bestehen.

**Dysfunktionales Ende**

Wenn es zu ungeplanten, abrupten oder sogar konfliktären Abbrüchen des Mentorings kommt, sind damit in der Regel sehr unangenehme und unschöne Konsequenzen verbunden. Dabei bergen formale Mentoringtandems ein größeres Risiko, abrupt und unüberlegt abgebrochen zu werden. Daher sollte schon zu Beginn des Mentorings eine qualitativ hochwertige Mentoringtandem-Zusammenstellung angestrebt werden.

Die Ablösung von Mentor und Mentee kann sich schwierig gestalten, wenn die Beendigung nicht beidseitig akzeptiert wird. Ein Mentee kann sich in dieser Phase verraten, im Stich gelassen oder unvorbereitet fühlen, der Mentor hingegen kann sich betrogen, ausgenutzt oder nutzlos fühlen, wenn der Mentee die Beziehung beendet.

## 3.3 Wie misst man den Erfolg eines Mentorings?

**Evaluation ist wichtig**

Mentoring bedeutet in der Regel sowohl für den Mentor als auch für den Mentee einen zusätzlichen Aufwand neben den täglichen Arbeitsaufgaben. Gerade daher ist die Versuchung groß, Ergebnisse, Vereinbarungen und Erfolge nicht schriftlich festzuhalten. Dadurch gehen wertvolle Impulse und Erkenntnisse verloren und erfolgreiche Lernschritte werden nicht festgehalten. Auch Ideen und Themen, die man im Mentoring bearbeiten wollte, bleiben so auf der Strecke. Schriftlichkeit – notfalls auch in Stichpunkten – ist damit ein wesentlicher Erfolgsgarant für ein hilfreiches Mentoring.

Hinzu kommt, dass persönliche Weiterentwicklung, Lernzuwächse und gesteigerte Kompetenzen nicht immer eins zu eins in Zahlen übersetzt werden können. Oft gibt es indirekte und nur schwer messbare Auswirkungen.

**Erfolgskriterien**

Es gibt verschiedene Möglichkeiten, um den Erfolg von Mentoring zu überprüfen:

**Einhalten von Vereinbarungen**

- Vereinbarungen und deren Controlling
  Erfolg tritt immer dann ein, wenn das erfolgt, was beabsichtigt wurde. Am leichtesten prüfbar ist dies dann, wenn die Absichten im Voraus festgehalten wurden. Daher sollten Mentor und Mentee Ziele, angestrebte Veränderungen und Spielregeln mithilfe einer Themenliste schriftlich festhalten. Es sollte regelmäßig überprüft werden, welche Punkte bereits erreicht, umgesetzt oder angewandt werden. So kann sich die Themenliste mit der Zeit zu einem Erfolgstagebuch des Mentorings wandeln, in dem man das gemeinsam Erreichte nachvollziehen kann.

**Beobachtung von Veränderungen**

- Beobachtbare Veränderungen
  Wirkungen des Mentorings zeigen sich häufiger auch in sanften oder „schleichenden" Veränderungen, die meist in dieser Form nicht konkret vereinbart oder auf einer Themenliste festgehalten werden können. Manches geht vielleicht müheloser, der Schreibtisch wird leerer, die Mitarbeiter werden engagierter, Konflikte bieten mehr Chancen als Risiken usw. Wichtig ist es, dass sowohl Mentor als auch Mentee im gesamten Mentoringverlauf aufmerksame Beobachter der Entwicklung sind und die bewusste Feststellung beobachtbarer Veränderungen als Motivation für weitere Erfolge nutzen.

**Konkrete Zahlen**

- Konkrete Ergebniszahlen
  Wann immer möglich, sollte man auch die Verbesserung konkreter Ergebniszahlen als Instrument der Erfolgsmessung im Mentoring nutzen. Dabei ist jedoch zu beachten, dass Erfolg in der Regel von vielen Faktoren abhängig ist und manchmal auch nur scheinbare Kausalitäten vorliegen. Konkrete Ergebniszahlen sollten daher auf keinen Fall das alleinige Messkriterium für ein erfolgreiches oder nicht erfolgreiches Mentoring sein.

**Persönliche Zufriedenheit**

- Persönliche Zufriedenheit
Je nach Person unterscheidet sich der Umgang mit Erfolg. Manche Menschen sind eher durch äußere Veränderungen motiviert, andere wiederum lassen sich fast ausschließlich von inneren Bewertungen und Einschätzungen leiten. Mentoring ist dann erfolgreich, wenn es an diesen Neigungen anknüpft und sie berücksichtigt. Daher ist auch die regelmäßige Einschätzung der persönlichen Zufriedenheit mit den Entwicklungen im Mentoring ein wichtiger Faktor für die Erfolgsmessung.

**Visualisierungen**

- Visualisierungen
Sichtbare Erfolge werden konkreter und wirksamer erlebt. Oft bleiben die Auswirkungen unseres Handelns „virtuell" und damit wenig greifbar: Sie stecken in Tabellen, Übersichten und Computern und „zeigen sich" nur auf Nachfrage. Daher sollte man im Mentoring die Möglichkeiten der Visualisierung oder der „objekthaften" Darstellung von Erfolgen nutzen. Mit etwas Kreativität führt der Weg über den aufgeräumten Schreibtisch zum „Erfolgsbild" an der Wand (das Mentee und Mentor aufgrund ihrer Gespräche und Erfahrungen gemeinsam gemalt haben) bis zur Sammlung von „Mentoringtalern" (als „Belohnung" für die Erreichung von Zwischenzielen oder die Lösung einer besonders schwierigen Aufgabe im Rahmen des Mentorings) – der Kreativität sind meist keine Grenzen gesetzt.

**Subjektive Urteile**

- Subjektive Einschätzungen
Ein großer Vorteil von Mentoring ist der fortwährende Abgleich unterschiedlicher, subjektiver Einschätzungen von Mentor und Mentee. Gerade dieser Abgleich und die Klärung von Differenzen im Gespräch führen zur Modifikation von Maßstäben, Bewertungen und Einschätzungen. Damit entstehen für die Beteiligten neue Impulse,

veränderte Perspektiven und vor allem auch mehr Sicherheit und Transparenz über die eigenen Einschätzungen.

**Skalierungen**

- Skalierung als Sonderform der subjektiven Einschätzung
Ein Grundproblem bei subjektiven Einschätzungen ist deren Abhängigkeit von der Tagesform des Individuums. Je nach Tagesverfassung können dann die Werte besser oder schlechter ausfallen. Ein gutes Beispiel für diese Problematik ist die Einschätzung von Schmerzen, für die es keine einheitliche Skala gibt. Dennoch ist es für Ärzte wichtig, ein Kriterium für Verbesserungen oder Verschlechterungen zu haben. Hier arbeiten die Mediziner mit subjektiven Skalen, bei denen der Patient auf einer Skala von 0 bis 10 angibt, wie sich das Schmerzempfinden verändert.
Bereits zu Beginn des Mentorings kann man eine solche Skalierung einführen, um Fortschritte subjektiv auf einer vorher definierten Einschätzungsskala festzuhalten. Auch der Mentor kann diese Skala dann nutzen, um dem Mentee eine subjektive Einschätzung mitzuteilen (Abgleich von Eigen- und Fremdbild). Neben den durch Zahlen messbaren Erfolgen des Mentorings geht es immer auch um das persönliche Empfinden des Mentees: Fühlt er sich sicherer? Hat er weniger Stress? Ist er selbstbewusster geworden? Die Skalierung hilft daher, die persönliche Zufriedenheit besser einzuschätzen.
Auch objektive Zahlen können einer solchen Skala zugeordnet werden. So z. B. die Anzahl der umgesetzten Vereinbarungen, die Anzahl der erfolgreichen Delegationen oder die Verbesserung des Zeitmanagements etc. So werden Erfolge miteinander vergleichbarer und die Entwicklung über diese Skala in den Mentoringgesprächen besser kommunizierbar.

## 3.4 Mentoring – ein Fazit

**Fazit**

Fassen wir zusammen: Mentoring spricht unterschiedliche Zielgruppen an, wird das Mentoring unter der Einhaltung bestimmter Grundsätze und Regeln umgesetzt, bietet es für alle Beteiligten (Mentor, Mentee, Organisation) eine Vielzahl von Vorteilen.

**Vorteile für die Organisation**

Kliniken und Pflegeeinrichtungen fördern über Mentorings ganz gezielt und transparent Nachwuchskräfte aus den eigenen Reihen und bereiten diese planmäßig auf die Übernahme von Fach-, Führungs- und Managementkompetenzen vor. Ein Inhouse-Mentoring schafft beispielsweise eine deutlich schnellere Integration von neuen Mitarbeiterinnen und Mitarbeitern in eine Einrichtung. Durch Mentorings wirken Kliniken und Einrichtungen ganz gezielt dem Mangel an qualifizierten Fach- und Führungskräften entgegen und arbeiten somit an ihrer Zukunftsfähigkeit.

**... und den Mentor**

Mentoren haben im Mentoring die Möglichkeit, die eigenen Erfahrungen weiterzugeben. Sie werden durch die Fragen und Sichtweisen der Mentees angeregt, über ihren eigenen Werdegang zu reflektieren. Darüber hinaus lernen sie neue Menschen in einem anderen Kontext und mit anderen interessanten Denkansätzen kennen. Durch eine Qualifizierung als Mentorin oder Mentor wird der berufliche Erfahrungsschatz durch neue Methoden und Instrumente abgerundet, die das eigene Führungsverhalten bereichern.

**... und den Mentee**

Mentees schließlich sehen in der Mentoringbeziehung eine große Chance, von den Erfahrungen einer erfolgreichen Führungskraft zu lernen und innerhalb einer vertrauensvollen Beziehung wichtige Hinweise für die eigene Aufgabenerfüllung zu bekommen. Vorliegende Erfahrungen zum Mentoring zeigen, dass junge Nachwuchskräfte durch die Beziehung zu einer Mentorin oder einem Mentor:

- ihre berufliche Orientierung klären,
- ihre beruflichen Ziele selbstbewusster und klarer formulieren und angehen,
- ihre Stärken, Schwächen und Möglichkeiten realistischer einschätzen und eigeninitiativ entwickeln.

Mit Mentoring lassen sich vielschichtige Ziele erreichen. Unternehmen, Mentorinnen und Mentoren sowie Mentees profitieren von diesem Personalentwicklungskonzept. Mentoring fördert und entwickelt karriereorientierte Nachwuchskräfte, forciert den Dialog zwischen Generationen und Hierarchien, unterstützt den wechselseitigen Wissenstransfer zwischen Mentor und Mentee, macht qualifizierte und kompetente Frauen und Männer sichtbar, fördert beruflich qualifizierte Personengruppen (Ärztinnen, weibliche Führungsnachwuchskräfte, Akademikerinnen und Akademiker mit Migrationshintergrund, Doktorandinnen u. a. m.), lässt Organisationskulturen transparent werden und fördert deren Weitergabe, initiiert Netzwerke und fördert informelle Kommunikation.

Untersuchungen zeigen, dass die Karriere von Führungsnachwuchskräften, gemessen an den Karriereschritten und der Gehaltsentwicklung, durch ein Mentoring schneller verläuft. Mentees lernen ihre Stärken, Schwächen und Möglichkeiten realistischer einzuschätzen und entwickeln ein hohes Maß an Eigeninitiative. Berufliche Ziele werden klarer und selbstbewusster formuliert. Insbesondere neue Führungskräfte lassen sich durch Mentoring schnell in die Organisation integrieren.

**Quellen**

[1] Poppelreuter, S.: Employer Branding – Gute Mitarbeitende finden und halten. In N. Herbig, S. Poppelreuter & H.-J. Thomann (Hrsg.), Qualitätsmanagement im Gesundheitswesen, 43. Erg., Juli 2017, Kapitel 06211, Seite 1–26. TÜV Media, Köln

[2] Rauen, C. (2003). Coaching. Göttingen: Hogrefe.

**Hinweis**

Dieser Beitrag ist ursprünglich erschienen in: N. Herbig, S. Poppelreuter & H.-J. Thomann (Hrsg.), Qualitätsmanagement im Gesundheitswesen [Loseblattsammlung, 44. Aktualisierungslieferung, Oktober 2017, Kapitel 10225, Seite 1-26]. TÜV Media

# Konfliktmanagement und Mediation – Instrumente zur Verbesserung der Qualität

**Der nachfolgende Beitrag stellt – immer wieder mit Bezügen zum Aufgabenfeld des Qualitätsmanagers – Grundlagen der Psychologie des Konflikts und des Konfliktmanagements vor und bietet unterschiedliche Konzepte und Instrumente zur Konfliktdiagnose, zur Konfliktbearbeitung und zur Konfliktlösung an. Dabei kommt dem Ansatz der Mediation besondere Bedeutung zu [1].**

**Es werden Anforderungen und Rahmenbedingungen einer erfolgreichen Konfliktbearbeitung dargestellt. Unterschiede zwischen dem klassischen Konfliktmanagement und der Wirtschaftsmediation werden herausgearbeitet, wesentliche Voraussetzungen für den Einsatz des einen wie des anderen Instruments erläutert.**

## 1 Einleitung

**Qualitätsmanagement – ein Konfliktfeld par excellence**

Die Anforderungen und Ansprüche, die heutzutage an Qualität – auch und gerade im Gesundheitswesen – gestellt werden, sind Legion. Um bestmögliche Resultate zu erzielen ist es unabdingbar, höchstmögliche Qualität in allen Phasen eines Produktions- oder Dienstleistungsprozesses zu erbringen. Normen und Standards, ausgefeilte Qualitätsmanagementsysteme, Überwachungsinstrumente, Audits und Evaluationen, Qualitätsbeauftragte – all das soll garantieren, dass das geforderte Ziel der Topqualität, der bestmöglichen Leistung erreicht wird. Doch gerade bei der Definition von Qualitätsstandards und den geeignetsten und effizientesten Wegen zur Realisierung dieser kommt es immer wieder zu unterschiedlichen Standpunkten, Sichtweisen und mitunter auch zu erheblichen Konflikten. Eines der häufigsten Konfliktfelder in diesem Zusammenhang ist der Vorwurf der praktisch und operativ Tätigen, dass die Qualitätsstandards nicht erreichbar und/oder die zur Aufgabenerfüllung notwendigen Prozesse nicht praktikabel seien. Qualitätsbeauftragte, Qualitätsmanager und Qualitätsverantwortliche geraten daher häufig in Konfliktsituationen, in denen sie ihre Position verteidigen und mitunter „mit Gewalt“ durchsetzen müssen.

**Der Qualitätsbeauftragte – ein Konfliktmanager**

Vor diesem Hintergrund gehört die Fähigkeit, widersprüchliche Meinungen und Auffassungen zu integrieren und daraus eine zielorientierte Handlungsmotivation zu entwickeln, zu den Schlüsselkompetenzen von Qualitätsverantwortlichen.

## 2 Konflikte und Konfliktmanagement im Berufsalltag

**Konflikte im Berufsalltag? Normal!**

Im Alltag einer Organisation treffen viele Menschen mit unterschiedlichen Bedürfnissen, Erwartungen, Werten und Zielen aufeinander, die miteinander arbeiten und gemeinsame Entscheidungen treffen müssen. Am Arbeitsplatz ist die zwischenmenschliche Situation wesentlich dadurch geprägt, dass gelegentlich auch Personen miteinander zurechtkommen müssen, die sich persönlich lieber aus dem Weg gehen würden. Man kann sich seine Kollegen nicht immer aussuchen. Die Situation ist zudem oft durch eine starke Konkurrenz um materielle Ressourcen, Anerkennung und Aufstiegschancen gekennzeichnet. Es ist offenkundig, dass Konflikte unter diesen Bedingungen nicht vermeidbar sind. Dies gilt umso mehr, wenn es um Themen wie Qualität und die Umsetzung entsprechender Managementsysteme geht.

**Konstruktive Konfliktdynamik**

Dies wäre auch gar nicht wünschenswert. Konflikte sind entgegen der landläufigen Meinung nicht an sich schädlich, sie können sogar konstruktiv wirken. Entscheidend ist, wie mit ihnen umgegangen wird, inwieweit also die Konfliktdynamik positiv genutzt werden kann.

Eine konstruktive Nutzung von Konflikten in Organisationen erfordert eine systematische Kontext- und Ursachenanalyse sowie eine einfühlsame, aber rationale Steuerung der Konflikthandhabung. Diese vorausgesetzt, bergen sie vielschichtige Lernchancen und enormes Innovationspotenzial, da sie von den Beteiligten eine Auseinandersetzung mit unterschiedlichen Denkweisen fordern. Im negativen Sinn führen Konflikte allerdings zu extremen psychischen Belastungen der Beteiligten: In einem Klima von Missgunst, Intransparenz und Angst um den eigenen Arbeitsplatz können Konflikte schnell eskalieren und durch Reibungs- und Zeitverlust die Arbeitsfähigkeit und Produktivität der Betroffenen ernsthaft einschränken. Sie können tiefes Misstrauen, Ängste und Aggressionen hervorrufen und sich so destruktiv auf Kommunikationsverhalten und Arbeitsmotivation auswirken, bis hin zum völligen Verlust des Aufgabenbezugs. Ein nicht rechtzeitig behandelter Konflikt kann dann schnell nicht nur einzelne Individuen, sondern auch ein ganzes Team vollständig „lahmlegen“. Konfliktprävention und Konfliktmanagement stellen daher zentrale Führungsaufgaben dar. Sie gehören aber auch zu den zentralen Kompetenzen von Funktionsinhabern wie beispielsweise Qualitätsbeauftragten.

## 2.1 Konflikte – Definition und Abgrenzung

**Wann spricht man von einem Konflikt?**

Nach Kals und Ittner [1] spricht man grundsätzlich dann von einem Konflikt, wenn

- die Anliegen oder Ziele von verschiedenen Personen oder zwischen sozialen Einheiten miteinander unvereinbar sind,
- sich aufgrund dieser Unvereinbarkeiten eine oder mehrere Konfliktparteien beeinträchtigt oder bedroht fühlen,

- sie die Verantwortung für diese Beeinträchtigung oder Bedrohung der anderen Konfliktpartei zuschreiben und damit davon ausgehen, dass die andere Partei auch anders handeln könnte,
- die beteiligten Konfliktparteien gleichzeitig nicht bereit sind, die eigene Position so zu verändern, dass die erlebten Beeinträchtigungen oder Bedrohungen aufgehoben werden.

**Offene vs. versteckte Konflikte**

Eine grundsätzliche Unterscheidung ist die zwischen offenen (oder manifesten) und latenten Konflikten [2]. Latente Konflikte stehen am Anfang der Dynamik. Sie sind dadurch gekennzeichnet, dass sich die beteiligten Parteien ihrer Gegnerschaft nicht unbedingt bewusst sind oder zumindest noch keine offene Auseinandersetzung gesucht haben. Für Außenstehende ist ein latenter Konflikt praktisch nicht beobachtbar, es kann allenfalls der vage Eindruck entstehen, da stimme etwas nicht, unter der Oberfläche schwele es oder dergleichen. Es ist in diesem Stadium noch relativ leicht möglich, den Konflikt zu unterdrücken oder beizulegen. Insofern ist es eigentlich zutreffender, von Konfliktpotenzial zu sprechen, denn ein Konflikt, der weder von den Betroffenen selbst noch von Dritten wahrgenommen wird, ist nicht sinnvoll definierbar. Manifeste Konflikte sind demgegenüber den Beteiligten selbst deutlich bewusst, von entsprechenden Emotionen begleitet und in der Regel auch für Außenstehende beobachtbar. Strategische Erwägungen und die Verfügbarkeit von Techniken zu Konflikthandhabung bestimmen den weiteren Verlauf und insbesondere auch die Nachwirkungen eines solchen Konflikts.

**Konfliktursachen und Konfliktarten**

Die Frage nach der Art des Konflikts hängt eng mit der Konfliktursache zusammen, da diese nicht nur die Konstellation der Konfliktparteien zueinander, sondern auch den weiteren Verlauf sowie die möglichen Lösungswege bestimmt. Unterschieden werden hier grundsätzlich Konfliktursachen innerhalb einer Person (intrapersonell) von solchen zwischen Personen (interpersonell). Intrapersonelle Konflikte ergeben sich im Arbeitsleben in erster Linie in Form von Rollen- und Entscheidungskonflikten, wobei jedoch bei genauerem Hinsehen fast immer eine Beteiligung weiterer Personen ausgemacht werden kann. Typische interpersonelle Konflikte sind Verteilungs-, Ziel-, Sach- und Beziehungskonflikte [2].

**Rollenkonflikte**

Ein Rollenkonflikt liegt vor, wenn die betreffende Person verschiedene Funktionen wahrzunehmen hat, durch die sie widersprüchlichen Erwartungen gerecht werden muss [3]. Je nach Situation kann dies beispielsweise so aussehen, dass sie a) „zwischen den Stühlen sitzt" (als Mitarbeiter einer bestimmten Abteilung und zugleich als Betriebsratsmitglied), b) „Diener zweier Herren ist" (als Stabsberater für konkurrierende Unternehmensbereiche) oder c) in einer „Sandwichposition" zwischen dem eigenen Vorgesetzten und den ihr unterstellten Mitarbeitern vermitteln muss.

**Die „Sandwichposition" als Konfliktpotenzial**

Ein solcher Rollenkonflikt kann sich für Qualitätsverantwortliche besonders dann ergeben, wenn diese selbst auch operativ tätig sind oder es waren, somit also die Situation vor Ort kennen und sich der Probleme beispielsweise bei der Umsetzung von Standards und Routinen in der Alltagspraxis bewusst sind. Wer den Anforderungen unterschiedlicher Parteien mit unterschiedlichen Zielen gerecht werden muss, ist ständig gefordert, Prioritäten zu setzen und seine Loyalitäten immer wieder neu zu gewichten. Weiterhin ergeben sich Rollenkonflikte unter Umständen aus spezifischen Anforderungen der Berufsrolle, die dauerhaft einfach nicht erfüllbar sind und so zu einer starken emotionalen Belastung werden können.

Es wird deutlich, dass intrapersonelle Konflikte (denen Rollenkonflikte meist zugeordnet werden) keinesfalls als „persönliches Problem“ der betroffenen Mitarbeiter abzutun sind. Im Gegenteil werden sie meist ganz wesentlich durch die Betriebsstruktur bedingt. Eine entsprechende Reorganisation von Zuständigkeiten oder Verantwortlichkeiten sowie ein offenes Kommunikationsklima können Abhilfe schaffen.

**Entscheidungskonflikte**

Eine Person befindet sich dann in einem Entscheidungskonflikt, wenn sie eine wichtige und weitreichende Entscheidung zwischen zwei oder mehr Alternativen treffen muss, die jeweils als nicht vollständig zufriedenstellend bewertet werden. Sie muss in jedem Fall gravierende Nachteile in Kauf nehmen und verantworten, die zusätzlich oft zum Zeitpunkt der Entscheidung nicht vollständig abzusehen sind. Ein Beispiel wäre die Entscheidung eines Marketingleiters, zu welchem Zeitpunkt ein Produkt am Markt eingeführt werden soll: Einerseits bedeutet jeder Tag Verzögerung finanzielle Einbußen, andererseits verspricht eine spätere Einführung, beispielsweise mit Saisonbeginn, mehr Presseaufmerksamkeit und damit die Chance einen echten „Star“ zu etablieren.

In diesem Zusammenhang ist eine klassische Typologie des Sozial- und Motivationspsychologen Kurt Lewin [4] hilfreich, in der die intrapsychische Dynamik von Entscheidungskonflikten im Zentrum steht.

Lewin unterscheidet drei Konfliktarten, nämlich

**Annäherungs-Annäherungs-Konflikt**

- den Annäherungs-Annäherungs-Konflikt: Es stehen zwei attraktive Alternativen zur Wahl, beispielsweise zwei gute Stellenangebote. Der Konflikt besteht darin, dass die Entscheidung für die eine zugleich den Verzicht auf die andere Alternative beinhaltet;

**Annäherungs-Vermeidungs-Konflikt**

- den Annäherungs-Vermeidungs-Konflikt: Eine attraktive Option hat neben vielen Vorteilen auch zahlreiche Nachteile, beispielsweise bringt eine Beförderung erweiterte Befugnisse und ein höheres Gehalt, zugleich aber auch starken Leistungsdruck und weniger Freizeit mit sich;

**Vermeidungs-Vermeidungs-Konflikt**

- den Vermeidungs-Vermeidungs-Konflikt: Es stehen zwei unattraktive Alternativen zur Wahl, man muss sich für das kleinere Übel entscheiden. Beispielsweise mag dies die Wahl zwischen einem expansionsbedingten Umzug in eine fremde Stadt und der Kündigung sein oder die Entscheidung einer Führungskraft zwischen einem unangenehmen Kritikgespräch und dem fortgesetzten In-Kauf-Nehmen des Fehlverhaltens eines Mitarbeiters.

Alle drei Klassen von Entscheidungskonflikten können für den Betroffenen zunächst geklärt und oft auch gelöst werden, wenn eine möglichst vollständige Auflistung der zugehörigen Vor- und Nachteile gelingt. Bei Bedarf können auf einer solchen Pro-Contra-Liste zusätzlich Gewichte verteilt werden.

Beratung von außen (ggf. auch durch Kollegen und Vorgesetzte) kann bei einer solchen systematischen Analyse helfen, einmal abgesehen davon, dass sie die Betroffenen eines Entscheidungskonflikts emotional entlastet. In einem solchen Austausch werden oft auch zusätzliche, dritte Alternativen entwickelt. So wird der Betroffene in die Lage versetzt, nicht nur eine zufriedenstellende, sondern auch eine tatsächlich „bessere“ Entscheidung zu treffen.

Das Problem im Qualitätsmanagement ist oftmals allerdings, dass es letztlich zur Erreichung bestimmter Standards oder der Einhaltung bestimmter Normen keine Alternative gibt.

**Verteilungskonflikte**

Verteilungskonflikte treten auf, wenn knappe Ressourcen wie bestimmte Güter, Dienstleistungen, Geld oder Zeit zu verteilen sind. Entsprechend bergen Budgetierungen, Tarifverhandlungen, die Besetzung freier Stellen oder auch die Einhaltung von Qualitätsvorschriften immer die Gefahr von Verteilungskonflikten. Typischerweise ist hierbei der Gewinn einer Partei zugleich der Verlust einer anderen, es handelt sich um ein sogenanntes Null-Summen-Spiel. So müssen beispielsweise bestimmte Maßnahmen ergriffen werden, um Hygienestandards einhalten zu können (Schulungen, Materialien, bauliche Maßnahmen). Diese Kosten sind unvermeidlich und unverzichtbar. Werden sie nicht investiert, kann das Ziel nicht erreicht werden.

Verteilungskonflikte werden häufig auch unter dem Begriff „Sachzwänge" verbucht und gelten als klassisches Beispiel dafür, dass Konflikte in Organisationen zum Tagesgeschäft gehören. Sie sind von einer Aura der Rationalität umgeben, auch wenn ihre Austragung natürlich ebenso emotional heftig erfolgen kann wie die anderer Konfliktarten. Interessant ist in diesem Zusammenhang eine Untersuchung von Baron [5]. Er ließ 14 Konfliktursachen von Angestellten eines großen Unternehmens nach ihrer Bedeutsamkeit einstufen. Es zeigte sich, dass die Befragten dem Wettbewerb um knappe Ressourcen die geringste Bedeutung bei der Entstehung von Konflikten beimaßen, das verwandte Thema Belohnungssysteme errang den vorvorletzten Platz. Am relevantesten war mit weitem Abstand der Konfliktgrund „unzureichende Kommunikation", gefolgt von ähnlichen Aspekten wie „unklare Verantwortlichkeiten" und „wenig Gebrauch von Kritik". Beziehungs- und Persönlichkeitsvariablen wie „gegenseitige Abhängigkeit", „Misstrauen" oder „unvereinbare Persönlichkeiten" wurde ebenfalls deutlich mehr Bedeutung zugemessen als dem Wettbewerb um Ressourcen. Diese Forschungsergebnisse sollten Qualitätsverantwortlichen zu denken geben, deuten sie doch darauf hin, dass es auch in vermeintlichen Sachdiskussionen häufig eher um die Frage des „Wie“ der Kommunikation geht.

**Der Kompromiss im Verteilungskonflikt**

Verteilungskonflikte lassen sich nur dann beilegen, wenn ein Kompromiss erzielt wird, der alle Parteien zufriedenstellt. Die Gefahr, dass eine Partei (objektiv oder subjektiv) zu kurz kommt, ist so lange gegeben, wie es keine zuvor festgelegten und von allen akzeptierten Spielregeln gibt. Denn nicht selten wird der Konkurrenzkampf z. B. zwischen Abteilungen oder Teams durchaus „von oben“ gewollt oder gar als motivationsförderndes Element eingeführt. Ein Kompromiss hat andererseits den Vorteil, dass beide Parteien ihre Ziele zumindest teilweise erreichen und auch sehen, dass die Gegenpartei ebenfalls Abstriche gemacht hat.

Allgemein sollten Verteilungskriterien eher als Anreiz denn als Drohung formuliert und umgesetzt werden sowie weiterhin (selbstverständlich!) den Prinzipien der Gerechtigkeit und Fairness folgen.

**Sachkonflikte**

Ein Sachkonflikt liegt vor, wenn über das Ziel selbst Einigkeit besteht, aber Uneinigkeit über die Maßnahmen zur Zielerreichung. Das Konfliktthema ist somit eine unterschiedliche Beurteilung der möglichen Wege, weshalb zuweilen auch von Weg- oder Beurteilungskonflikten gesprochen wird. Im Qualitätsbereich gibt es zumeist wenig Unstimmigkeit darüber, dass es idealerweise um die Erreichung höchstmöglicher Qualität geht. Allerdings sind die Auffassungen über die möglichen, notwendigen und auch hinreichenden Maßnahmen zur Realisierung dieses Ziels häufig divergent.

**Sachkonflikte durch Informationsdefizite**

Nicht selten sind Sachkonflikte auf einen unterschiedlichen Informationsstand und damit einhergehend auf unterschiedliche Vorstellungen der Konfliktbeteiligten zurückzuführen. Das heißt auch, dass Sachkonflikte im betrieblichen Alltag oft durch frühzeitige und umfassende Information aller Betroffenen vermieden werden können. Regelmäßige Treffen helfen hierbei, Probleme und offene Fragen bereits im Vorfeld zu erkennen und zu klären. Das „Klappern" für Qualitätsthemen setzt daher auch ein hohes Maß an kommunikativer Kompetenz und manchmal auch Frustrationstoleranz hinsichtlich redundanter Kommunikationserfordernisse voraus. Manchem Mitarbeiter muss der Sinn eines Qualitätsmanagementsystems eben mehrfach und in kleinen Schritten erläutert werden, bevor es auch ihm „einleuchtet" und man mit seiner aktiven Unterstützung bei der Umsetzung rechnen kann.

**Beziehungskonflikte**

Auslöser für Beziehungskonflikte sind oft konkrete Ereignisse, wie Ziel-, Sach- oder Verteilungskonflikte, bei denen ein Kontrahent (objektiv oder subjektiv) benachteiligt wurde. Es können auch komplexe Rollenkonflikte zugrunde liegen. Beziehungskonflikte äußern sich in stark emotional aufgeladenem Verhalten, das den anderen gezielt demütigen oder vor anderen bloßstellen soll. Bei entsprechendem Gegenverhalten gipfelt es mitunter in offener Feindseligkeit.

Eine Beilegung von Beziehungskonflikten ist nur möglich, wenn beide Seiten eine konstruktive Kommunikationsbereitschaft mitbringen: Diese umfasst den Mut, die empfundenen Verletzungen möglichst ruhig, aber deutlich zu äußern, die Bereitschaft zu einer (ernst gemeinten!) Entschuldigung sowie die Bereitschaft der Gegenseite, diese anzunehmen. Auch hier entsteht sonst schnell ein dynamischer Teufelskreis, der nur noch schwer zu durchbrechen ist.

**Interpunktionskonflikte**

Der Kommunikationspsychologe Paul Watzlawick [6] hat postuliert, dass Interaktionen von den Beteiligten unterschiedlich strukturiert werden und es so häufig zu sogenannten Interpunktionskonflikten kommt. Damit ist gemeint, dass Menschen dazu neigen, ihr eigenes Verhalten in erster Linie als Reaktion auf das Verhalten anderer wahrzunehmen. Sie setzen (interpunktieren) den Beginn von Verhaltensketten unterschiedlich. Ein klassisches Beispiel für einen Interpunktionskonflikt ist folgendes Eheszenario: Die Frau findet, ihr Mann ginge zu häufig in die Kneipe, ziehe sich insgesamt zu sehr zurück, und nörgelt deshalb (!) an ihm herum. Ihm geht das Nörgeln auf die Nerven, er zieht sich deshalb (!) immer öfter zurück, weshalb (!) sie immer mehr nörgelt, weshalb (!) er immer öfter in die Kneipe geht und so fort. Jeder sieht im anderen den Auslöser für das eigene Verhalten, und es lässt sich nicht ausmachen, wer nun „angefangen" hat. Das ist auch nicht wichtig, denn zur weiteren Eskalation des Konflikts tragen beide bei.

**Konfliktverschärfung durch zirkuläres Denken und Handeln**

Auch bei der Entstehung und Verhärtung von Beziehungskonflikten im betrieblichen Zusammenhang spielen solche Teufelskreise eine wesentliche Rolle. Man stelle sich vor, ein Mitarbeiter habe einmal unter Zeitdruck einen bedeutenden Fehler gemacht und ist dafür von seinem Vorgesetzten kritisiert worden. Beim nächsten Mal ist er durch die Kritik verunsichert, macht erneut einen Fehler, der Vorgesetzte sieht sich bestätigt und kritisiert noch massiver, um ihm deutlich zu machen, dass es ihm mit der Fehlerfreiheit ernst ist. Der Druck steigt, die Fehler häufen sich. Beide werden den Grund für ihren eigenen Beitrag zur Situation im anderen sehen. Eine Lösung ist hier nur denkbar, wenn beide bereit sind, das Rad anzuhalten und über diesen Teufelskreis zu sprechen. Möglicherweise findet sich eine Lösung, wie zum Beispiel Vereinbarungen über Vorlauffristen oder besseren Informationsaustausch, die einen Neuanfang unter veränderten Vorzeichen ermöglicht.

Ist die Situation so festgefahren, dass eine ruhige Aussprache der Beteiligten nicht möglich erscheint, sollte eine neutrale Beratung, idealerweise ein professioneller Mediator hinzugezogen werden. Oft zeigt sich im Zuge des Mediationsprozesses, dass der Ursprung der Konfliktspirale in einem relativ leicht zu lösenden Sachproblem liegt. Eine solchermaßen gemeinsam erlangte Erkenntnis versöhnt die Beteiligten meist bereits so weit, dass einer gemeinsamen konstruktiven Lösungssuche sowie der weiteren Zusammenarbeit nichts mehr im Wege steht, ja die Beziehung der Beteiligten sogar gestärkt aus dem Konflikt hervorgeht.

## 2.2 Konfliktprävention

**Die drei Seiten des Konfliktmanagements**

Konfliktmanagement hat eine präventive, eine diagnostische und eine intervenierende Seite, die wiederum sinnvoll ineinandergreifen müssen. Selbst umfassende Präventionsmaßnahmen können den Ausbruch von Konflikten zwar nicht zuverlässig verhindern, beinhalten aber oft bereits Hinweise für konstruktive Lösungswege.

**Günstige Voraussetzungen für Konfliktprävention**

Auf der präventiven Seite ergeben sich entsprechend den oben ausgeführten Konfliktursachen zahlreiche Möglichkeiten, die schon in der allgemeinen Organisationsgestaltung ansetzen können. Um Konflikten vorzubeugen, sollte unter anderem für folgende Rahmenbedingungen gesorgt sein:

- klar definierte, aufeinander abgestimmte Stellenbeschreibungen und Rollenverteilungen,
- ein nach festgelegten Leistungskriterien ausgerichtetes und ausgewogenes Ent- und Belohnungssystem,
- eindeutig definierte, möglichst transparente Verhaltensregeln für alle Mitarbeiter der Organisation,
- explizite Kompetenzregelungen in Form von schriftlich fixierten und allgemein anerkannten Entscheidungs- und Tätigkeitsbefugnissen,

- eine offene, verständliche und widerspruchsfreie Informationspolitik,
- mit den Mitarbeitern vereinbarte, allgemein bekannte und verbindliche Unternehmensziele,
- mit den Führungskräften abgestimmte, allgemein bekannte und verbindliche Führungsgrundsätze.

Im Hinblick auf das Thema Qualität bedeutet dies beispielsweise, dass es eine eindeutig formulierte und auch schriftlich fixierte Qualitätskultur, entsprechende Qualitätsstandards und -prozeduren und nicht zuletzt auch allgemeine und spezifische Zuständigkeiten zur Gewährleistung der geforderten Qualität gibt.

**Der „Kummerkasten“ als Präventionsinstrument**

Für die Früherkennung und zeitige Entschärfung von Konfliktpotenzial leistet zusätzlich ein herkömmlicher „Kummerkasten“ hervorragende Dienste, vorausgesetzt dieser wird regelmäßig ausgewertet und als Instrument ernst genommen. Im Vergleich zu regelmäßigen Besprechungen oder Kritikrunden ist hier die Hemmschwelle für die Mitarbeiterschaft deutlich niedriger. Die Mitarbeiterinnen und Mitarbeiter sollten regelmäßig dazu animiert werden, auftretende Qualitätsprobleme, aber auch Verbesserungsvorschläge zur Qualitätsgewährleistung möglichst schriftlich festzuhalten. Dadurch werden auch „kleine“ Probleme eher benannt und können frühzeitig angegangen werden. Vergleichbares gilt für die informelle Kommunikation zwischen Tür und Angel, auf dem Flur oder in Pausen.

Auf Führungsebene besteht insgesamt eine wesentliche Aufgabe darin, Offenheit und Vertrauen im Umgang miteinander zu fördern und hierbei selbst mit gutem Beispiel voranzugehen. Insbesondere kritische Rückmeldungen sollten zeitnah und konstruktiv gegeben werden, dem Kritikempfänger am konkreten Fall belegt und begründet werden. Empfehlenswert ist in diesem Zusammenhang auch die Einrichtung einer regelmäßigen „Kritikrunde“, in der Qualitätsprobleme und -defizite, aber auch Konflikte offen angesprochen werden können.

**Konfliktprävention durch klare Ansagen**

Oft decken sich an dieser Stelle die guten Vorsätze und das Selbstverständnis der Führungskräfte nicht mit dem, was im Unternehmensalltag umgesetzt wird. Meist scheitert kooperative Führung an einem klaren Standpunkt der Führungskraft, für den sie auch die Verantwortung übernimmt. Damit ist selbstverständlich nicht gemeint, dass auf dem eigenen Standpunkt beharrt werden oder gar die Entscheidung am besten schon vor der Teamsitzung gefallen sein soll. Aber es ist eben auch ironischerweise so, dass eine allzu vorsichtige und vage Diskussion von Möglichkeiten ohne eigene Stellungnahme die Mitarbeiter ihrerseits nicht zu konkreten Beiträgen ermutigt. Wer sich alle Optionen frei hält, um nur am Ende nicht unrecht gehabt zu haben, oder wer dem Gegenüber aus falsch verstandenem Harmoniestreben nach dem Munde redet, schürt mittelfristig mehr Konflikte, als er vermeidet. Dies gilt speziell im Hinblick auf solch essenzielle Themen wie beispielsweise Qualität. In bestimmten Tätigkeitsbereichen ist Qualität zudem kein verhandelbares Gut.

Es ist oft ein längerer Prozess der inneren Auseinandersetzung notwendig, um für sich selbst einen klaren Standpunkt zu finden, der die wesentlichen Facetten einer Problemstellung berücksichtigt und authentisch nach außen vertreten werden kann. Klare Positionen können zwar kurzfristig unangenehm sein, fördern aber langfristig das wechselseitige Vertrauen durch eine Kultur der Transparenz und wechselseitige Greifbarkeit. Wer weiß, woran er beim anderen ist, kann sich mit ihm auseinander- und auch wieder zusammensetzen. Dies gilt auch und gerade für die Verbindlichkeit von Qualitätsstandards und die Umsetzung von (neu) eingeführten Managementsystemen. Hier hat vor allem die höchste Führungsebene die Aufgabe, den Qualitätsverantwortlichen auf der ausführenden Ebene demonstrativ den Rücken zu stärken.

## 2.3 Konfliktanalyse

**Was tun, wenn der Konflikt ausbricht?**

Festgeschriebene Grundsätze, Entscheidungskriterien und Zuständigkeiten können vorbeugen, aber sie sind natürlich kein Garant für das Ausbleiben von Konflikten. Sollte ein Konflikt trotz vorbeugender Maßnahmen manifest werden, helfen gemeinsame Grundsätze auch bei der Analyse bereits ausgebrochener Konflikte, da sie zahlreiche Anhaltspunkte für die potenziellen Ursachen eines Konflikts und nicht zuletzt eine gemeinsame Sprachregelung „mitliefern".

Eine konkrete Konfliktanalyse sollte sich an den folgenden Punkten orientieren:

1. Wer sind die Konfliktparteien?
2. Welche Personen oder Gruppen sind noch am Konflikt beteiligt?
3. Welche Bedingungen haben zum Konflikt geführt?
4. Welche Einstellung haben die Beteiligten dem Konflikt gegenüber?
5. Welche Handlungspläne möchten sie jeweils verwirklichen?
6. Welche Ziele sollen damit jeweils erreicht werden?
7. Welche Lösungen oder Kompromisse sind für alle Parteien denkbar?
8. Gibt es weitere konsensfähige Alternativen?
9. Welche Kriterien liegen zur Bewertung dieser Alternativen vor?

10. Wie sieht ein realistischer Handlungsplan konkret aus?
11. Welche (zusätzlichen) Informationen werden hierzu benötigt?

Gerade im Hinblick auf das Qualitätsmanagement sollten die Verantwortlichen bzw. die Befürworter solcher Systeme die oben stehenden Fragen bei auftretenden Diskussionen und Disputen über die Sinnhaftigkeit und Notwendigkeit von Qualitätsmaßnahmen intensiv durchdenken. So kann nicht nur eine stringente Argumentationslinie aufgebaut werden, durch die Vorwegnahme möglicher „Kontra"-Argumente der Gegner erhöht sich auch die Reaktions- und Argumentationssicherheit. Qualitätsbeauftragte tun gut daran, ähnlich wie beispielsweise Pressesprecher großer Unternehmen sich selbst zu „briefen" im Hinblick auf kritische Fragen und (öffentlichen) Widerstand.

**Zentral: ein offenes Kommunikationsverhalten**

Entscheidend für das Gelingen einer solchen Konfliktanalyse ist der richtige Kommunikationsstil. Hilfreich ist ein offenes Kommunikationsverhalten auf beiden Seiten, das sich nach Berkel [2] unter anderem durch folgende Merkmale auszeichnet:

- Beschreibung von konkret beobachtetem Verhalten (anstatt wertender Äußerungen und Vergleiche) („Ich registriere immer wieder, dass Sie die Hygienevorschriften nicht einhalten"),
- einfühlsames und respektvolles auf den anderen Eingehen, Behandlung als gleichberechtigt (anstatt unterlegen) („Ich verstehe, dass es in der Hektik des Alltags nicht immer leicht ist, die Desinfizierung langsam und gründlich vorzunehmen"),
- spontanes, offenes Mitteilen der eigenen Motive (anstatt strategisch-manipulativen Taktierens) („Meine Aufgabe

ist es, eine 100 %ige Qualität unserer Arbeit zu gewährleisten"),

- problemorientierte gemeinsame Lösungssuche (anstatt Kontrolle über den anderen anzustreben) („Was könnte ich tun, damit es Ihnen besser gelingt, sich für die Desinfektionen die notwendige Zeit zu nehmen?"),
- Bereitschaft, mehrere vorläufige Lösungen durchzuspielen (anstatt vorschnelle Urteile zu fällen) („Wir könnten mit einem akustischen Zeitsignal arbeiten. Es wäre aber auch möglich, die Desinfektion durch ein anderes Teammitglied vornehmen zu lassen. Schließlich wäre auch eine erneute Schulung zu diesem Thema sicherlich hilfreich, um die Notwendigkeit des Prozesses zu verstehen").

Gelingt es, ein solches offenes Kommunikationsklima (wieder-) herzustellen, steigen die Chancen für eine echte Lösung des Problems erheblich. Hierbei haben sich Seminare und Teamtrainings als hilfreich erwiesen, in denen über Verzerrungen in der sozialen Wahrnehmung aufgeklärt, diese im Rollenspiel aufgezeigt und abgebaut wird sowie Flexibilität, Offenheit und Perspektivenübernahme gefördert werden. Im folgenden Abschnitt wird beispielhaft ein Ansatz für ein solches Teamtraining zur Konfliktanalyse skizziert.

**Lösungsorientierte Analyse von Konflikten zwischen Gruppe**

Konflikte zwischen Teams, Abteilungen oder sonstigen Arbeitsgruppen stellen in verschiedener Hinsicht einen Sonderfall dar, der auch besondere Herangehensweisen verlangt. Da im Qualitätsmanagement jedoch auch solche Konflikte zwischen Teams nicht ungewöhnlich sind, sollen sie hier einer gesonderten Betrachtung unterzogen werden. Einen Ansatz zur Analyse von Teamkonflikten, der stark von den Prinzipien der lösungsorientierten Kurzzeittherapie beeinflusst ist, stellen Billen und Schmitz [7] vor. Die Ziele dieses lösungsorientierten Teamtrainings sind, dass die beteiligten Teams

- ihre Unzufriedenheit thematisieren (Dampf ablassen),
- beschreiben, was trotz der Konflikte gut klappt,
- sich humorvoll mit dem Fremdbild der anderen auseinandersetzen,
- in gruppenübergreifend gemischten Kleingruppen gemeinsam nach Lösungen suchen,
- anerkennen, dass bestimmte Spannungen nicht aufzulösen sind.

**Lösungsorientierte Analyse: das Vorgehen**

Die Vorgehensweise ist dabei wie folgt. Beide Teams bearbeiten zunächst getrennt voneinander, idealerweise in getrennten Räumen für ca. 30 Minuten folgende Fragen:

- Was klappt im Rahmen des Qualitätsmanagements trotz allem noch ganz gut?
- Was müsste das andere Team tun, um die Situation zu verschlimmern?
- Was erzählt wohl das andere Team gerade, was bei uns besonders schrecklich ist?

Die Ergebnisse werden anschließend im Plenum vorgestellt. Es folgt eine Kaffeepause mit ausreichender Gelegenheit zum informellen Austausch. Anschließend werden mit beiden Teams gemeinsam zu klärende Themen gesammelt. Jeder Einzelne erhält drei Klebepunkte, die er auf die gesammelten Themen nach persönlicher Wichtigkeit verteilt. So kann mit einfachen Mitteln die wahrgenommene Dringlichkeit einzelner Teilprobleme ermittelt und es können Prioritäten für die Lösungsfindung gesetzt werden. Im nächsten Schritt werden gemischte Kleingruppen gebildet, die 60 Minuten Zeit bekommen, Lösungen und erste konkrete Schritte für die drei wichtigsten Themen zu entwickeln. Dass hier in jeder Kleingruppe jeweils möglichst mehrere Mitglieder aus beiden Teams vertreten sind, ist von entscheidender Bedeutung. Zum einen werden so in den Lösungen beide Perspektiven berücksichtigt, aber vor allem ist eine gemeinsame Aufgabe und deren erfolgreiche Bewältigung eine hervorragende Methode, um Konflikte auf der Beziehungsebene zu entschärfen.

**Konkrete Maßnahmen ableiten und monitoren**

Die Ergebnisse der Kleingruppen werden im Plenum vorgestellt, diskutiert und ergänzt. Es wird gemeinsam festgehalten:

- Was ist sofort zu tun, wer tut es und (bis) wann?
- Was ist noch weitergehend zu klären, wer tut das wann und wo?
- Was bleibt vorerst ungeklärt?

Entsprechend dem letztgenannten Punkt ist eine ganz wichtige Botschaft eines solchen lösungsorientierten Teamtrainings, dass nicht jeder Konflikt vollständig gelöst werden muss. Die zentralen Ziele der skizzierten Vorgehensweise sind es, die Fronten aufzubrechen, die Grenzen zwischen den Teams zu lockern und den Bezug zueinander sowie zur gemeinsamen Aufgabe wiederherzustellen.

## 2.4 Strategien der Konflikthandhabung

**Klassifikation von Konflikthandhabungsstilen**

Es gibt zahlreiche Klassifikationen von Konflikthandhabungsstilen. Berkel [2] unterscheidet zwischen fünf Strategien, und zwar danach, wie stark sich die Beteiligten jeweils an den eigenen und an den Zielen der Gegenpartei orientieren. Abbildung 1 veranschaulicht das zugrunde liegende Schema.

Die sogenannte Machtstrategie steht für das Durchsetzen der eigenen Ziele mit allen Mitteln und auf Kosten der Ziele der Gegenpartei, die so in eine Verliererrolle gedrängt wird. Das Gegenstück ist eine Strategie des Nachgebens, die die eigenen Ziele gänzlich den Zielen der Gegenpartei unterordnet, sodass

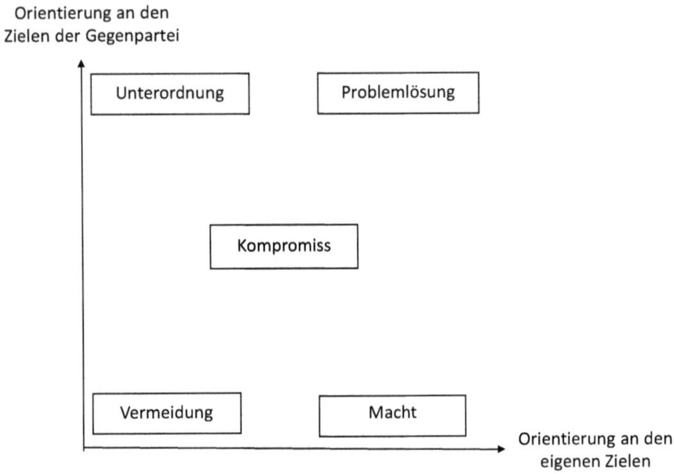


Abb. 1: Strategien der Konflikthandhabung nach Berkel [2]

man selbst in die Verliererrolle gerät. Eine Strategie der gänzlichen Konfliktvermeidung liegt vor, wenn sich beide Parteien zurückziehen und völlig auf die Realisierung ihrer Ziele verzichten. Eine echte Problemlösung besteht darin, dass beide Parteien ihre Ziele ohne Abstriche umsetzen können, da sie beispielsweise einen Weg gefunden haben, die Situation in eine sogenannte Win-Win-Situation umzuwandeln. Oft ist dies nicht möglich, insbesondere bei Verteilungskonflikten. Hier ist die klassische Form der Konflikthandhabung der Kompromiss, bei dem beide Parteien Abstriche machen, die Lösung also in einer teilweisen Realisierung der Ziele aller Beteiligten besteht.

**Delegation als sechster Stil**

Philip und Rademacher [8] ergänzen eine sechste Möglichkeit, die sich in dieses Schema nicht einfügt, nämlich die Delegation. Delegation von Konflikten, genauer der Konfliktlösung, findet sich in unserer Gesellschaft wie selbstverständlich im Polizei- und Justizsystem. Aber auch im Kleinen werden oft Dritte um Rat beziehungsweise direkt um eine problemlösende Entscheidung gebeten. Gerade im Bereich des Qualitätsmanagements können hier Empfehlungen von externen Experten, von unabhängigen Überwachungsorganisationen oder auch Beratungsunternehmen eingeholt und zur Entscheidungsfindung genutzt werden.

Im Arbeitsleben kann „der Dritte" aber auch der Vorgesetzte sein, der einen Konflikt zwischen Kollegen schlichten soll (analog die Geschäftsführung einen Konflikt zwischen Abteilungsleitern), oder auch Organe wie der Betriebs- und Personalrat. Philip und Rademacher [8] siedeln den „moralischen" Wert der Delegation auf einer Entwicklungsstufe unterhalb des Kompromisses an, aber höherwertiger als die eigene Unterordnung. Die eigene Unterordnung ist wiederum besser als Vermeidung sowie als eine Machtstrategie, die ja beide die Ziele des Gegners missachten.

Auf die drei Strategien der Hauptachse im Modell von Berkel [2] soll im Folgenden jeweils noch näher eingegangen werden, da sie die wichtigsten Konflikthandhabungsstrategien darstellen.

### 2.4.1 Echte Konfliktlösung durch sachgerechtes Verhandeln

Eine echte Lösung hat eine langfristige Aufhebung des Bewertungs- oder Verteilungsgegensatzes, des Misstrauens und der Antipathie der Beteiligten zum Ziel, eventuell auch eine Aufhebung des Koordinationszwanges. Sie berücksichtigt und befriedigt folglich die Belange aller Parteien gleichermaßen und bezieht dabei auch emotionale Aspekte mit ein.

**Manchmal unausweichlich: der Mediator**

Häufig gelingt eine echte Lösung nur unter Einbezug eines unabhängigen Vermittlers, beispielsweise einer qualifizierten Führungskraft oder eines externen Beraters oder Mediators. Diese sollten unvoreingenommen möglichst viele Informationen von allen Seiten sammeln, sich in Objektivität und Zurückhaltung bezüglich vorschneller Entscheidungen üben, aktiv zur Perspektivenübernahme anregen, auf übergeordnete Ziele (z. B. des Projekts oder der Organisation) hinweisen und Kommunikationshilfen geben. Zentral für die Vermittlerrolle ist, dass die Konfliktparteien den Kern des Problems selbst entdecken, was durch gezielte Fragen und geschicktes schrittweises Lenken der Aufmerksamkeit weg von der emotionalen zurück auf die Sachebene erreicht wird.

**Die Harvard-Grundsätze der Verhandlung**

Bewährt haben sich in diesem Zusammenhang auch die Harvard-Grundsätze der Verhandlung [9]. Die Harvard-Grundsätze sind aus einem eigens ins Leben gerufenen, langjährigen Projekt der Harvard Universität hervorgegangen und haben im Wesentlichen zum Ziel, erstens die positive Beziehung zwischen den Verhandlungspartnern zu bewahren, zweitens Verhandlungen zeiteffizient zu gestalten und drittens den Nutzen des Verhandlungsergebnisses für beide Seiten zu maximieren. Ein Vermittler ist dabei zunächst nicht vorgesehen. Folgende Grundsätze kennzeichnen das sachgerechte Verhandeln:

1. **Behandeln Sie Menschen und Probleme getrennt voneinander**

**Menschen und Probleme getrennt behandeln**

Konfliktparteien und Verhandlungspartner sind in erster Linie Menschen, keine abstrakten Repräsentanten. Es ist sinnvoll und wichtig, Gefühle (die eigenen wie die des Gegenübers) nicht außen vor zu lassen, sondern bewusst zu berücksichtigen und vor allem ernst zu nehmen. Menschen reagieren schnell beleidigt, wütend, gekränkt oder ängstlich, wenn sie sich durch eine Konfliktsituation in ihrem Selbstwert, ihrem Bedürfnis nach Anerkennung, ihrem Handlungsspielraum oder anderweitig bedroht fühlen, und die Antennen hierfür sind oft sehr empfindlich. Eine sachliche Betrachtungsweise des Problems und vernünftige Strategien zur Lösungssuche werden dadurch unmöglich. Die Empfehlung, die persönlichen Beziehungen (Menschen) und den eigentlichen Verhandlungsgegenstand getrennt voneinander zu behandeln, zielt nicht darauf ab, Emotionen aus dem Verhandlungsgeschehen zu verbannen. Vielmehr geht es darum, beides gezielt, aber mit unterschiedlichen „Strategien“ zu behandeln: Weich zu den Menschen, hart in der Sache. Wer die eigenen Gefühle kennt und versteht und sich so weit in die Gegenseite hineinversetzt, dass er auch deren Gefühle vorwegnehmen, nachvollziehen und respektieren kann, ist klar im Vorteil, wenn es darum geht, die Sache als gemeinsame Aufgabe zu sehen.

2. **Konzentrieren Sie sich auf Interessen, nicht auf Positionen**

**Konzentration auf Interessen**

Während Probleme durch unterschiedliche Interessen bestimmt werden, reduzieren die beteiligten Menschen das Konfliktgeschehen meist viel zu sehr auf unterschiedliche Positionen. Gegensätzliche Positionen müssen aber keineswegs bedeuten, dass die Interessen gegensätzlich und unvereinbar sind. Ein klassisches Beispiel ist der Streit zweier Bibliotheksnutzer, ob das Fenster offen oder geschlossen sein soll. Ein Feilschen um ein viertel, halb oder dreiviertel geöffnetes Fenster führt nicht weiter. Die Frage nach den zugrunde liegenden Interessen ergibt hingegen, dass der eine frische Luft hereinlassen, der andere Zugluft vermeiden möchte. Beide Interessen sind in Einklang gebracht, wenn man ein Fenster im Nebenraum öffnet. Die Frage nach dem Warum und Wozu, also den dahinter stehenden Motiven und Zielen beider Parteien, ist es, die den Scheinwiderspruch aufdeckt und einen dritten Weg öffnet.

Die wichtigsten Interessen sind dabei die menschlichen Grundbedürfnisse: Sicherheit, wirtschaftliches Auskommen, Zugehörigkeit, Anerkennung und Selbstbestimmung. Es ist nicht immer angemessen, diese möglichen Beweggründe der Gegenpartei offen anzusprechen, aber es kann ausgesprochen hilfreich sein, sie im Hinterkopf zu haben. Natürlich können auch Interessen in direktem Widerspruch zueinander stehen. Aber auch dann ist es nicht zielführend, auf Positionen zu beharren. Vielmehr sollte hier der Blick auf die Qualitäten und Vorteile der wechselseitigen Ergänzung gelenkt werden.

3. **Entwickeln Sie Entscheidungsoptionen zum beiderseitigen Vorteil**

**Entscheidungsoptionen entwickeln**

Es sind im Wesentlichen vier verbreitete Irrtümer, die verhindern, dass in Situationen mit widersprüchlichen Interessen gemeinsam Alternativen entwickelt werden, die für beide akzeptabel wären: Menschen neigen erstens dazu, Ideen vorschnell zu verurteilen, zweitens anzunehmen, es gäbe eine richtige Lösung. Verbreitet ist drittens die Vorstellung, Vorteile für die anderen gingen zwangsläufig auf die eigenen Kosten, und schließlich, dass die anderen doch ihre Probleme selbst lösen sollen. Demgegenüber steht der Ansatz, zunächst per Brainstorming möglichst viele Optionen zu sammeln, ohne sie zu bewerten, die Vorteile und gemeinsamen Interessen ins Zentrum zu stellen. Auf der Beziehungsseite ist es ein wichtiger Aspekt, Vorschläge zu entwickeln, die den anderen die Entscheidung erleichtern. Dies gelingt nur durch erfolgreiche Perspektivenübernahme und kann die Bezugnahme auf übergeordnete Normen und Werte oder einen Präzedenzfall sein, die eine objektive Ausgangslage für die Entscheidung schaffen können.

**Neutrale Beurteilungskriterien**

4. Bestehen Sie auf neutralen Beurteilungskriterien
Entscheidend für eine gelungene Umsetzung ist, dass man sich nicht unter Druck setzen lässt, um zu einer Einigung zu gelangen. Unter Umständen ist es auch notwendig, die Verhandlungen zu unterbrechen, bis das Gegenüber auf eine sachliche Ebene zurückfindet. Hier kann auch die Verhandlungsart selbst zum Gegenstand des Verhandelns werden. Letztlich müssen objektive Kriterien gefunden werden, auf denen die Entscheidung zwischen den gemeinsam entwickelten Optionen basiert. Dies können zum Beispiel moralische Erwägungen sein, der Grundsatz der Gleichbehandlung, sachbezogene Kriterien wie Effektivität, Effizienz, Marktwert, Kosten und Ähnliches oder wissenschaftliche Kriterien, wie sie in Gutachten Anwendung finden. Weiterhin können Prinzipien wie Tradition, Gegenseitigkeit oder auch Präzedenzfälle wie Gerichtsurteile herangezogen werden.

**„Lautes Denken“ und „die beste Alternative“**

Stellt in einer Konfliktsituation die Gegenseite schwer annehmbare Forderungen, kann es helfen, diese hypothetisch zu akzeptieren, dabei aber „im lauten Denken“ die inakzeptablen Konsequenzen zu benennen und den anderen um Rat für die eigenen Unannehmbarkeiten zu fragen („Wenn ich Ihren Vorschlag akzeptieren würde, steht nach kurzer Zeit der medizinische Dienst bei mir auf der Matte und ich habe ein Problem. Was soll ich denen dann sagen?“). Eine weitere wichtige Empfehlung betrifft die Verhandlungsvorbereitung [9]: Alle Verhandlungspartner sollten sich von vorn herein die „beste Alternative“ zu ihrer eigenen Wunschlösung überlegen und diese als Messlatte an mögliche Kompromisse anlegen. Oft ist der verhandelte Kompromiss im Vergleich doch noch besser.

### 2.4.2 Kompromiss

Es kann unter Umständen notwendig und sinnvoll sein, von der gerade beschriebenen Form der Konfliktlösung Abstand zu nehmen. Dies wird insbesondere dann der Fall sein, wenn die Beteiligten nicht in der Lage sind, wichtige, aber knappe Ressourcen zur Zufriedenheit aller zu verteilen. Sofern es nicht möglich ist, dass beide ihre Ziele vollständig realisieren, sollte fair geteilt werden, beispielsweise nach dem Grundsatz „Einer teilt, der andere wählt". Gelingt auch dies nicht, ist ein Vermittler erforderlich. Die vermittelnde Person muss die aktive Rolle des Schiedsrichters übernehmen und von außen ein gerechtes Urteil im Sinne eines klassischen Kompromisses fällen. Auch hier ist es hilfreich, die wechselseitige Abhängigkeit der Konfliktparteien und die Gemeinsamkeiten in Werten und Zielen zu betonen.

**Nachsorge**

Gerade bei vermittelten Kompromisslösungen sollte eine Nachsorgephase eingeplant sein. Regelmäßige Besprechungen, in denen Perspektiven und Ziele ausgetauscht werden können, sind geeignet, nicht nur den Erfolg der Maßnahmen zu kontrollieren, sondern auch ein Hochschaukeln neuerlicher Konflikte zu verhindern.

### 2.4.3 Konfliktvermeidung und -unterdrückung

Sowohl das Begleiten einer echten Lösung als auch eines guten Kompromisses setzen nicht nur bei den Beteiligten, sondern vor allem auch bei den verantwortlichen Führungskräften Offenheit, Engagement, Geschick und etwas Mut voraus. Häufig werden Konflikte in der Hoffnung vermieden, dass sich das „schon von selbst wieder einrenkt". Überzogenes Harmoniestreben, Furcht vor Auseinandersetzungen und nicht zuletzt vor Kritik durch die eigenen Vorgesetzten („Problemabteilung") spielen hierbei eine zentrale Rolle.

Heikle Themen werden auf die lange Bank geschoben oder regelrecht ausgesessen, langfristig gar bevorzugt Jasager eingestellt. Wenn sich ein Eingreifen gar nicht mehr vermeiden lässt, beschränken sich die Interventionen zumeist auf allgemeine Appelle an den Teamgeist, ohne sich mit den tatsächlichen Ursachen oder möglichen Lösungen des Konflikts auseinanderzusetzen.

**Ein schlechter Kompromiss: Konfliktunterdrückung**

Schließlich haben Führungskräfte die Möglichkeit, aufkeimende Konflikte kraft Autorität einfach „abzuwürgen". Die aktive und bewusste Unterdrückung von Konflikten dient nicht selten der Befriedigung persönlicher Machtmotive. Hierbei wird nicht bedacht, dass angestaute Konflikte nach einiger „Gärzeit" umso heftiger ausbrechen und dann oft nicht mehr zu überbrücken und zunehmend schwerer zu lösen sind. Dennoch ist nicht zu leugnen, dass autoritäre Führung in einigen wenigen Fällen hilfreich sein kann: wenn die Streitpunkte wirklich trivial sind und/oder unter starkem Zeitdruck gehandelt werden muss. In jedem Fall sollte das Konfliktthema jedoch zu einem späteren Zeitpunkt wieder aufgegriffen und in Ruhe besprochen werden.

**Zwischenfazit**

Grundsätzlich ist natürlich eine echte, gemeinsame Lösung der Königsweg im Umgang mit Konflikten. Eine wirklich gute Führungskraft zeichnet sich jedoch nicht nur dadurch aus, dass sie eine solche Lösung selbst kompetent begleiten kann, sondern auch dadurch, dass sie erkennt, wo ihre Grenzen liegen – wann also die Hinzuziehung eines professionellen Mediators erforderlich ist, damit alle Beteiligten sowie die Organisation als Ganzes gestärkt aus dem Prozess hervorgehen können.

## 3 Mediation in Wirtschaft und Verwaltung

**Wirtschaftsmediation – ein Trendthema**

Wo Menschen zusammenarbeiten, kommt es zu Konflikten. Diese Tatsache ist unumstößlich und wird sich auch nie ausschalten lassen. Sie ist aber auch nicht problematisch, solange es gelingt, Meinungsverschiedenheiten und unterschiedliche Sichtweisen zu integrieren, Konflikte also konstruktiv und kooperativ zu lösen. Die Mediation als solche hat sich auch in Deutschland schon seit Längerem als Schlichtungsinstrument beispielsweise bei Familienkonflikten, bei Scheidungen oder in der schulischen Konfliktarbeit bewährt. Im Wirtschaftsbereich ist das Instrument hingegen noch nicht institutionalisiert, auch wenn viele Unternehmen und Organisationen in ihren Leitbildern die konstruktive Konfliktlösung als eines der Kernmerkmale ihrer Kultur beschreiben [1].

**Die psychologische Mediation**

Eine Mediation lässt sich vor dem Hintergrund unterschiedlicher Schwerpunktsetzungen und Sichtweisen vornehmen. So sind juristische oder auch ökonomisch geprägte Mediationen von der psychologischen Mediation zu unterscheiden. Bei der psychologischen Mediation geht es – anders als bei den beiden anderen genannten Mediationsformen – darum, einen zugrunde liegenden Konflikt tiefer zu bearbeiten. Speziell im Bereich der Umsetzung von Qualitätsvorschriften und Prozessanweisungen sind die zutage tretenden Konflikte nicht immer nur sachlicher Natur, sondern es „menschelt“ an dieser Stelle ganz gewaltig. Es geht dann oftmals um viel mehr als nur „die Sache“. Wer hat wem was zu sagen? Wer verfügt über die Definitionsmacht? Wessen Expertise findet die stärkste Berücksichtigung? Wer setzt sich am Ende durch? Nicht die Sache alleine, sondern auch und gerade die emotionale Seite des Konflikts, das Selbst- und das Fremdbild, das eigene Selbstverständnis und nicht zuletzt auch Kompetenzen wie Kompromissfähigkeit, Durchsetzungsstärke und Teamplay entscheiden darüber, ob ein Konflikt auch tatsächlich gelöst

wird oder ob eine Lösung lediglich „per order de mufti" durchgedrückt wird. Zweiteres führt oftmals zu vordergründigen Anpassungsreaktionen oder lediglich angedeuteten Verhaltensbereitschaften, die weder der Sache dienen, noch zur persönlichen Zufriedenheit beitragen. Insofern schafft die psychologische Mediation – auch wenn sie aufwendiger und mitunter auch „schmerzhafter" ist – die Voraussetzungen für einen wirklich tragfähigen Kompromiss. Und nur so entstehen auch tatsächlich Motivationspotenziale, den gefundenen Kompromiss auch umzusetzen.

## 3.1 Mediation – Definition und Philosophie

**Definition Mediation**

Wie ist die Wirtschaftsmediation definiert? Wirtschaftsmediation ist eine außergerichtliche Streitbeilegung und dient der Lösung von Konflikten im Kontext von Wirtschafts- bzw. Verwaltungsorganisationen [1]. Die Mediation versucht dabei – vielleicht mehr noch als andere Konfliktmanagementstrategien –, die Eigenverantwortung der Konfliktparteien zu aktivieren. Unter Anleitung des Mediators werden Konflikte analysiert, Gründe, Überzeugungen, Bedürfnisse, Anliegen und Motive werden verbalisiert und somit eine tiefgehende Konfliktlösung vorbereitet.

**Ziel: ein faires Verfahren**

Die zentrale Funktion des Mediators ist es, ein faires Verfahren im Rahmen der Konfliktbearbeitung zu gewährleisten. Dafür ist es notwendig, dass er allparteilich agiert. Autorität, Vertrauenswürdigkeit und eine hoch entwickelte soziale Kompetenz sind wesentliche Anforderungen, die ein Mediator erfüllen muss. Natürlich stellt sich auch hier die Frage, ob ein Funktionsträger – in diesem Fall der Qualitätsbeauftragte – in jedem Konflikt die Rolle des Mediators übernehmen kann, denn es sind durchaus Situationen denkbar, in denen auch er „Partei" ist. In solchen Konfliktlagen wäre es sicherlich wünschenswert, einen externen Mediator zur Bearbeitung und Lösung des Konflikts hinzuzuziehen. In anderen Situationen hingegen kann auch der Funktionsträger – wenn er über entsprechende Qualifikationen und Kompetenzen verfügt – ein Mediator sein.

**Grundpfeiler des Verfahrens der Mediation**

Um eine Mediation erfolgreich vorzubereiten und umzusetzen, sind sechs grundlegende Aspekte zu gewährleisten:

- Freiwilligkeit
- Eigenverantwortlichkeit
- Chancengleichheit
- Win-Win-Lösung
- Beziehungswahrung
- Kooperation

**Die Philosophie der Mediation**

Die psychologisch orientierte Mediation kann diese Grundpfeiler im Vergleich zu anderen, weniger tiefgehenden und unaufwendigeren Verfahren der Konfliktlösung besonders gut und erfolgreich umsetzen, da sie von folgender Philosophie getragen ist [10]:

1. Bei der Suche nach Erklärungen und Lösungen wird in Alternativen gedacht und gehandelt, statt sich auf die dominante erste Überlegung zu versteifen.
2. Man ist mutig beim Einsatz sämtlicher zur Verfügung stehender Interventionsmethoden und zieht sich nicht nur auf die Moderatorenfunktion zurück.
3. Diese Interventionsmethoden werden eingesetzt, um gemeinsame Verständigung und Deeskalation zu erreichen, und nicht um einseitige Interessen zu kommunizieren.
4. Es besteht das vivende Interesse, den bestehenden Konflikt auch in seiner Tiefenstruktur zu verstehen und zu

lösen und nicht nur oberflächliche Positionen zu verhandeln.

5. Gesucht wird nach Win-Win-Lösungen, auch unter Berücksichtigung individueller Gerechtigkeitsurteile und -wahrnehmungen. Es soll keine Verlierer im Prozess geben.
6. Das gesamte Verfahren wird prozessbegleitend kritisch reflektiert und evaluiert.

**Keine „Pseudo-Mediation“**

Es ist intuitiv nachvollziehbar, dass das Vorliegen solcher Bedingungen nicht in jeder Konfliktsituation vorausgesetzt werden kann. Sollte dies so sein, darf die Mediation auch nicht die Methode der Wahl zur Konfliktregulation sein. Auch und gerade in Fragen des Qualitätsmanagements kann es schwierig oder gar unmöglich sein, Chancengleichheit oder Gewinner-Gewinner-Lösungen zu garantieren. In solchen Fällen dürfte eine autoritäre Konfliktauflösung letztlich authentischer und aufrichtiger sein als eine „Pseudo-Mediation“.

## 3.2 Mediation: Nutzen, Ziele, Vorteile

**Intrapersonelle und interpersonelle Vorteile**

Ist eine Mediation erfolgreich und führt sie dazu, dass Konflikte reduziert oder vollständig aufgelöst werden, so bedeutet das nicht nur in aller Regel eine Kosteneinsparung, sondern es sind auch erhebliche positive Effekte für das Betriebs- und Teamklima und die Effektivität der Zusammenarbeit zu verzeichnen.

Die Mediation hat interpersonelle Nutzen für eine Organisation, denn die Konfliktlösung liegt in den Händen aller am Konflikt beteiligten Parteien. Ist die Mediation erfolgreich, gehen alle Beteiligten als „Gewinner“ aus dem Prozess hervor. Durch die Mediation werden insbesondere bestehende Beziehungskonflikte aufgedeckt, angegangen und einer Lösung zugeführt. So lassen sich zuvor bestehende Reibungsverluste durch persönliche Animositäten reduzieren oder gar gänzlich auflösen. Hinzu kommt ein prospektiv positiver Effekt, denn die Mediation befähigt Teams und Abteilungen dazu, effektive Interaktions- und Kommunikationsstrukturen aufzubauen. So können künftige Konflikte eigenständig geregelt werden [1].

Somit hat die Mediation auch einen individuellen Nutzen für alle beteiligten Personen. Soziale Kompetenzen lassen sich so auch auf individueller Ebene erweitern und festigen. Die Reflexion eigener und gegnerischer Positionen im Rahmen eines Konflikts verbessert das Empathievermögen. Und Empathie wiederum ist eine wichtige Schlüsselqualifikation nicht nur für Führungskräfte, sondern für Teamarbeiter generell.

Schließlich haben Mediationsprozesse einen positiven Einfluss auf die Etablierung einer Unternehmenskultur, die von Kommunikation und Kooperation geprägt sein soll. Und eine solche Unternehmenskultur streben vermutlich (fast) alle Unternehmen und Organisationen an.

## 3.3 Ablauf einer Wirtschaftsmediation

**5 Phasen einer Mediation**

Wie läuft ein Mediationsverfahren typischerweise ab? Angesichts der Komplexität unterschiedlichster Konfliktsituationen kann an dieser Stelle nur ein holzschnittartiger Überblick über die fünf zentralen Phasen einer Mediation gegeben werden.

### Phase 1: Vorbereitung

**Vorbereitung der Mediation**

Im Rahmen der Vorbereitung der Mediation ist zu klären, um welchen Konflikt es sich genau handelt und wer die Beteiligten bzw. vom Konflikt Betroffenen sind. Der Mediator hat zu erfragen, wie der bisherige Konfliktverlauf war, welche Historie der Konflikt hat und was Anlass dazu gibt, gerade jetzt den Konflikt anzugehen. Hat es schon nicht erfolgreiche „Heilungsversuche“ gegeben? Wenn ja, woran sind diese gescheitert?

Zudem ist zu klären, welche zeitlichen Rahmenbedingungen gegeben sind. Zum einen im Hinblick auf die Dringlichkeit der Konfliktlösung, zum anderen hinsichtlich der für die Konfliktbearbeitung zur Verfügung stehenden Zeit.

Der Mediator muss letztlich entscheiden, ob der Konflikt selbst, die Rahmenbedingungen der Organisation und die betroffenen und beteiligten Parteien die Voraussetzungen für eine Mediation erfüllen. Zu hoher Zeitdruck, zu geringe Ressourcen und auch eine nicht mediationstaugliche Organisationskultur sollten zur Ablehnung eines Mediationsmandats führen.

Die Mediationsgespräche selbst sollten in einer vertrauensvollen und angenehmen Gesprächsatmosphäre stattfinden. Dazu gehört eine Räumlichkeit, die Vertraulichkeit garantiert (ggf. auch außerhalb der Organisation in einem Tagungshotel) und die sowohl eine entspannte Gesprächsführung als auch eine flexible Sitzordnung, die eher kooperativ als konfrontativ sein sollte (also offener Stuhlkreis, kein „Sich-gegenüber-Sitzen“), ermöglicht.

### Phase 2: Probleme und Konflikte erfassen

**Analyse**

Nun beginnt die eigentliche Konfliktbearbeitung. Die beteiligten Parteien werden gebeten, den Konflikt zu schildern, der sie zur Mediation geführt hat und für den eine Regelung bzw. Lösung erarbeitet werden soll. Hier spielen schon Aspekte wie die Frage, wer als Erster das Wort ergreifen darf, eine wichtige Rolle. Der Mediator muss an diesem Punkt viel Fingerspitzengefühl zeigen, auch wenn es keine festen Regeln in dieser Frage gibt. Eine einvernehmliche Regelung der Reihenfolge ist jedoch anzustreben. In dieser Phase der Mediation kommunizieren die Konfliktparteien ausschließlich über den Mediator und nicht direkt miteinander. Der Mediator paraphrasiert das Gesagte, fragt nach, spitzt zu, bringt Dinge auf den Punkt und beobachtet die Emotionen der Beteiligten. Zulässig sind hier nur Verständnisfragen für die Konfliktparteien. Widersprüche, Gegenargumente und Angriffe hat der Mediator sofort zu unterbinden. Die Parteien sollen sich zuhören, auch wenn es ihnen mitunter in dieser Phase des Prozesses sehr schwer fällt.

Am Ende dieser Phase verbalisiert der Mediator das Konfliktthema, benennt es explizit und hält es ggf. auch schriftlich und für alle sichtbar fest.

### Phase 3: Bearbeitung des Konflikts

**Bearbeitung**

Steht das Konfliktthema fest, wird der Konflikt bearbeitet und seine Tiefenstruktur betrachtet. Hier geht es um die Frage, welche Interessen, welche Bedürfnisse und welche Gefühle hinter den unterschiedlichen Positionen der Konfliktparteien stehen. Mit anderen Worten: Es geht auch darum, den Sachkonflikt und die damit verbundenen Beziehungskonflikte voneinander zu trennen. Oder auch aus verdeckten Konflikten offene zu machen.

Hier kann es zu retrospektiven Betrachtungen der Konfliktentwicklung kommen, in denen (damals) verursachte Gefühle und Verletzungen aufgegriffen und bearbeitet werden. So wird auch eine verstärkte Selbstreflexion gefördert.

Die Kommunikationssituation verändert sich dahingehend, dass sich die Konfliktparteien nunmehr direkt ansprechen. Der Mediator arbeitet Gemeinsamkeiten in den Schilderungen der Konfliktparteien heraus. Das können gemeinsame Ziele, Bedürfnisse und Wünsche ebenso sein wie ähnliche Empfindungen und Motive bei früheren Handlungen.

Wie ausführlich der Konflikt bearbeitet wird, hängt von verschiedenen Faktoren ab und muss immer fallweise entschieden werden. Die Beziehung der Konfliktparteien zueinander, das Konfliktthema und die gegebenen Rahmenbedingungen spielen hier eine Rolle.

### Phase 4: Regelungen aufstellen und eine Mediationsvereinbarung treffen

**Regelung**

Wenn die Konfliktklärung erfolgreich und für alle Beteiligten zufriedenstellend war, schließt sich die Phase der Vereinbarung von künftigen Vorgehensweisen unmittelbar an. Es kann jedoch auch sein, dass aus zeitlichen Gründen oder auch aus Gründen der Reflexion der erzielten Resultate zwischen der dritten und der vierten Phase eine (mehrstündige oder mehrtägige) Pause liegt.

In dieser Phase versuchen die Konfliktparteien nicht mehr konfrontativ gegeneinander den Konflikt zu „lösen", sondern sie sind darum bemüht, kooperativ für ein gemeinsames Problem eine Lösung zu finden. Es werden möglichst viele kreative Lösungsmöglichkeiten für den Konflikt gesammelt, diese nach der Sammlung gemeinsam bewertet und sortiert, letztlich eine Lösung ausgewählt und im Rahmen einer Mediationsvereinbarung formal festgeschrieben. Dabei ist darauf zu achten, dass die einzelnen Schritte deutlich voneinander abgegrenzt werden. Dies muss vom Mediator gewährleistet werden, um beispielsweise auch ein Festlegen auf die „erstbeste Lösung“ zu vermeiden.

Bewertungskriterien für Lösungen können Aspekte wie Fairness, Effizienz, sachliche Angemessenheit und Nachhaltigkeit sein.

Letztlich sollte vor der Festlegung auf eine Lösung auch noch einmal eine „Gegenprobe“ gemacht werden. Dies bedeutet, dass die sich abzeichnende Lösung kritisch hinterfragt wird [1]:

- Sind alle Optionen ausreichend geprüft worden?
- Wird durch die präferierte Lösung der Konflikt tatsächlich gelöst?
- Wurden die Konsequenzen der gewählten Lösung ausreichend analysiert?
- Wird die geplante Lösung in der Realität funktionieren?
- Sind beide Konfliktparteien gewillt, die Lösung umzusetzen?

Die gefundene Lösung wird schriftlich festgehalten, Zuständigkeiten und Verantwortlichkeiten werden klar geregelt (wer macht was bis wann, wo, wie?). Zudem wird festgelegt, wie die Einhaltung der Vereinbarung kontrolliert werden soll und was zu tun ist, wenn sie nicht oder nur teilweise umgesetzt wird bzw. sich als nicht funktional erweist. Die schriftliche Vereinbarung wird von allen Beteiligten unterschrieben. Jeder erhält ein Exemplar der Vereinbarung.

### Phase 5: Evaluation der Mediation

**Evaluation**

In dieser letzten Phase wird zum einen die Lösungsumsetzung kontrolliert, zum anderen wird der gesamte Mediationsprozess evaluiert. Dabei findet die Überprüfung der Umsetzung in (mindestens) einem Folgetermin nach der Mediationsvereinbarung statt. Hier werden Erfahrungen ausgetauscht, eventuelle Probleme und Schwierigkeiten, aber auch Erfolge berichtet.

Sowohl während als auch zum Abschluss der Mediation sollten Evaluationsinstrumente (Fragebögen, Einzelgespräche, ggf. Berücksichtigung von Kennzahlen etc.) eingesetzt werden, um den Erfolg der Maßnahme abschätzen zu können. Dabei ist die Frage zu stellen, ab wann eine Mediation als erfolgreich zu bezeichnen ist. Die Festlegung des Erfolgskriteriums ist sicherlich abhängig von der Konfliktschärfe und seiner Relevanz, aber auch von seiner Historie und den Erwartungen und Einschätzungen der Beteiligten.

## 3.4 Vom Konfliktmanagement zur Wirtschaftsmediation – ein Fazit

**Fazit**

Die (Wirtschafts-) Mediation ist ein flexibles Verfahren, in dem die Bedürfnisse der Parteien einerseits und das Einigungsziel andererseits den Ablauf bestimmen. Die Teilnahme ist während der gesamten Verfahrensdauer freiwillig. Der neutrale Mediator bringt kraft seiner Kompetenzen im Verhandlungs- und Kommunikationsmanagement Verfahrensvorschläge ein, über welche die Parteien aber autonom entscheiden. Während beispielsweise Gerichtsprozess und Schiedsverfahren den Parteien die Entscheidung in der Sache aus der Hand nehmen und die Schlichtung sie zumindest vorzeichnet, ist die Mediation darauf angelegt, die Parteien in die Lage zu versetzen, mit Unterstützung des Mediators die Einigung eigenverantwortlich auszuhandeln. Von klassischen Konfliktlösungsverfahren unterscheidet sich die Mediation dadurch, dass die „Vergangenheitsbewältigung“ nur eine Zwischenstation auf dem Weg zu einer in die Zukunft gerichteten Lösung ist, die eine tragfähige Grundlage für gute Beziehungen schafft. Statt zwischen starren Positionen zu vermitteln, nutzt der Mediator die dahinter stehenden, im Konflikt meist überdeckten Interessen als Katalysator für den Einigungsprozess.

Die Rahmenbedingungen bestimmen letztlich, ob es „nur" zum Konfliktmanagement kommen kann oder ob eine Konfliktmediation angebracht, sinnvoll und zielführend ist. Beide Ansätze haben ihre Berechtigung und ihren festen Platz im Berufsalltag. Beide erfordern Kompetenzen und Entscheidungen. Im Sinne einer höchstmöglichen Flexibilität sollte ein Unternehmen über beide Ansätze verfügen – durch interne und/oder externe Ressourcen.

**Quellen**

[1] Kals, E. & Ittner, H.: Wirtschaftsmediation. Hogrefe, 2008

[2] Berkel, K.: Konflikttraining. Konflikte verstehen, analysieren, bewältigen. 7. Auflage, Sauer, 2002

[3] Poppelreuter, S. & Mierke, K.: Psychische Belastungen am Arbeitsplatz. Ursachen – Auswirkungen – Handlungsmöglichkeiten. 3. Auflage, Schmidt, 2008

[4] Lewin, K.: Feldtheorie in den Sozialwissenschaften. Huber, 1963

[5] Baron, R. A.: Negative effects of destructive criticism: Impact on conflict, self-efficacy, and task performance. Journal of Applied Psychology, 73, 199–207, 1988

[6] Watzlawick, P., Beavin, J. & Jackson, D. D.: Menschliche Kommunikation – Formen, Störungen, Paradoxien. 12., Auflage, Huber, 2011

[7] Billen, B. & Schmitz, L.: Lösungsorientierte Mitarbeitergespräche. Redline, 2005

[8] Philip, E. & Rademacher, H.: Konfliktmanagement im Kollegium. Belz, 2002

[9] Fisher, R., Uri, W. & Patton, B.: Das Harvard-Konzept – Sachgerecht verhandeln, erfolgreich verhandeln. Das Standardwerk der Verhandlungstechnik. Campus, 2003

[10] Montada, L. & Kals, E.: Mediation – Lehrbuch für Psychologen und Juristen. Belz/PVU, 2007

**Hinweis**

Dieser Beitrag ist ursprünglich erschienen in: N. Herbig, S. Poppelreuter & H.-J. Thomann (Hrsg.), Qualitätsmanagement im Gesundheitswesen [Loseblattsammlung, 28. Aktualisierungslieferung, Juli 2012, Kapitel 10723, Seite 1-40]. TÜV Media.

# 4 Themenbereich Betriebliches Gesundheitsmanagement

# Betriebliches Gesundheitsmanagement als Teil eines ganzheitlichen Arbeitsschutzes

**In der Diskussion um die Frage, wie und wohin sich „die Arbeit" entwickelt, fallen in aktuellen Beiträgen immer wieder Begriffe wie Globalisierung, digitale Revolution, demografischer Wandel und auch Work-Life-Balance. All diese Schlagworte beleuchten unterschiedliche Facetten des rasanten Wandels in der modernen Arbeitswelt, der die Arbeitsbedingungen und die gesamten Lebensverhältnisse des arbeitenden Menschen maßgeblich beeinflusst. Vor dem Hintergrund des zunehmend herausfordernd und belastend werdenden Wandels der Arbeit ist es umso wichtiger zu betonen, dass nachhaltiger Unternehmenserfolg nur durch gesunde Mitarbeiter erreicht werden kann. Dafür zu sorgen ist nicht nur Aufgabe des Arbeitsschutzes und der Arbeitsmedizin, zunehmend ist auch die Expertise anderer Fachdisziplinen, nicht zuletzt der Arbeits- und Organisationspsychologie, gefordert. Das konstruktive und effiziente Zusammenwirken der unterschiedlichen Fachdisziplinen mit ihren unterschiedlichen Schwerpunkten soll über strukturierte Management- und Qualitätssicherungssysteme gewährleistet werden. Im Folgenden soll daher das Betriebliche Gesundheitsmanagement (BGM) als ganzheitliche Unternehmensstrategie zum Erhalt und zur Förderung der physischen und psychischen Gesundheit der Beschäftigten dargestellt werden. Zusätzlich werden die Betriebliche Gesundheitsförderung (BGF) und das Betriebliche Eingliederungsmanagement (BEM) als Teildisziplinen des BGM mit ihren jeweiligen Zielsetzungen vorgestellt und anhand eines Beispiels illustriert. Aufgrund des zur Verfügung stehenden Raums kann der Beitrag nur den Anspruch haben, erste Grundlagen zu diesen Themen zu vermitteln. Detaillierte Fragen des BGM, der BGF und des BEM werden in den angegebenen (oder auch anderen) Publikationen behandelt. Daher wird darauf auch explizit verwiesen.**

## 1 Sich wandelnde Arbeitsbedingungen

**Neue Entwicklungen**

Im Zuge der Industrialisierung haben sich bis heute erhebliche technische, ökonomische und soziale Veränderungen in der Wirtschaft und Arbeitswelt durchgesetzt: Unter anderem machten es insbesondere technische Fortschritte möglich, Arbeit durch Maschinen erledigen zu lassen. Die Folge ist, dass sich Arbeitsplätze seither immer mehr vom industriellen in den Dienstleistungssektor verlagern [1]. Laut Statistischem Bundesamt waren im Jahr 2016 in der Bundesrepublik Deutschland 74,3 % von insgesamt 43 Mio. Erwerbstätigen im Dienstleistungssektor beschäftigt. Im Jahr 2000 betrug der Anteil noch knapp 70 % [2].

**Tertiärisierung der Arbeitswelt**

Diese seit den 1950er Jahren stattfindende „Tertiärisierung“ der Berufs- und Arbeitswelt gewinnt zusätzlich an Bedeutung, wenn das damit einhergehende sich wandelnde Profil von „Arbeit“ betrachtet wird. Nach der Klassifikation der Wirtschaftsbereiche können Wirtschaftssysteme in einen primären Sektor (Land- und Forstwirtschaft, Fischerei), einen sekundären Sektor (Verarbeitendes Gewerbe) und einen tertiären Sektor (Dienstleistungen) unterteilt werden. Der Umwandlungsprozess zu einer Dienstleistungsgesellschaft wird als Tertiärisierung bezeichnet. Konkret bedeutet dies zum Beispiel, dass heute immer mehr Menschen beispielsweise an digitalen Arbeitsplätzen arbeiten, sie also größtenteils kognitive, weniger körperliche Tätigkeiten ausführen. Die Organisation und Verarbeitung von Informationen verlangt dabei höchste geistige Fitness der Beschäftigten. Zudem werden sie mit ständigen technologischen Neuerungen ihrer Arbeitsmittel konfrontiert, an die es sich anzupassen gilt.

**Dynaxität als Ursache**

Als eine der Ursachen für die Zunahme der Belastungen wird gerne auf die gestiegene Dynaxität unserer (Arbeits-) Welt verwiesen [3]. Es handelt sich dabei um ein Kunstwort, zusammengesetzt aus den Begriffen Dynamik und Komplexität. Produkte, Dienstleistungen, Prozesse und Organisationen verändern sich in Richtung und Intensität immer schneller (Dynamik) und werden komplexer, d. h., die Zahl und die Vielfalt der Systemelemente sowie deren Vernetzungsgrad steigen (Komplexität). Diese Kombination aus Dynamik und Komplexität (Dynaxität) stellt vor allem hinsichtlich der zunehmenden Eigendynamiken der Systeme, die kaum noch durch den Menschen beherrschbar sind, die zentrale Herausforderung für uns dar. In dieser Ohnmacht liegen nach Auffassung vieler Arbeitsexperten wesentliche Gründe für Scheitern, psychosoziale Störungen und verminderte Lebensqualität.

**Veränderte Anforderungsprofile**

Während man in klassischen Produktionstätigkeiten also vor allem über die für die Ausübung der Arbeit notwendigen motorischen Fertigkeiten verfügen muss, ist das Anforderungsprofil in modernen Dienstleistungsberufen verändert: Soziale und interpersonelle Kompetenzen wie Kommunikationsfähigkeit und Teamgeist, aber auch Flexibilität und selbst- sowie emotionsregulatorische Kompetenzen sind am Arbeitsplatz zunehmend unerlässlich [1].

**Arbeit – von manuell zu digital**

Arbeit in diesem Sinn bedeutet also, sich sozial wie emotional an sein Arbeitsumfeld anzupassen, sich kreativ mit Aufgaben und Herausforderungen auseinanderzusetzen und Probleme selbstständig zu lösen. Selbstverständlich sind diese Eigenschaften – wenn auch in geringerem Umfang – ebenso in der klassischen Produktion relevant, aber speziell im Dienstleistungssektor sind digitale und soziale Kompetenzerfordernisse besonders stark seitens der Arbeitsplatzinhaber gefordert.

**Entgrenzung von Berufs- und Privatleben**

Weiterhin lässt sich eine Entgrenzung von Berufs- und Privatleben feststellen. Die immensen technologischen Entwicklungen in den vergangenen zwei bis drei Dekaden machen eine zunehmend flexible Arbeitsplatzgestaltung möglich, bei der die Beschäftigen vor allem im Dienstleistungssektor nicht zwingend an einen festen Arbeitsort gebunden sind, sondern bei der Durchführung ihrer Aufgaben mitunter (fast) völlig frei und ungebunden zwischen den Orten wechseln können. Daraus resultierend lassen sich Arbeitszeiten flexibel einteilen und an individuelle Bedürfnisse anpassen. Diese durchaus positiv zu betrachtende Entwicklung verschafft den Beschäftigten mehr Handlungsspielräume, aber auch mehr Eigenverantwortung in ihrem Berufsalltag. Gleichzeitig bedeutet sie zudem, dass die Grenzen von beruflicher Tätigkeit und Privatleben immer mehr verschwimmen. Im Sinne einer gesunden „Work-Life-Balance" ist eine Lebensführung mit bewusster Einteilung von Arbeitszeit und Freizeit durchaus eine Herausforderung.

**Immenser Wettbewerbsdruck**

Die globalisierte Welt birgt Chancen, aber auch Risiken. So konnten Unternehmen durch die internationalen Märkte kontinuierlich wachsen. Andererseits bedeuten globalisierte Märkte auch globalisierten Wettbewerb. Qualität und Ökonomie bei gleichzeitig beschränkten Ressourcen müssen gemanagt werden. Als Folge dieser Globalisierungsprozesse bleiben in Unternehmen Rationalisierungsmaßnahmen oft nicht aus, um die eigene Produktivität aufrechtzuerhalten [4]. Personalabbau bei parallel wachsender Aufgabenmenge und -vielfalt sowie ständiger Zeitdruck setzen dann wiederum höhere Belastbarkeit und Leistungsbereitschaft der Beschäftigten voraus.

**Ein Zwischenfazit**

Die genannten Entwicklungen verdeutlichen vor allem eines: Die Belastungen und Beanspruchungen in der Arbeitswelt verändern sich. Gesundheitserhaltung und -förderung müssen umfassender, ganzheitlicher, strukturierter und nachhaltiger werden. Dies geht nicht ohne ein konkretes Managementsystem (BGM), konkrete Maßnahmen (BGF) und klare Regelungen bei Vorliegen von gesundheitlichen Problemen und Beeinträchtigungen (BEM).

## 2 Globalisierung und Gesundheit – eine schwierige Beziehung?

**Hoher Krankenstand**

Im Zusammenhang mit den sich wandelnden Arbeitsbedingungen und Arbeitsanforderungen, vermeintlich im Zuge der Globalisierung, wird immer wieder darauf verwiesen, dass der Krankenstand langsam, aber kontinuierlich steigt – dies jedenfalls verkünden zahlreiche deutsche Krankenkassen in ihren jährlichen Gesundheitsberichten. Die DAK beispielsweise berichtet von einem Krankenstand von 4,1 % im Jahr 2015, was einem Wachstum von 0,2 Prozentpunkten im Vergleich zu 2014 entspricht (3,9 %) (vgl. Abb. 1).

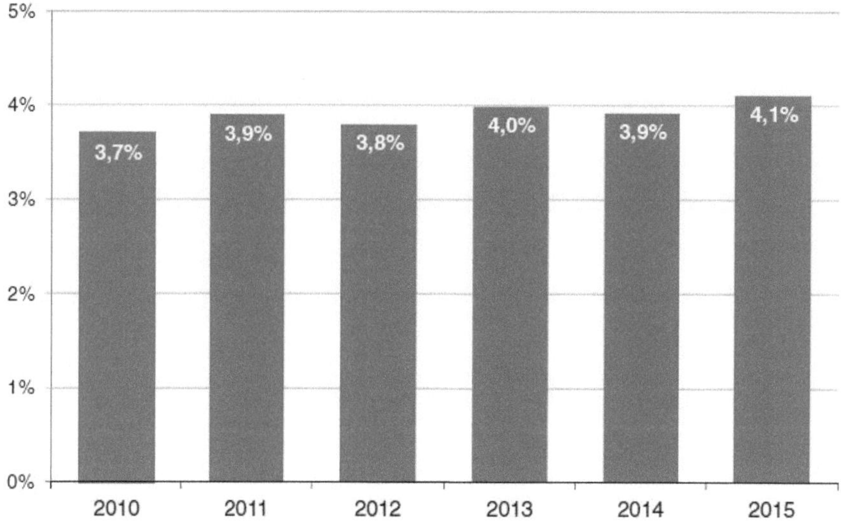


Abb. 1: Entwicklung des Krankenstandes in Deutschland zwischen 2010 und 2015 [5]

Zudem ist, wie in Abbildung 2 dargestellt, auch die Betroffenenquote, sprich der Anteil der Versicherten, die im Erhebungszeitraum mindestens einmal arbeitsunfähig waren, mit 50,4 % verglichen zu den Vorjahren (Ausnahme 2013) leicht gestiegen [5]. Das bedeutet, dass im Kalenderjahr 2015 mehr als jeder zweite Erwerbstätige mindestens einmal im Laufe des Jahres arbeitsunfähig war.

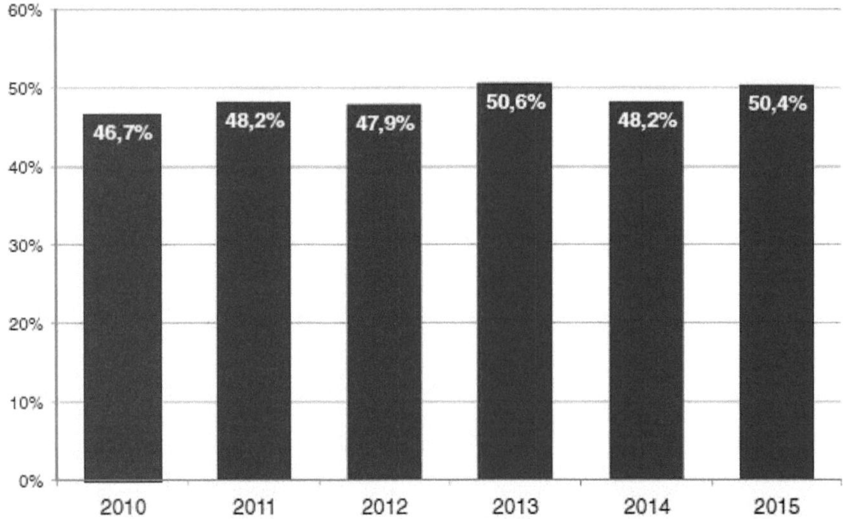


Abb. 2: Entwicklung der Betroffenenquote in Deutschland zwischen 2010 und 2015 [5]

Eine auffällige Entwicklung ist weiterhin, dass die Dauer einzelner Krankheitsfälle zwar gesunken ist, ihre Häufigkeit in den vergangenen Jahren jedoch kontinuierlich stieg. Besonders hoch ist der Anteil der Langzeit-Krankheitsfälle mit einer Dauer von mehr als sechs Wochen mit 59 % bei den über 60-Jährigen [5]. Gerade in Zeiten einer immer älter werdenden Belegschaft ist dieser Tatsache durchaus Aufmerksamkeit zu schenken und mit geeigneten Mitteln zu reagieren. So ist seit dem Jahr 2004 im Sozialgesetzbuch (SGB) verankert, dass Arbeitgeber dazu verpflichtet sind, betriebliche Eingliederungsmaßnahmen durchzuführen, wenn ein Beschäftigter innerhalb eines Jahres länger als sechs Wochen ununterbrochen oder wiederholt arbeitsunfähig ist [6]. Es müssen also Bedingungen geschaffen und Maßnahmen ergriffen werden, damit Langzeitarbeitsunfähigkeit überwunden bzw. eingedämmt und idealerweise gänzlich vermieden werden kann.

**Psychische Erkrankungen**

Der am häufigsten für Fehlzeiten verantwortliche Grund sind mit einem Anteil von 21,7 % unverändert Erkrankungen des Muskel-Skelett-Systems (z. B. Rückenbeschwerden oder Schulterläsionen), gefolgt von Erkrankungen des Atemsystems. Psychische Erkrankungen sind mit einem Anteil von 16,2 % weiterhin die dritthäufigste Ursache für Arbeitsunfähigkeit [4]. Laut AOK ist die Zahl psychischer Erkrankungen als Ursache für Arbeitsunfähigkeit seit dem Jahr 2004 sogar um 72 % gestiegen [7]. Allen voran werden im Bereich psychischer Erkrankungen Depressionen als häufigste Diagnose gestellt. Kennzeichnend für diese Erkrankung ist aus psychologischer Sicht, dass Betroffene wahrnehmen, die inneren oder äußeren Anforderungen, denen sie in einer Situation ausgesetzt sind, aus eigenem Antrieb nicht bewältigen zu können. Als Reaktion darauf wird ein Stresszustand inklusive der damit einhergehenden körperlichen (z. B. Herzrasen, Muskelverspannungen) und psychischen Symptome (z. B. Angst, Vermeiden von Situationen) ausgelöst [8]. In einer Studie der Techniker Krankenkasse aus dem Jahr 2016 wurden 1.200 deutschsprachige Personen ab 18 Jahren zu ihrer Stressbelastung und ihren Entspannungsstrategien in Alltag, Freizeit und Beruf befragt. Wie die Ergebnisse zeigen, fühlen sich interessanterweise gerade diejenigen Befragten nach eigenen Angaben mindestens manchmal gestresst, die sich im

Alter von 30 bis 39 Jahren befinden (82 %), während dies nur etwa 34 % der plus 70-Jährigen von sich behaupten [9]. Dieser Alterseffekt deutet darauf hin, dass das eigene Stresserleben gerade in der Phase der Erwerbstätigkeit am intensivsten scheint. Häufig genannte Stressfaktoren sind dabei die zu hohe Arbeitsmenge, Termindruck oder Unterbrechungen bei der Arbeit [9].

**Mögliche Ursachen von Stress und Überforderung**

Die Gründe für Stress und Überforderung sind vielfältig. Generell bringt jede Person eine individuelle Anfälligkeit (Vulnerabilität) für stressauslösende Faktoren mit, die in ihrer Persönlichkeit verankert ist. Diese kann genetisch bedingt oder durch vergangene Erfahrungen determiniert sein. Zwar sind die Ressourcen, um Belastungssituationen zu bewältigen, bei jeder Person unterschiedlich vielfältig und effektiv, dennoch können Reize aus der Umwelt – sogenannte Stressoren – eine Stressreaktion hervorrufen oder intensivieren. Während Stressreaktionen evolutionsbiologisch durchaus eine adaptive Funktion besitzen, um beispielsweise Gefahren frühzeitig erkennen und entsprechend auf sie reagieren zu können, wirkt Belastung durch Stress im Arbeitsalltag häufig gesundheitsgefährdend.

**Wichtig: Unterscheidung Belastung – Beanspruchung**

Ein im Zusammenhang mit der Diskussion und Erfassung von psychischen Belastungen am Arbeitsplatz häufig gemachter Fehler ist die begriffliche Vermischung von psychischen Belastungen und psychischen Beanspruchungen. Nach der DIN EN ISO 10075-1 wird psychische Beanspruchung definiert als *„die unmittelbare (nicht langfristige) Auswirkung der psychischen Belastung im Individuum in Abhängigkeit von seinen jeweiligen überdauernden und augenblicklichen Voraussetzungen, einschließlich der individuellen Bewältigungsstrategien“.*

Unter Belastung versteht man also objektive, von außen auf den Menschen einwirkende Faktoren wie z. B. Lärm, Zeitdruck oder widersprüchliche Erwartungen an Mitarbeiter.

Beanspruchungen hingegen sind die subjektiven Folgen dieser Belastungen, die sich in

a) physische (z. B. Beanspruchung des Herz-Kreislauf-Systems, der Muskulatur etc.) und
b) psychische Beanspruchung (z. B. Beanspruchung der Aufmerksamkeit, des Gedächtnisses etc.)

unterteilen lassen. Durch eine Diskrepanz zwischen der Beanspruchung einer Person und ihrer jeweiligen Bewältigungsmöglichkeit (z. B. Fähigkeiten) können sich sowohl positive (z. B. höhere Aktivierung) als auch negative Beanspruchungsfolgen (z. B. Stress, Monotonie etc.) ergeben.

**Gefahr: Dauerstress**

Ist man Stressoren dauerhaft oder wiederholt ausgesetzt, kann sich das über kurz oder lang negativ auf den Gesundheitszustand auswirken. Kurzfristig kommt es zu körperlicher Anspannung, Frustration oder Konflikten, es werden möglicherweise mehr Fehler gemacht, auch Kopfschmerzen sind ein häufiges kurzfristiges Stresssymptom. Langfristig sind psychosomatische Erkrankungen, wie Herz-Kreislauf-Erkrankungen oder Migräne, ein allgemeiner Erschöpfungszustand und daraus resultierend langfristige Ausfallzeiten möglich.

**Ein Mehr-Ebenen-Modell**

Generell lassen sich psychisch-mentale, soziale und emotionale sowie physische Stressoren am Arbeitsplatz differenzieren [8]. Das integrative Mehr-Ebenen-Modell von Turgut, Michel und Sonntag konkretisiert fünf inhaltliche Ebenen, auf denen gesundheitsrelevante Einflussfaktoren im Arbeitskontext betrachtet werden können:

- Der Arbeitsplatz (Arbeitsumgebung, Aufgaben-/Tätigkeitscharakteristika),
- das Individuum (subjektive Wahrnehmung von Belastung und Ressourcen),
- das Team (Teamklima, Konflikte),
- die Führung (wahrgenommenes Führungsverhalten)
- und die Organisation (organisatorische Rahmenbedingungen) [8].

So können etwa die vor allem in modernen Dienstleistungsberufen geforderte Flexibilität und Mobilität der Beschäftigten, ständiger Leistungs- und Wettbewerbsdruck aufgrund von Umsatzvorgaben des Unternehmens, ein hoher Aufgabenanspruch bei gleichzeitig hohem Zeitdruck, zunehmende Arbeitsplatzunsicherheit, wenig Unterstützung und Anerkennung durch die Vorgesetzten oder auch körperliche Reize wie Hitze, Lärm und Schichtarbeit solche Stressquellen im Arbeitsalltag sein. Die Folge: eine steigende Zahl von Burnout-Fällen, der Verlust der Freude an der Arbeit, Ängste, Schlafstörungen oder Präsentismus. Stress als krankmachender Faktor rückt also immer stärker in den Fokus des Arbeitsschutzes.

**Bedeutung von Arbeit und Gesundheit**

Wie sich zeigt, bedarf das klassische Verständnis von „Arbeit" einer Revision. Arbeit nimmt einen großen Teil der Lebenszeit einer erwerbstätigen Person in Anspruch und wird somit zu einem wichtigen, die Lebensqualität maßgeblich bestimmenden Bestandteil des Lebens. Neben der rein essenziellen Funktion, das Einkommen und somit einen gewissen Lebensstandard zu sichern, kommt der Arbeit heutzutage vermehrt eine sinnstiftende Funktion zu. Erwerbstätigkeit schafft eine Zeitstruktur, sie ermöglicht die Entfaltung persönlicher Kompetenzen und befriedigt soziale Bedürfnisse, wie z. B. das Bedürfnis nach Anerkennung. Arbeit spielt also auch für die persönliche Identität des Beschäftigten eine bedeutsame Rolle. In Zeiten des wirtschaftlichen Wandels stehen Unternehmen vor der großen Herausforderung, sich an die neuen Anforderungsprofile anzupassen. Dabei müssen Bedingungen geschaffen werden, um einen „humanen Arbeitsplatz“ zu gestalten, an dem der Aspekt Gesundheit als grundlegender Baustein berücksichtigt wird [10].

**Modernes Gesundheitsverständnis**

Das zugrunde liegende Gesundheitsverständnis geht dabei aus historischen Entwicklungen und Diskussionen hervor:

**Ottawa-Charta der WHO**

Eine einflussreiche Modifikation der Erwartungen an ein öffentliches Gesundheitsverhalten wurde zunächst in der Ottawa-Charta der WHO auf der ersten internationalen Konferenz zur Gesundheitsförderung im Jahre 1986 in Ottawa verabschiedet [11]. Danach soll der Begriff „Gesundheit“ im Sinne der Salutogenese nach Aaron Antonovsky nicht lediglich auf die Abwesenheit von Krankheitsfaktoren reduziert werden, sondern vielmehr als die Anwesenheit von Wohlbefinden und gesundheitsförderlichen Aspekten verstanden werden [12]. Zudem soll es jedem Menschen möglich sein, eine gesunde Lebensführung im Alltag zu erlangen, indem entsprechende Umweltbedingungen bereitgestellt werden sowie ein selbstbestimmtes Handeln der Personen selbst gefördert wird [11].

**Luxemburger Deklaration**

Weiterhin wurde durch die Luxemburger Deklaration zur betrieblichen Gesundheitsförderung in der Europäischen Union im Jahre 1997 erstmals die Überzeugung vertreten, dass gesunde, zufriedene und leistungsstarke Mitarbeiter als wichtige Ressource den langfristigen Unternehmenserfolg sichern [13].

**Der Arbeitsplatz als „Gesundheitsfeld“**

Daraus ergab sich ein neues, ganzheitliches Verständnis von Gesundheit, das vor allem dem Arbeitsplatz als Handlungsfeld der öffentlichen Gesundheit eine bedeutende Rolle zuspricht. Es ist also unerlässlich für Unternehmen, eine gezielte Gesundheitspolitik zu verfolgen, die ihre Beschäftigten nicht nur – wie es als Pflicht des Arbeitsgebers im klassischen Arbeitsschutz bisher angelegt war – vor den physischen, physikalischen oder chemischen Gefahren an ihrem Arbeitsplatz schützt, sondern vielmehr auch die möglicherweise am Arbeitsplatz gegebenen psychischen und sozialen Belastungsfaktoren reduziert, um die Gesundheit und das Wohlbefinden der Arbeitnehmer zu fördern. Durch die Ottawa-Charta und die Luxemburger Deklaration zeigte sich deutlich, dass eine Strategie notwendig ist, um mit diesen Anforderungen und den veränderten psychosozialen Belastungen am Arbeitsplatz umzugehen. Dies galt vor 30 Jahren schon, und im Zeitalter der Globalisierung gilt es erst recht.

## 3 Betriebliches Gesundheitsmanagement

**Begriff und Zielsetzung**

Als Folge dieser Entwicklungen, aber auch aufgrund der massiven Veränderungen im Arbeits- und Berufsleben gewinnt das Betriebliche Gesundheitsmanagement (BGM) also zunehmend an Bedeutung. Das BGM ist dabei als Teil einer modernen Unternehmensstrategie zu verstehen, bei der betriebliche Rahmenbedingungen, Prozesse und Strukturen etabliert, systematisch gesteuert und kontinuierlich überprüft werden, die der Erhaltung, Wiederherstellung und/oder Förderung von Gesundheit und Wohlbefinden der Beschäftigten dienen [14] [15].

**Humanitäre und ökonomische Ziele**

Dabei dient das BGM nicht nur ethisch-moralischen sowie humanitären Zielsetzungen, es soll auch den langfristigen wirtschaftlichen Unternehmenserfolg sicherstellen. Das BGM ist keineswegs ein kurzzeitiges und in sich geschlossenes Projekt in einer Organisation, sondern dadurch gekennzeichnet, dass es als Ergänzung des herkömmlichen Arbeitsund Gesundheitsschutzes fest im Unternehmensmanagement etabliert und ständig hinsichtlich seines Erfolgs evaluiert wird.

**Verhaltens- und Verhältnisprävention**

Ein erfolgreiches Gesundheitsmanagement kann nur bei einer Zusammenarbeit des Managements mit den Beschäftigten funktionieren. Das (Top-) Management trägt dabei die Verantwortung für die Gewährleistung menschengerechter Arbeitsbedingungen in der gesamten Organisation. Dazu gehören u. a. Maßnahmen des ergonomischen, technischen und medizinischen Arbeitsschutzes, störungsfreie Abläufe, aber auch eine wertschätzende Führungskultur (Verhältnisprävention). Gleichzeitig müssen auch die Beschäftigten selbst über ein umfassendes Gesundheitswissen verfügen, um eine gesunde Lebensführung in ihr Verhalten integrieren zu können, idealerweise sowohl im Arbeits- als auch im Privatleben. Dazu sollten Unternehmen geeignete Maßnahmen anbieten, um die Belegschaft bei der Entwicklung eines kompetenten Gesundheitsbewusstseins und -verhaltens zu unterstützen (Verhaltensprävention) [4]. Dafür lassen sich beispielsweise Gesundheitssorkshops oder Informationsmaterial im Unternehmen nutzen.

**Akteure und Einrichtungen des BGM**

Für die gesundheitserhaltende bzw. -förderliche Gestaltung der Arbeit sind im Rahmen des BGM-Prozesses unterschiedliche Akteure und Institutionen innerhalb und außerhalb der Organisation zu integrieren. Neben dem klassischen Arbeitsschutz ist beispielsweise das Personalmanagement oder auch die Suchtprävention zu nennen. Sicherheitsbeauftragte könnten zudem in den Bereichen BGM, BGF und BEM entsprechend weiterqualifiziert werden. Auch Maßnahmen zum Fehlzeitenmanagement, worunter auch das betriebliche Eingliederungsmanagement von Langzeiterkrankten fällt, sowie der Fachbereich der Gesundheitsförderung sind Bausteine eines ganzheitlichen BGM. Die beiden letztgenannten

Teilaspekte des BGM werden später differenzierter dargestellt.

**Steuerungskreis für das BGM**

Unmittelbar für die Umsetzung des BGM verantwortlich ist meist ein eigens zu diesem Zweck gegründeter Steuerungskreis. Dieser besteht gewöhnlich aus internen sowie externen Akteuren [10]. Zu den internen Akteuren zählen Mitglieder der Unternehmensleitung, der Betriebsrat, Vertreter der Personalabteilung, der Betriebsarzt, der Gleichstellungsbeauftragte, die Schwerbehindertenvertretung, ggf. die Auszubildendenvertretung und der Sicherheitsbeauftragte. Optional wird der Steuerungskreis durch externe Vertreter ergänzt, wie z. B. Akteure aus Krankenkassen und/oder Dienstleister wie Gesundheitsberater oder Arbeitspsychologen. Auch Vertreter aus Kliniken oder Selbsthilfegruppen können im Rahmen des Betrieblichen Gesundheitsmanagements mitwirken [16].

Eine sinnvolle Maßnahme kann sein, den Arbeitssicherheitsausschuss (ASA) mit BGM-Inhalten zu betrauen bzw. dessen Sitzungen um entsprechende Themen zu ergänzen/erweitern.

**Rolle der Führungskraft**

Letztlich ist ein BGM nur dann erfolgreich, wenn alle Beteiligten gemeinsam mit den Mitarbeitern an der Zielerreichung mitwirken. An dieser Stelle sei allerdings die besondere Rolle der Führungskräfte im BGM-Prozess hervorgehoben. Immer mehr rückt das Thema „gesunde Führung“ in den Fokus des Gesundheitsschutzes. Führungskräfte stehen in direktem Kontakt zu den Mitarbeitern und haben durch ihre Vorbildfunktion und ihren Führungsstil direkten Einfluss darauf, wie das Thema „Gesundheit am Arbeitsplatz“ bei ihren Mitarbeitern kommuniziert und umgesetzt wird [14]. Aus einer repräsentativen Befragung des Wissenschaftlichen Instituts der AOK (WIdO) aus dem Jahre 2016 geht hervor, dass es einen direkten Zusammenhang zwischen der Unternehmenskultur und dem gesundheitlichen Status der Beschäftigten gibt (s. Abb. 3) [17].

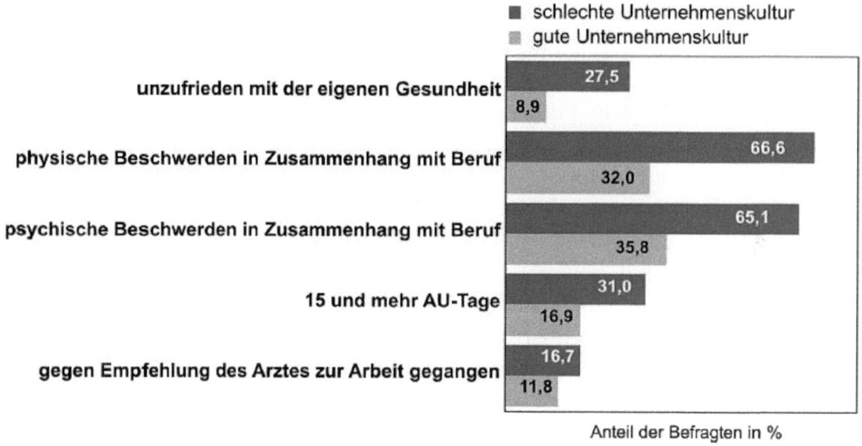


Abb. 3: Gesundheitsindikatoren in Abhängigkeit von der Bewertung der Unternehmenskultur [17]

**Unzufriedenheit fördert Krankheit**

Etwa 2.000 Beschäftigte im Alter von 16 bis 65 Jahren wurden nach ihrer Zufriedenheit mit der Unternehmenskultur gefragt, z. B. also nach dem in ihrem Unternehmen praktizierten Führungsstil, der gegebenen Mitarbeiterorientierung und der Entlohnungsgerechtigkeit. 55 % der Befragten erleben wenig Loyalität und Unterstützung des Arbeitsgebers, wie beispielsweise das Loben im Arbeitsalltag. Die Befragung zeigt außerdem, dass 27,5 % der unzufriedenen Beschäftigten auch über Unzufriedenheit mit ihrer eigenen Gesundheit berichten, während dies nur auf etwa 9 % derjenigen Beschäftigten zutrifft, die mit der Unternehmenskultur zufrieden sind. Weiterhin zeigen die Ergebnisse, dass die mit der Unternehmenskultur Unzufriedenen häufiger über körperliche und psychische Beschwerden klagen [17]. Langzeitkrankheitsfälle sind bei der Gruppe der unzufriedenen Beschäftigten mit 31 % gegenüber 17 % der zufriedenen Beschäftigten ebenfalls deutlich häufiger zu finden [17]. Dem Klima und der Kultur in einer Organisation scheint also eine wesentliche gesundheitsförderliche Bedeutung zuzukommen.

**Führungskräfte sind Vorbilder**

Gerade Führungskräften muss demnach eine hinreichende Gesundheitskompetenz nahegebracht werden, damit sie als Vorbilder ihren Mitarbeitern ein gesundheitsbewusstes Verhalten vorleben und es auch entsprechend fördern können. Zusammen mit einem mitarbeiterorientierten Führungsstil, wozu beispielsweise Lob und Anerkennung im Arbeitsalltag, aber auch konstruktives Feedback gehören, tragen klare Zielvereinbarungen und ein angemessener Handlungsspielraum für die Mitarbeiter zu einem „gesunden“ Betriebsklima bei, das sich wiederum positiv auf die Gesundheit, die Motivation und die Leistungsbereitschaft der Mitarbeiter auswirkt [14]. In diesem Rahmen sind Coachings und Seminare für Führungskräfte oder auch Gesundheitszirkel geeignete Instrumente, um das Führungsverhalten der Verantwortlichen zu optimieren. Regelmäßige Mitarbeiterbefragungen sowie Führungskräftefeedbacks bieten zusätzlich Raum für Kritik und Anregungen an die Führungsebene und somit Ansatzpunkte für eine nachhaltige Verbesserung der Gesundheit im Unternehmen.

**Ablauf von BGM-Maßnahmen**

Im Rahmen eines BGM sollen gesundheitsoptimierende Tätigkeiten innerhalb eines Unternehmens im Sinn eines kontinuierlichen Verbesserungsprozesses (KVP) zielgerichtet ausgewählt, durchgeführt und schließlich weiterentwickelt werden [4]. Abbildung 4 veranschaulicht einen typischen Verlauf für einen Optimierungsprozesse innerhalb eines BGM in einem Unternehmen.

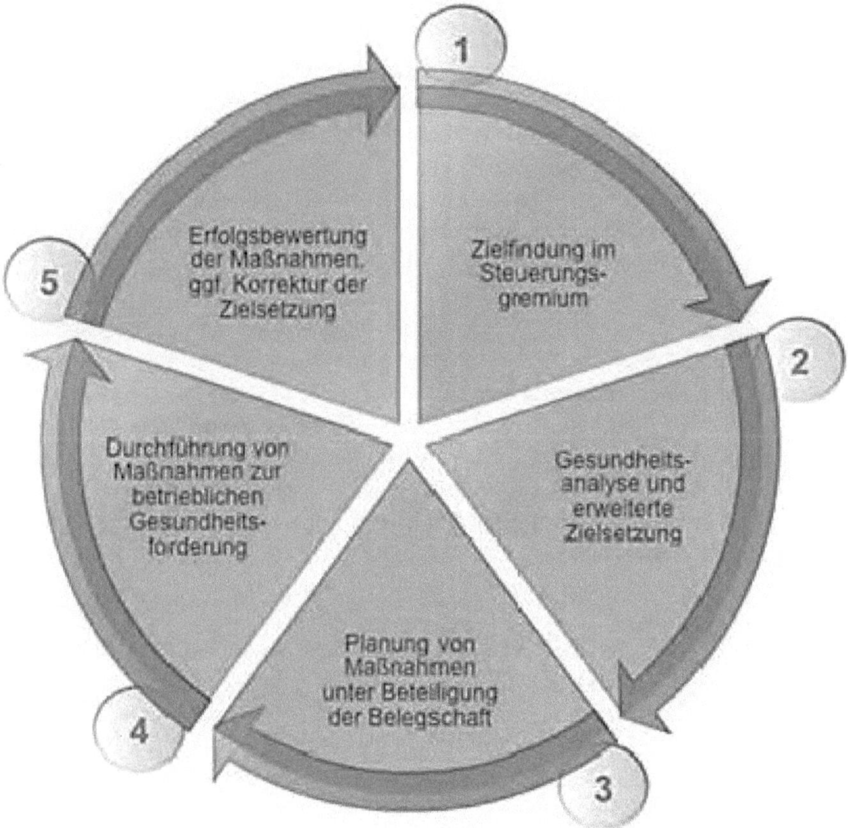


Abb. 4: Ablauf eines typischen BGM-Prozesses [18]

**Ist-Analyse** In einem ersten Schritt ist es notwendig, eine Ist-Analyse des aktuellen Fehlzeiten-, Fluktuations- und Unfallgeschehens im Unternehmen und damit implizit auch eine Schlussfolgerung hinsichtlich des „Gesundheitszustands" der Belegschaft im Unternehmen durchzuführen, um die vorliegenden objektiven und subjektiven Belastungsfaktoren und deren mögliche Ursachen zu ermitteln [19]. Diese Bestandsaufnahme kann zunächst auf der Grundlage interner Unternehmensdaten geschehen, die mithilfe geeigneter Instrumente gewonnen werden. Diese sind z. B. die Fehlzeitenanalyse, die Analyse von Arbeitsunfallstatistiken, Tätigkeitsanalysen oder Mitarbeiterbefragungen (diese sind besonders bedeutsam, da es sich bei der Wahrnehmung von Beanspruchungen immer um subjektive Eindrücke handelt).

**Wichtig: Aussagekräftige Daten**

An dieser Stelle sei bei den eingesetzten Analyseinstrumenten besonders auf ihre Methodik hingewiesen. Um aussagekräftige Daten zu erhalten, sollte auf die wissenschaftlichen Qualitätskriterien und die Datengüte, einen möglichst hohen Standardisierungsgrad bei der Erfassung und eine ausreichend große Datenmenge (z. B. hohe Teilnehmerzahlen bei Mitarbeiterbefragungen) geachtet werden. Dabei ist es aus Ressourcen-, aber auch Erfahrungsgründen durchaus sinnvoll, externe Experten hinzuzuziehen.

**Zieldefinition**

Nachdem die Daten ausgewertet worden sind, werden in einem zweiten Schritt gemeinsame, auf die konkrete Situation des Unternehmens angepasste Veränderungs- bzw. Optimierungsziele definiert. Die Zielformulierungen sollten dabei nicht nur Strategien zur Senkung der Arbeitsbelastungen berücksichtigen, sondern vor allem auch Handlungsfelder einbeziehen, die die Gesundheitsressourcen der Beschäftigten stärken. Das Ziel sollte vor allem sein, Belastungsschwerpunkte zu erkennen und zu reduzieren. Als Folge davon sollten Fehlzeiten sinken, Arbeitsunfälle (noch) seltener werden oder die Vereinbarkeit von Familie und Beruf gefördert werden [19].

**Präventive Ziele und korrektive Ziele**

Im Sinn eines ganzheitlichen Gesundheitsmanagements ist es empfehlenswert, hinsichtlich der Zieldefinition parallel zwei

Arten von Zielen zu unterscheiden: Präventive Ziele betreffen vor allem die Erhaltung gesundheitsrelevanter Faktoren, wie körperliche und geistige Unversehrtheit, aber auch Motivation, Zufriedenheit und Leistungsfähigkeit der Mitarbeiter. Korrektive Ziele streben an, eventuell vorhandene Missstände oder Gefahren für die Gesundheit im Unternehmen zu reduzieren oder idealerweise zu eliminieren. Darüber hinaus befassen sich korrektive Zielsetzungen aber auch mit der Frage, wie erkrankte, unmotivierte oder abwesende Mitarbeiter wieder optimal in die Unternehmensstruktur und in den Arbeitsprozess eingegliedert werden können [19].

**Entwicklung und Umsetzung von Maßnahmen**

Auf der Grundlage solcher Festlegungen lassen sich anschließend geeignete gesundheitsförderliche Maßnahmen zur Erreichung der geplanten Ziele auswählen sowie deren Umsetzung planen. Diese Maßnahmen reichen von verhältnispräventiven Aktivitäten zur Arbeitsgestaltung, wie etwa der Optimierung der Arbeitsmittel oder der Durchführung von Gefährdungsbeurteilungen (zu denen Unternehmen sowieso gesetzlich verpflichtet sind), bis hin zu informativen Maßnahmen zur Stärkung des Gesundheitsbewusstseins der Beschäftigten im Sinne einer Verhaltensprävention. Dazu zählen beispielsweise eine Ernährungsberatung, Stressbewältigungsseminare oder Gesundheitstage im Unternehmen.

**Evaluation der Ergebnisse**

Am Ende eines erfolgreichen BGM-Prozesses ist eine eingehende Evaluation hinsichtlich der Wirksamkeit der durchgeführten Maßnahmen erforderlich. Es ist zu überprüfen, ob und inwieweit die geplanten Gesundheitsziele erreicht werden konnten: Hat sich die objektive oder subjektive Gesundheitsbeurteilung – zum Positiven oder zum Negativen – verändert? An welchen Stellen müssen Umsetzungsmaßnahmen optimiert werden? Bei Bedarf müssen Maßnahmen nach einer neuen Ist-Analyse also angepasst oder neu gestaltet werden oder gar Zielformulierungen erneuert werden, um nachhaltige Erfolge im BGM-Prozess erzielen zu können.

**Beispiel zum BGM**

Der jährliche Gesundheitsbericht der Firma X zeigt, dass die Fehlzeiten im Unternehmen im Vergleich zu den vergangenen Jahren deutlich gestiegen sind. Besorgt stellt das Unternehmensmanagement fest, dass bei einer Vielzahl von Mitarbeitern längere Ausfallzeiten wegen „psychischer Überlastungen" auftraten. Zudem hat sich bei der diesjährigen Mitarbeiterbefragung herausgestellt, dass viele Mitarbeiter aufgrund von Umstrukturierungsmaßnahmen über eine hohe Auslastung und daher schwindende Freude an ihrer Tätigkeit klagen. Diese Ausgangslage veranlasst Firma X, einen Wandel hin zu einer gesunden Organisation zu schaffen, um den Unternehmenserfolg auch nachhaltig durch motivierte und gesunde Mitarbeiter zu sichern. Außerdem soll dieses Ziel der gesunden Organisation auch nach außen getragen werden, um für neue Bewerber attraktiv zu sein. Im Rahmen eines betrieblichen Gesundheitsmanagements gründet Firma X einen Gesundheitszirkel, bestehend aus der Betriebsleitung, dem Betriebsrat, einem Vertreter der Personalabteilung und dem Betriebsarzt. Gemeinsam definiert diese Gruppe das übergeordnete Ziel, den Krankenstand sowie die allgemeine Zufriedenheit bei der nächsten Mitarbeiterbefragung – diese lässt Firma X in einem Zweijahresrhythmus durch einen externen Dienstleister durchführen – zu verbessern. Zu diesem Zweck soll eine Gesundheitskommunikation im Unternehmen etabliert werden, deren Ziel es ist, Mitarbeiter und auch Führungskräfte für das Thema Gesundheit zu sensibilisieren sowie gesundheitsförderliches Verhalten durch Aufklärung und Information anzuregen. Durch die Bereitstellung von Informationen und Gesundheitsworkshops soll die Belegschaft erfahren, wie notwendig Gesundheit im Privaten wie im Beruflichen ist und was getan werden kann, um den eigenen Gesundheitszustand, und infolgedessen auch das Wohlbefinden und die Leistungsfähigkeit, zu steigern. Bei der Beratung über die gezielten Aktivitäten setzt die Arbeitsgruppe auf Informationsbeiträge in der internen Betriebszeitung sowie unter der Überschrift „Gesundes Unternehmen“ auf der Unternehmenshomepage. Außerdem sollen in jedem Quartal interaktive und wissensvermittelnde Workshops zum Thema „Gesundheit am Arbeitsplatz“ für alle Mitarbeiter angeboten werden. Einen besonderen Schwerpunkt legt die Arbeitsgruppe auf die Verantwortung der Führungskräfte. Ihnen sollen im Rahmen von Führungskräfteseminaren gezielte Umsetzungshilfen vermittelt werden. Dazu zählen konkrete Maßnahmen, um die Mitarbeiter durch ein entsprechendes Vorbildverhalten zu (noch) mehr Eigenverantwortung zu befähigen und ihnen auch entsprechende Ressourcen (z. B. Handlungsspielräume) zur Verfügung zu stellen. Des Weiteren beschließt die Arbeitsgruppe, externe Arbeitspsychologen mit der Durchführung der Workshops zu beauftragen. Die Beiträge in der Betriebszeitung sollen von Betriebsangehörigen (und nicht von einer Agentur) verfasst werden, namentlich einem Arbeitskreis aus Betriebsärzten, Suchbeauftragten und Fachkräften der Arbeitssicherheit. Der Erfolg der durchgeführten Maßnahmen soll in der künftigen Fehlzeitenanalyse sowie in der kommenden Mitarbeiterbefragung ersichtlich sein.

## 4 Betriebliche Gesundheitsförderung

Wie bereits erwähnt, stellt die Betriebliche Gesundheitsförderung eine Teildisziplin des Betrieblichen Gesundheitsmanagements mit eigener Definition und Zielsetzung dar. Im Folgenden sollen diese differenziert dargestellt und anhand eines Beispiels illustriert werden.

**Begriff und Zielsetzung**

Nach der Luxemburger Deklaration zur betrieblichen Gesundheitsförderung in der EU umfasst die Betriebliche Gesundheitsförderung (BGF) alle gemeinsamen Aktivitäten des Arbeitgebers, der Arbeitnehmer und der Gesellschaft zur Verbesserung von Gesundheit und Wohlbefinden am Arbeitsplatz [13]. Während auf Ebene des Betrieblichen Gesundheitsmanagements die kontinuierliche Diagnose, Planung, Intervention und Evaluation gesundheitsförderlicher Strukturen als fester Bestandteil des Unternehmensmanagements bewusst gesteuert wird (vor allem Verhältnisprävention), werden bei der Gesundheitsförderung gezielt präventive Maßnahmen eingesetzt, um die psychische wie körperliche Gesundheit aller Mitarbeiter aktiv zu unterstützen (vor allem Verhaltensprävention). Laut Luxemburger Deklaration geschieht dies durch die Verknüpfung dreier Ansätze:

- Verbesserung der Arbeitsorganisation und der Arbeitsbedingungen
- Förderung einer aktiven Mitarbeiterbeteiligung
- Stärkung persönlicher Kompetenzen der Mitarbeiter

Auch der klassische Arbeitsschutz, durch den insbesondere die Verhütung von körperlichen Gefahren am Arbeitsplatz durch den Arbeitgeber gesichert werden soll, kann als Teil der BGF verstanden werden. Dennoch ist die BGF eine freiwillige Leistung des Arbeitgebers, die über den Arbeitsschutz hinaus für das Unternehmen konkrete verhaltens- und verhältnispräventive Handlungsanweisungen liefert: Stärkung der Gesundheit durch die Umwelt sowie durch die Person selbst [10]. Gesunde Beschäftigte kann es laut BGF also nur dann geben, wenn die Arbeitsumgebung Angebote bereitstellt, die die Beschäftigten auf der Verhaltensebene zu gesundheitsbewussten Werten, Kompetenzen und einer Selbstwirksamkeit anhalten, und es gleichzeitig Angebote gibt, die auf Verhältnisebene eine gesundheitsfördernde Organisationsgestaltung sowie Führungskultur gewährleisten.

**Instrumente der BGF**

Die Bandbreite der Maßnahmen im Rahmen der BGF ist groß. Laut Uhle und Treier wirkt BGF auf den beiden Feldern: Individuum/Umfeld einerseits und Wissen/Handeln andererseits [10]. Damit meinen die Autoren, dass aufseiten des Individuums Kompetenzen entwickelt und Sensibilisierung geschaffen werden sollen, damit sich die Beschäftigten selbst ihrer Möglichkeiten eines eigenen gesundheitsgerechten Handelns bewusst werden. Als beispielhafte Intervention könnte der Arbeitgeber diesbezüglich Gesundheitstage durchführen, bei denen die Beschäftigten in die geplanten gesundheitsbezogenen Prozesse des Betriebs eingeführt werden. Gesundheitstage bieten außerdem die Möglichkeit, den Beschäftigten durch Tipps zu Ernährung, Bewegung, Stressabbau oder Raucherentwöhnung u.v.a. die Bedeutung von Gesundheit am Arbeitsplatz nahezubringen und ihren eigenen Gesundheitszustand zu überprüfen. Konkretes Gesundheitsverhalten kann bei den Beschäftigten durch das Angebot von Entspannungskursen (z. B. Autogenes Training), Kochkursen, Rückenschulen oder eines regelmäßigen Lauftreffs sensibilisiert werden [20]. Generell sollte Informationsmaterial am Arbeitsplatz zur Verfügung gestellt sowie ein Zugang zu Beratungsportalen sichergestellt werden [10].

**Gesundheitstag ist nicht gleich BGM!**

Allerdings sollte explizit beachtet werden, dass die Durchführung von Gesundheitstagen nur ein Element eines ganzheitlichen BGM ist. Leider ist immer wieder festzustellen, dass zahlreiche Organisationen ihre Aktivitäten im Bereich des BGMs dann als ausreichend betrachten, wenn sie einzelne Aktivitäten – und das häufig leider auch nur einmal – durchführen. So kann keine Nachhaltigkeit und somit weder Effektivität noch Effizienz der Maßnahmen erwartet werden.

Oder, um es prägnant auszudrücken: BGF geht nicht ohne BGM.

**Organisationsfitness und Werte**

Auf der Umweltebene sprechen Uhle und Treier eine notwendige Organisationsfitness und ein Wertemanagement des Unternehmens an [10]. Damit ist gemeint, dass das Unternehmen eine nachhaltige Gesundheitsförderung nur dann etablieren kann, wenn auch die äußeren Rahmenbedingungen und Strukturen dies unterstützen. Um als Organisation „fit" zu sein, bedarf es zum einen einer gesunden, das heißt effektiven und effizienten, aber auch gerechten Strukturierung der Arbeitsaufgaben/-inhalte und der Aufgabenverteilung. Daraus wird ersichtlich, dass BGF auf Struktur- und Prozessmodellen der Organisation aufbauen muss, was auch Stellenbeschreibungen und Aufgaben- und Anforderungsprofile mit einschließt. Diese Daten ergeben sich immer aus dem BGM-Ansatz heraus.

Ebenso relevant sind die Faktoren einer gesundheitsförderlichen Gestaltung der Arbeitszeiten und des Arbeitsplatzes (z. B. altersgerecht und ergonomisch) sowie die allgemeine Sicherheit am Arbeitsplatz. Ein gesundheitsrelevantes Wertemanagement wird vor allem durch die Führungs- und die Organisationskultur vermittelt, beispielsweise durch soziale Unterstützung, Vertrauen und eine angemessene Vereinbarkeit von Familie und Beruf [10]. Auch auf dieser Ebene kann der Arbeitgeber auf einen breiten Pool an Maßnahmen zurückgreifen: Dazu zählen z. B. Modelle flexibler Arbeitszeitgestaltung oder das Ermöglichen von Arbeitsortwechseln (mobiles Arbeiten, auch innerhalb des Büros), der Einsatz von höhenverstellbaren Tischen, ein rauchfreier Betrieb, Führungskräftecoachings und Weiterbildungskurse für motivierendes und unterstützendes Führungsverhalten, psychosoziale Beratung und Betreuung im Unternehmen oder auch Workshops zur Mobbingprävention [20].

**Zentrale Instrumente der BGF**

Wie aus einer im Jahr 2016 durchgeführten Onlinebefragung des Onlinemagazins randstadkorrespondent mit über 2.000 Teilnehmern hervorgeht, gehören zu den drei zentralen Interventionen der Betrieblichen Gesundheitsförderung, die tatsächlich in Unternehmen Anwendung finden, flexible Arbeitszeitmodelle (61 %), ergonomische Arbeitsplätze (58 %) und medizinische Angebote (53 %), wie z. B. Physiotherapie [21]. Verhaltenspräventive Maßnahmen bezüglich Sport und Bewegung, Ernährung oder Sucht finden sich in der tatsächlichen Umsetzung deutlich seltener [21].

**BGF in Kooperation mit externen Anbietern**

Zwar liegt die Verantwortung für die Gestaltung der Gesundheitsförderung je nach Präferenzen und Mitteln letztlich beim Unternehmensmanagement, dennoch kann eine Kooperation, z. B. mit Krankenkassen, Berufsgenossenschaften oder externen Gesundheitsberatern und Dienstleistern, von großer Bedeutung sein, um sich in diesem „Maßnahmendschungel" zurechtzufinden. Der aktuelle Stand der Forschung zur Betrieblichen Gesundheitsförderung sollte den Betrieben daher weiterhin nahegebracht werden, damit das gemeinsame Interesse an einer gesunden Gesellschaft im Arbeits- wie auch im Privatleben realisiert werden kann.

**Beispiel zur BGF**

Im Rahmen seines ganzheitlichen Betrieblichen Gesundheitsmanagements plant Firma Y gezielte Aktivitäten, um das Ernährungsbewusstsein und das Ernährungsverhalten seiner Mitarbeiter zu verbessern. Die Betriebsleitung, Vertreter des Betriebsrats und der Personalbereich entscheiden sich dafür, dieses Ziel auf zwei Ebenen zu verfolgen: Zum einen sollen konkrete Maßnahmen zur Veränderung des Ernährungsverhaltens angeboten werden. Dazu wird zunächst eine Optimierung der Kantinenverpflegung durch die Hinzunahme externer Ernährungsberater veranlasst. Das Angebot soll künftig neben den standardmäßigen Tagesgerichten auch eine Salattheke sowie diverse Obstkörbe umfassen. Ebenfalls wird die Belegschaft über Startort und -zeit eines einmal wöchentlich stattfindenden Lauftreffs informiert.

Auf einer zweiten Ebene soll den Beschäftigten nötiges Wissen über gesunde und bewusste Ernährung vermittelt werden. Dazu wird ein umfangreicher Gesundheitstag im Betrieb durchgeführt. An diesem Tag erhalten die Beschäftigten neben vielen anderen Gesundheitstipps grundlegende Informationen über Risiken von Über- und Untergewicht. Ihnen wird besonders der Zusammenhang zwischen Ernährung, psychosozialem Wohlbefinden und Stress aufgezeigt. Ebenfalls werden der Belegschaft die geplanten gesundheitsförderlichen Aktivitäten der Firma präsentiert. U. a. stellt die Firma die Kooperation mit einem regionalen Fitnessstudio vor, in dessen Rahmen Beschäftigte der Firma Y eine ermäßigte Mitgliedschaft erwerben können. Dazu ist ein Mitarbeiter des Fitnessstudios anwesend, der den Beschäftigten für Fragen zur Verfügung steht. Schließlich können die Mitarbeiter den Gesundheitstag nutzen, um einen eigenen Gesundheitscheck durch den Betriebsarzt durchführen zu lassen.

## 5 Betriebliches Eingliederungsmanagement

Betrachtet man das Betriebliche Gesundheitsmanagement als eine umfassende Unternehmensstrategie, um die Gesundheit der Beschäftigten zu erhalten und zu fördern, dann sind nicht nur präventive Aktivitäten, wie sie bisher unter dem Stichwort Betriebliche Gesundheitsförderung beschrieben wurden, sondern weiterhin auch rehabilitative Maßnahmen des Gesundheitsschutzes im konkreten Krankheitsfall nötig. Als eine solche rehabilitative Teildisziplin des BGM gilt das Betriebliche Eingliederungsmanagement (BEM).

**Definition und Zielsetzung BEM**

Allgemein gilt in der betrieblichen Gesundheitspolitik seit der Luxemburger Deklaration, dass eine humane und gesundheitsförderliche Arbeitsplatzgestaltung sowohl den Beschäftigten als auch dem Unternehmenserfolg zugutekommt, etwa durch eine Verringerung der Zahl krankheitsbedingter Ausfälle, die Reduktion von Kündigungen oder auch die Vermeidung belastungsbedingten Leistungsabfalls. Betrachtet man die heutige Entwicklung der Arbeitsbedingungen sowie die Folgen des demografischen Wandels, so wird klar, dass die Erhaltung von Gesundheit zu einer dauerhaften Aufgabe für die Gesellschaft und somit auch für den Arbeitgeber wird. Dabei ist es in erster Linie die Pflicht des Arbeitgebers, für die Sicherheit und die Gesundheit der Arbeitnehmer am Arbeitsplatz zu sorgen, und zwar sowohl vorsorglich als auch akut. Bereits das Arbeitsschutzgesetz sieht vor, dass der Arbeitgeber eine *„menschengerechte Arbeitsgestaltung unter Einsatz und Überprüfung geeigneter Maßnahmen schaffen muss“* [23]. Ergänzend müssen in einer ganzheitlichen Gesundheitspolitik weiterhin aber gerade auch diejenigen Beschäftigten fokussiert werden, bei denen es aufgrund der Arbeitsbedingungen oder anderer Gründe zu einer (Langzeit-) Erkrankung gekommen ist. Diese Personen benötigen gesonderte Unterstützung und Begleitung in ihrer Arbeitstätigkeit.

**Rechtliche Rahmenbedingungen**

Seit 2004 ist diesbezüglich die betriebliche Wiedereingliederung von Beschäftigten, die innerhalb eines Jahres über einen Zeitraum von sechs Wochen oder mehr wiederholt oder ununterbrochen krank sind, als Pflicht des Arbeitgebers und als Recht des Mitarbeiters im § 84 Abs. 2 SGB IX festgeschrieben. Arbeitgeber sind aufgefordert, betroffenen Personen ein Eingliederungsmanagement als Hilfsmittel anzubieten, um die Arbeitsunfähigkeit des Betroffenen zu überwinden, erneuter Arbeitsunfähigkeit vorzubeugen und seinen Arbeitsplatz zu erhalten [22].

**§ 84 Abs. 2 SGB IX**

*„Sind Beschäftigte innerhalb eines Jahres länger als sechs Wochen ununterbrochen oder wiederholt arbeitsunfähig, klärt der Arbeitgeber mit der zuständigen Interessenvertretung im Sinne des § 93, bei schwerbehinderten Menschen außerdem mit der Schwerbehindertenvertretung, mit Zustimmung und Beteiligung der betroffenen Person die Möglichkeiten, wie die Arbeitsunfähigkeit möglichst überwunden werden und mit welchen Leistungen oder Hilfen erneuter Arbeitsunfähigkeit vorgebeugt und der Arbeitsplatz erhalten werden kann (betriebliches Eingliederungsmanagement).“* [6]

**BEM – mögliche Maßnahmen**

Die Gründe für den Einsatz eines BEM können vielfältig sein: Möglicherweise ist ein Mitarbeiter aufgrund einer Erkrankung oder Behinderung für längere Zeit von seinem Arbeitsplatz abwesend bzw. benötigt spezielle Hilfsmittel an seinem Arbeitsplatz. Sobald der Mitarbeiter seine Arbeitstätigkeit wieder aufnimmt, sollte die Arbeitsgestaltung also an seinen Gesundheitszustand angepasst werden. Ziel ist es, die Leistungsfähigkeit des Mitarbeiters so weit wie möglich wiederherzustellen. Möglicherweise lässt sich dies durch einen Arbeitsplatzwechsel, die Bereitstellung neuer Arbeitsmittel oder eine Neuregelung der Arbeitszeiten realisieren.

**Gefährdungsbeurteilung als Bestandteil des BEM**

Andererseits bietet das BEM auch die Chance, präventiv auf die vorliegenden Arbeitsbedingungen einzuwirken: Gefährdungsbeurteilungen physischer und psychischer Belastungen am Arbeitsplatz gehören daher ebenso zu einem umfassenden Eingliederungsmanagement. Durch die Identifikation belastender oder gar gesundheitsschädlicher Faktoren, mit denen einzelne Beschäftigte an ihrem Arbeitsplatz konfrontiert werden (z. B. toxische Stoffe, elektrische Geräte), können bei einzelnen Personen Hinweise auf Zusammenhänge zwischen Erkrankungen und Arbeitstätigkeit gefunden und, bei geeigneter Modifikation, langfristige Schädigungen der Person vermieden werden.

**Angebot Pflicht – Teilnahme freiwillig**

Durch das BEM wird somit bereits auf rechtlicher Grundlage nicht nur das wirtschaftliche Interesse der Unternehmen, nämlich weniger Fehlzeiten, weniger krankheitsbedingte Kündigungen und weniger weitere (chronische) Erkrankungen zu haben, sondern auch das Eigeninteresse der Arbeitnehmer, gesund und leistungsfähig bis ins hohe Alter bzw. gerade im hohen Alter zu sein, gedeckt. Dennoch unterliegt das BEM dem Gebot der Freiwilligkeit [23]. Diejenigen Personen, die aufgrund ihrer krankheitsbedingten Fehlzeiten Anspruch auf eine Wiedereingliederung haben, sollen freiwillig entscheiden können, ob dieses bei ihnen durchgeführt werden soll oder nicht, ohne dass eine Ablehnung einen Nachteil mit sich bringen darf [23].

**Akteure des BEM**

In der Regel ist für die Vorbereitung, Durchführung und Auswertung von BEM-Maßnahmen innerhalb einer Organisation ein Integrationsteam, bestehend aus betriebsinternen Mitgliedern, verantwortlich. In erster Linie sind Vertreter des Arbeitgebers und die betrieblichen Interessenvertretungen, wie etwa der Betriebsrat/Personalrat oder die Schwerbehindertenvertretung, am BEM-Prozess beteiligt. Bei Bedarf werden weitere interne wie auch externe Mitglieder hinzugezogen, z. B. der Betriebsarzt, Sicherheitsfachkräfte, technische Berater, Krankenkassen, das Integrationsamt oder auch Arbeitspsychologen [23]. Aufgabe dieses Integrationsteams ist es schließlich, einzelne Fälle im BEM-Prozess zu identifizieren, den jeweils vorliegenden Sachverhalt zu analysieren und im gemeinsamen Austausch mit dem Betroffenen die Planung und Durchführung sowie die Überprüfung geeigneter Reintegrationsmaßnahmen am Arbeitsplatz zu steuern. Wesentliche Voraussetzung ist, dass das Team in den nötigen fachlichen, sozialen, organisatorischen und methodischen Kompetenzen ausreichend geschult ist, um die verschiedenen Aufgaben im Eingliederungsprozess managen zu können.

**Ablauf einer BEM-Maßnahme**

Während das Vorhandensein eines BEM auf rechtlicher Ebene gefordert ist, gibt es bisher keine gesetzlichen Vorschriften, wie Eingliederungsmaßnahmen in der Praxis tatsächlich umgesetzt werden sollen. Individuell stehen je nach Größe und wirtschaftlicher Situation in Unternehmen unterschiedliche Ressourcen zur Verfügung, weshalb ein BEM-Ablauf durchaus unterschiedliche Formen annehmen kann. Allgemein existieren jedoch diverse Handlungsleitfäden, die den Unternehmen als nützliche Orientierungshilfe dienen. Vergleichbar mit der Herangehensweise beim BGM, ist auch das BEM-Verfahren als ein strukturierter Prozess im Sinne der kontinuierlichen Verbesserung zu verstehen. Die wesentlichen Bestandteile sind Analyse, Planung, Umsetzung und Evaluation der durchgeführten Maßnahmen [24].

**BEM – ein Handlungsleitfaden**

Der Handlungsleitfaden für ein Betriebliches Eingliederungsmanagement, herausgegeben von der Hans-Böckler-Stiftung, beispielsweise definiert von der Einführung bis hin zur Abschlussevaluation des BEM „10 Schritte zum Ziel", die in Abbildung 5 veranschaulicht sind [23].

Dabei werden die Problemanalyse, die Entwicklung von Lösungsmöglichkeiten, das Initiieren und Begleiten von Maßnahmen und schließlich die Abschlussdokumentation zu den zentralen Aufgaben der für das BEM-Verantwortlichen gezählt [23]. Nachfolgend werden die wesentlichen Phasen dieses Handlungsleitfadens genauer beschrieben.

**Orientierungsphase**

In einer ersten Phase müssen die BEM-Verantwortlichen über die Gestaltung und die Ziele des BEM in ihrem Unternehmen beraten sowie sich über die geltenden rechtlichen Grundlagen informieren. Ein wichtiger Baustein dieser Aufbauphase ist die Kommunikation mit den Beschäftigten. Diese müssen über das BEM ausreichend informiert werden, damit eine Vertrauensbasis zwischen Belegschaft und Arbeitgeber ge-

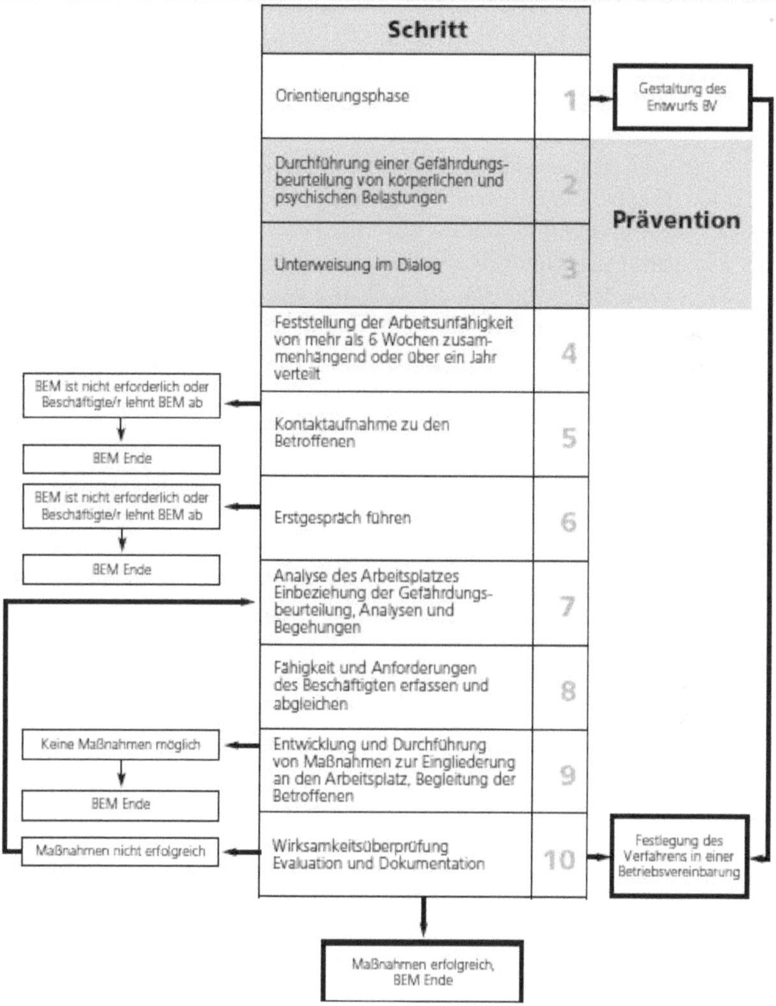


Abb. 5: Zehn Schritte zum Ziel – Handlungsleitfaden für ein Betriebliches Eingliederungsmanagement [23]

schaffen werden kann. Betriebsveranstaltungen, Informationsschreiben oder Flyer sind hilfreiche Hilfsmittel. Des Weiteren ist es in dieser Phase nötig, die wesentlichen Strukturen für das BEM zu schaffen und in einer Betriebsvereinbarung festzuhalten. Auf personeller Ebene sind Verfahrensabläufe und Entscheidungsverantwortlichkeiten zu klären – Wer macht was und wie? Wie werden die notwendigen zeitlichen Ressourcen aufseiten der BEM-Verantwortlichen gesichert? Sind die Beteiligten ausreichend geschult und qualifiziert? [24]. Hinzu kommt die Klärung der nötigen materiellen Voraussetzungen für BEM-Maßnahmen, wie z. B. die Verfügbarkeit nutzbarer Räumlichkeiten oder eine genügende technische Ausstattung, um unter anderem den Datenschutz gewährleisten zu können. Zuletzt sind organisationale Strukturen herzustellen, bei denen die Kommunikation und die Vernetzung der beteiligten Akteure des BEM-Prozesses im Vordergrund stehen. Arbeiten alle Verantwortlichen erfolgreich zusammen? Werden Informationen nach innen und außen getragen? Gibt es Betriebs- oder Dienstvereinbarungen? [24] Ist geklärt, welche Mitglieder das Integrationsteam bilden, welche Schritte im BEM-Verfahren verfolgt werden und wie die Belegschaft für dieses Thema sensibilisiert wird, so ist die Grundlage des BEM geschaffen. In einer nächsten Phase gilt es, den Bedarf an BEM-Maßnahmen festzustellen und betroffene Personen zu kontaktieren.

**Feststellung der BEM-Berechtigung**

Eine durch die Personalabteilung regelmäßig durchgeführte Auswertung der Krankenstände liefert die notwendigen Informationen darüber, welche Mitarbeiter in den letzten zwölf Monaten sechs Wochen oder mehr – und das ununterbrochen oder aber auch durch mehrere kürzere Fehlzeiten – arbeitsunfähig waren bzw. sind und welche Mitarbeiter bereits durch mehrfache Arbeitsunfähigkeit in ihrer Arbeits- und Lebensqualität massiv beeinträchtigt wurden. Die identifizierten Mitarbeiter werden kontaktiert – schriftlich oder in einem persönlichen Gespräch – und über ihren Anspruch auf Wiedereingliederung informiert.

**Kontaktaufnahme**

Bei der Kontaktaufnahme ist der berechtigten Person das Angebot zur Durchführung des BEM-Verfahrens zu unterbreiten. Gleichzeitig muss sie auf ihr Recht zur freiwilligen Zustimmung oder Ablehnung der Teilnahme am BEM hingewiesen werden. Außerdem werden dem Berechtigten die Bedingungen, Abläufe und Instrumente des BEM, wie sie bereits resultierend aus der Orientierungsphase in der Betriebsvereinbarung festgehalten wurden, offengelegt. Entscheidet sich der Betroffene für die Durchführung eines Eingliederungsprozesses, wird für das weitere Verfahren ein Termin für ein Erstgespräch vereinbart. In diesem werden auf vertraulicher Basis die individuelle Lage und die Probleme aus Sicht des Betroffenen besprochen. Dazu gehört es, sowohl seine Einschränkungen als auch sein Leistungspotenzial zu ermitteln. Außerdem wird gemeinsam analysiert, welche betrieblichen Ursachen zu der gegebenen Erkrankung bzw. Häufung von Zeiten der Arbeitsunfähigkeit möglicherweise beigetragen haben. Vertraulichkeit und Datenschutz sind an dieser Stelle wesentliche Punkte.

**Wichtig: kompetente Ansprechpartner**

Es werden Fragen des Betroffenen geklärt und Unsicherheiten beseitigt. Dazu ist es vorteilhaft, einen oder mehrere kompetente(n) Ansprechpartner zu nennen, an den oder die sich die Person im gesamten Verlauf des BEM wenden kann. Am Ende des Gesprächs sollen gemeinsame Ziele und Lösungsideen entwickelt werden, mit welchen Unterstützungsmaßnahmen der Betroffene seine Arbeitsunfähigkeit überwinden und seine Arbeitstätigkeit wiederaufnehmen bzw. einer weiteren Erkrankung und/oder einem Rückfall vorbeugen kann. Auch in dieser Phase ist dem Betroffenen freigestellt, das BEM abzulehnen. Ist dies der Fall, ist der BEM-Prozess beendet. Stimmt er zu, werden die weiteren Schritte besprochen, zu denen unter anderem die Analyse des Arbeitsplatzes und die Ermittlung der individuellen Stärken und Einschränkungen des Betroffenen gehören.

**Arbeitsplatz- und Ressourcenanalyse**

Ziel des Integrationsteams ist es, umfassende Informationen über die Arbeitstätigkeit zu erhalten, die relevant für die Beschwerden des Betroffenen sein können. Dies können Belastungen der Arbeitsumgebung oder der Arbeitsorganisation sein, aber auch Gefährdungen, die die Tätigkeit selbst betreffen, wie etwa die Arbeitsmittel. Die entsprechenden Informationen lassen sich aus Arbeitsplatzbegehungen und Gefährdungsbeurteilungen körperlicher und psychischer Belastungsfaktoren filtern. Dabei dienen diagnostische Instrumente, wie das Screeninginstrument zur Bewertung und Gestaltung von menschengerechten Arbeitstätigkeiten (SIGMA) oder die Anforderungsbelastungsanalyse (ABA) als gute Hilfsmittel, die häufig von Arbeitspsychologen genutzt werden, um eine angemessene Beurteilung des Arbeitsplatzes zu erstellen [25]. Auch die jährlichen Gesundheitsberichte der Krankenkassen sind geeignete Informationsquellen zur Ermittlung von vorherrschenden Belastungen am Arbeitsplatz. Für den Abgleich mit den individuellen Fähigkeiten des Betroffenen ist wiederum die Einschätzung des Betriebsarztes, idealerweise ergänzt um eine psychologische Potenzial- und Ressourcenanalyse, nötig. Liegen fundierte Aussagen zu den Anforderungen der Arbeitstätigkeit sowie zu den Ressourcen des betroffenen Mitarbeiters vor, dann sollte im nächsten Schritt gemeinsam beraten werden, welche Maßnahmen notwendig, möglich und umsetzbar sind.

**Entwicklung und Durchührung von Maßnahmen**

Generell sollten bei Vorliegen krankheitsförderlicher Gefährdungen zugleich präventive, rehabilitative sowie integrative Maßnahmen zum Einsatz kommen, um die betroffene Person wieder vollständig und leistungsfähig in das Unternehmen einzugliedern. An erster Stelle steht im Allgemeinen die Abmilderung oder Beseitigung der identifizierten Belastungen. Dies geschieht in der Regel durch Veränderungen der Arbeitsbedingungen (Arbeitsplatz, Arbeitsumgebung, Arbeitszeiten). Dazu gehört auch die allgemeine Unterweisung der Mitarbeiter zu gesundheitlichem Verhalten durch die Führungskräfte.

**Stufenweise Wiedereingliederung**

Eine weitere Option ist die stufenweise Wiedereingliederung des Betroffenen an seinem Arbeitsplatz. Dies geschieht quantitativ durch ein entsprechendes medizinisches Attest, in dem die Zahl der Stunden, die ein wiedereinzugliedernder Mitarbeiter täglich maximal leisten kann, festgeschrieben wird. Auf qualitativer Ebene ist es aber zusätzlich sinnvoll, aufseiten des Mitarbeiters fachliche, soziale und methodische Kompetenzen durch Qualifizierungsangebote zu stärken.

Dazu bieten sich neben Trainings (die auch webbasiert angeboten werden können) vor allem individuelle Einzelcoachings als Alternative an. Angebote medizinischer Rehabilitation sowie eine betriebliche Nachsorge gehören ebenfalls zum individuellen Maßnahmenrepertoire. Auf der Managementebene stehen die Führungskräfte in der Pflicht, zu einer erfolgreichen Eingliederung beizutragen, indem sie dem Betroffenen nach seinem Wiedereinstieg Chancen und Möglichkeiten geben, sich wieder mit größtmöglicher Energie und Freude in den Arbeitsprozess einzubringen. Außerdem ist es Aufgabe der Führungskraft, die psychischen Belastungen im Sinn eines Konfliktmanagements und eines unterstützenden Teamklimas abzubauen.

**Wirksamkeitsprüfung**

Am Ende eines jeden BEM-Prozesses steht die abschließende Evaluation der eingeleiteten Maßnahmen. Diese sollte möglichst in regelmäßigen Abständen, beispielsweise einmal jährlich, geschehen. Ziel ist es, die Ergebnisse der einzelnen BEM-Prozesse auf ihren Erfolg hin zu überprüfen. Wurden die geplanten Maßnahmen umgesetzt? Konnte der Betroffene seine Tätigkeit wieder aufnehmen? Ist der Betroffene wieder vollständig integriert? Sind Anschlussmaßnahmen erforderlich? Grundvoraussetzung, um aussagekräftige Antworten auf diese Fragen zu finden und um langfristige Erfolge zu erzielen, ist eine systematische Dokumentation des gesamten Verfahrens sowie der durchgeführten Maßnahmen bereits zu Beginn des BEM-Verfahrens. Welche Maßnahmen waren erfolgreich, welche weniger effektiv? In einem Abschlussgespräch sollte der Betroffene außerdem stets über seine Zufriedenheit mit dem gesamten BEM-Verfahren befragt werden. Mithilfe einer systematischen Dokumentation ist es ebenso möglich, Ergebnisse aufgrund interner Statistiken des Betriebs zu überprüfen. Betrachtet man beispielsweise die Zahl der Mitarbeiter, die nach sechs Wochen krankheitsbedingter Fehlzeit angeschrieben worden sind und wie viele von diesen auf die Kontaktaufnahme reagiert bzw. letztlich ein BEM-Verfahren in Anspruch genommen haben, lassen sich daraus bereits aussagekräftige Schlüsse hinsichtlich der Unternehmenskultur ziehen.

**Beispiel: Arbeitsplatzgestaltung für einen Tischler mit Bandscheibenvorfall**

Herr Fischer, 49 Jahre, arbeitet seit 20 Jahren als Tischler in einem mittelständischen Betrieb. Dort fertigen seine Kollegen und er Möbel, Küchen und Treppen aus Holz in Handarbeit an. Während seiner Arbeitstätigkeit muss Herr Fischer schwere Holzplatten auf ein bestimmtes Maß zurechtsägen, fräsen und diese anschließend auf einem Montagegestell anbringen, um das fertige Holzstück mit weiteren Kleinteilen zu verbinden. Schwere Hebe- und Tragearbeiten sowie ständiges Bücken gehören zu seinem Arbeitsalltag. Vor Kurzem erlitt Herr Fischer nach jahrelanger krankheitsloser Anstellung einen schweren Bandscheibenvorfall und musste operiert werden. Er fiel zunächst für vier Wochen aus. Anschließend befand sich Herr Fischer acht Wochen in einer stationären Reha-Klinik. Nach den insgesamt drei Monaten Ausfall kehrte er in seinen Betrieb zurück und führte dort ein persönliches Gespräch mit seinem Vorgesetzen, dem Betriebsrat sowie dem Betriebsarzt. Es wurde in vertraulicher Runde besprochen, welche Leistungen der Betrieb seinem Mitarbeiter bieten kann, um Herrn Fischer in seiner Genesung zu unterstützen. Gemeinsam wurde entschieden, dass Herr Fischer zunächst mit verkürzten Arbeitszeiten eingesetzt werden solle und dass er außerdem das Tragen und Heben von Lasten oberhalb eines vom Arzt definierten Gewichts vermeiden solle. Die Kollegen aus seiner Abteilung wurden in einem Mitarbeitergespräch darüber unterrichtet und gebeten, Herrn Fischer in seinem Arbeitsalltag zu unterstützen. In kurzen Wochenabständen wurden seine Arbeitszeiten wieder schrittweise angehoben, so dass Herr Fischer nach vier Wochen wieder in Vollzeit arbeiten konnte. Gleichzeitig einigte man sich darauf, an seinem Arbeitsplatz eine höhenverstellbare Werkbank sowie einen Schwenkarm zum Anheben schwerer Baustücke an der Fräsmaschine zu montieren. Diese Maßnahmen wurden durch die Deutsche Rentenversicherung finanziell gefördert.

Zusätzlich wurde Herrn Fischer das Angebot gemacht, im Rahmen der Wiedereingliederung durch einen persönlichen Gesundheitscoach unterstützt zu werden. Mit diesem traf sich Herr Fischer zu insgesamt sechs Terminen, bei denen gemeinsam praktische Vorgehensweisen beim Tragen, Heben und Transportieren von Lasten besprochen und trainiert wurden. Darüber hinaus analysierte der Coach zusammen mit Herrn Fischer aber auch seine Arbeitszufriedenheit, seine Arbeitsmotivation und möglicherweise ein Fehlverhalten fördernde Einstellungen und Überzeugungen Herrn Fischers. So ergab sich, dass Herr Fischer in der Vergangenheit seine Arbeiten immer möglichst schnell erledigen wollte und daher mitunter auf Hilfestellung von außen oder den Einsatz entsprechender Werkzeuge wie zum Beispiel Hebehilfen verzichtet hat.

Ein halbes Jahr später äußerte sich Herr Fischer in einem weiteren persönlichen Einzelgespräch durchaus positiv zu den neuen Arbeitsmitteln und fühlte sich im gesamten Verlauf seiner Wiedereingliederung in den Betrieb sowohl von der Führungsebene als auch von seinen Kollegen bestens betreut und unterstützt.

## 6 Fazit

In Folge des wachsenden Wettbewerbs in Unternehmen, des massiven technologischen Wandels, des zunehmenden Effizienzdrucks und bedingt durch den fortschreitenden Fachkräftemangel aufgrund einer immer älter werdenden Belegschaft haben sich die Anforderungen an die Arbeitswelt im Allgemeinen, aber vor allem an den einzelnen Mitarbeiter im Besonderen verändert. Erwerbstätige verbringen viel Zeit ihres Lebens bei der Arbeit. Als wesentlicher Bestandteil des Lebens bestimmt die Arbeit die Lebensqualität maßgeblich mit. Dabei sind die Beschäftigten in ihren Berufen häufiger starker kognitiver Anstrengung bei geringerer körperlicher Auslastung ausgesetzt. Hohe Anforderungen und ständiger Leistungsdruck können dazu führen, dass die Beschäftigten auch in ihrer freien Zeit kaum „abschalten" können, die Vereinbarkeit von Beruf und Familie (oder auch anderen Lebensbereichen) somit infrage gestellt wird. Die Folgen zeigen sich in den seit Jahren steigenden Krankenständen: Immer mehr Menschen fallen aufgrund von körperlichen Beschwerden und psychischer Überlastung krankheitsbedingt aus. Nicht selten wird von „Burnout" als neuer Modekrankheit berichtet.

Es ist daher eine Grundvoraussetzung für die Arbeitswelt, diesen Wandel rechtzeitig wahrzunehmen und entsprechend darauf zu reagieren. Arbeitgeber müssen sich mehr als zuvor damit auseinandersetzen, dass die Gesundheit ihrer Mitarbeiter erhalten und gefördert werden muss, damit diese motiviert und leistungsstark bleiben. Es ist bereits erkannt worden, dass sich diese Investition in die Mitarbeiter auszahlt: Angestellte profitieren von einem gesunden Lebensstil und mehr Lebensqualität, Unternehmen erzielen langfristigen Erfolg durch motivierte und leistungsstarke Mitarbeiter. Mit der Etablierung eines Betrieblichen Gesundheitsmanagements ist es Unternehmen möglich, gesundheitsförderliche Maßnahmen systematisch zu entwickeln, umzusetzen und bei gleichzeitiger regelmäßiger Überprüfung so zu optimieren, dass die Gesundheit der Beschäftigten auch nachhaltig im Unternehmen gefördert werden kann. Die Betriebliche Gesundheitsförderung liefert dabei als Kernbereich des BGM auf individueller sowie betrieblicher/struktureller Ebene praktische Werkzeuge und Maßnahmen zur Verbesserung der Arbeitsbedingungen und zur Förderung gesundheitsrelevanten Verhaltens. Das Betriebliche Eingliederungsmanagement ist als Teildisziplin des BGM ein wesentliches Instrument, um besonders (langzeit-) erkrankten Mitarbeitern bestmögliche Unterstützung für die Wiederaufnahme ihrer Arbeitstätigkeit zu bieten sowie weiterer Erkrankung vorzubeugen.

Es zeigt sich, dass neben den Arbeitswissenschaften und der Arbeitsmedizin auch die Arbeits- und Organisationspsychologie hilfreiche Hinweise liefert, um Belastungen und Beanspruchungen in der beruflichen Praxis zu verstehen und angemessen auf diese reagieren zu können. Einen wesentlichen Beitrag leisteten bereits Arbeiten zur Motivations- und Stressforschung. Aber auch zukünftig sollte die Arbeits- und Organisationspsychologie, gerade im Sinne eines ganzheitlichen Gesundheitsmanagements, noch stärker integriert werden.

**Quellen**


[1] Junghans, G. & Mörschhäuser, M.: Immer schneller immer mehr. Psychische Belastung bei Wissens- und Dienstleistungsarbeit. In Bundesanstalt für Arbeitsschutz und Arbeitsmedizin (Hrsg.). Springer, 2013

[2] DESTATIS Statistisches Bundesamt: Erwerbstätige im Inland nach Wirtschaftssektoren. 2016 (abgerufen 20.03.2016) **www.destatis.de/DE/ZahlenFakten/Indikatoren/LangeReihen/Arbeitsmarkt/lrerw013.hhtm**

[3] Kastner, M., Kastner, B. & Vogt, J.: Wachsende Dynaxität und das Beschäftigungskontinuum. In: Kastner, M. & Vogt, J. (Hrsg.): Strukturwandel in der Arbeitswelt und individuelle Bewältigung (S. 35–62). Pabst, 2001

[4] Mollenkopf, C.: Ganzheitliches Betriebliches Gesundheitsmanagement GABEGS) – Handlungsleitfaden. In Bayerisches Staatsministerium für Arbeit und Sozialordnung, Familie und Frauen (Hrsg.). 2003 (Stand: 20.01.2010)

[5] DAK. DAK-Gesundheitsreport 2016, 2016

[6] Sozialgesetzbuch, SGB IX. Neuntes Buch: Rehabilitation und Teilhabe behinderter Menschen. 2016 (abgerufen 23.05.2017)
**www.sozialgesetzbuch-sgb.de/sgbix/84.html**

[7] Wissenschaftliches Institut der AOK (WIdO): Fehlzeiten-Report 2016. Unternehmenskultur und Gesundheit – Herausforderungen und Chancen. In Badura et al. (Hrsg). Springer, 2016

[8] Poppelreuter, S. & Mierke, K.: Psychische Belastungen am Arbeitsplatz. 3. Auflage. Erich Schmidt, 2012

[9] TK: TK-Stressstudie 2016. Deutschland entspann dich. 2016

[10] Uhle, T. & Treier, M.: Betriebliches Gesundheitsmanagement. Springer, 2011

[11] Weltgesundheitsorganisation, WHO.: Ottawa Charter for Health Promotion. 1986

[12] Antonovsky, A.: The salutogenic perspective: Toward a new view of health and illness. Advances, Vol 4(1), 47–55, 1987

[13] BKK Bundesverband GbR: Luxemburger Deklaration zur betrieblichen Gesundheitsförderung in der Europäischen Union. Stand: 2011

[14] Kiesche, E.: Betriebliches Gesundheitsmanagement. Betriebs- und Dienstvereinbarungen Analyse und Handlungsempfehlungen. In Hans-Böckler-Stiftung (Hrsg). Bund-Verlag, 2013

[15] Wienemann, E.: Betriebliches Gesundheitsmanagement und die Rolle der Führungskraft. In Lauterbach, M. (Hrsg.), Gesundheitscoaching. Strategien und Methoden für Fitness und Lebensbalance im Beruf. 2. Auflage, S. 238–246, Carl-Auer-Systeme, 2008

[16] Roland Berger Strategy Consultants: THINK ACT CONTENT Betriebliches Gesundheitsmanagement. 2016 (abgerufen 23.05.2017)
**www.rolandberger.com/publications/publication_pdf/tac_bgm_d_final.pdf**

[17] Wissenschaftliches Institut der AOK (WIdO): Unternehmenskultur und Gesundheit – Repräsentative Beschäftigtenbefragung 2016. Pressekonferenz vom 12. September 2016, Berlin

[18] Berufsverband Deutscher Psychologinnen und Psychologen, BDP: Gesunde Arbeit (Teile 12, 13). 2016 (abgerufen: 04.04.2016)
**www.bdp-verband.de/bdp/archiv/gesunde-arbeit/**

[19] Unternehmensberatung für Betriebliches Gesundheitsmanagement, UGBM: Praxisleitfaden Betriebliches Gesundheitsmanagement. 2016 (abgerufen: 04.04.2016) **www.gesundheitsmanagement24.de/praxisleitfaeden-checklisten/praxisleitfaden-betriebliches-gesundheitsmanagement/**

[20] Bundesministerium für Gesundheit: Unternehmen Gesundheit. Betriebliche Gesundheitsförderung in kleinen und mittleren Unternehmen. 2010

[21] randstadkorrespondent: Onlineumfrage: „Mitarbeiter wollen mehr Sport, Chef!“. 2016 (abgerufen: 10.04.2016) **www.randstad-korrespondent.de/juli-2016/mitarbeiter-wollen-mehr-sport-chef.html**

[22] Turgut, S., Michel, A. & Sonntag, K.: Einflussfaktoren emotionaler Erschöpfung und Arbeitszufriedenheit. Anwendung eines integrativen Untersuchungsansatzes. Zeitschrift für Arbeits- und Organisationspsychologie. 58(3), 140–154, Hogrefe-Verlag, 2014

[23] Giesert, M. & Wendt-Danigel, C.: Handlungsleitfaden für ein Betriebliches Eingliederungsmanagement. In Hans-Böckler-Stiftung (Hrsg.), Gesundheit und Qualität der Arbeit. Arbeitspapier 199, 2011

[24] Reuter, T. & Stadler, D.: Das BEM-Verfahren und notwendige Strukturen im Betrieblichen Eingliederungsmanagement. In BEM-Netz (Hrsg.), Betriebliches Eingliederungsmanagement erfolgreich umsetzen. 2015 (abgerufen: 01.06.2016) **www.bem-netz.org/literatur-downloads/handreichungen/**

[25] Richter, G.: Toolbox Version 1.2 Instrumente zur Erfassung psychischer Belastungen. In Bundesanstalt für Arbeitsschutz und Arbeitsmedizin (Hrsg.), SS. 165, 175, 2010

**Hinweis** Dieser Beitrag ist ursprünglich erschienen in: F. Ecker & S. Köchling (Hrsg.), Arbeitsschutz besser managen [Loseblattsammlung, 7. Aktualisierungslieferung, Juli 2017, Kapitel 05010, Seite 1-44]. TÜV Media

Der Beitrag wurde gemeinsam mit Frau Simone Nowotny verfasst, der an dieser Stelle hierfür nochmals herzlich gedankt werden soll.

# Vom Fehlzeitenmanagement zum Anwesenheitsmanagement – Systematisches Qualitätsmanagement im Bereich Logistik am Beispiel Bodenverkehrsdienste

**Nachfolgend wird ein vor allem organisationspsychologisch basiertes Konzept zur Optimierung der Arbeitsbedingungen am Beispiel Bodenverkehrsdienste vorgestellt. Dabei werden über Befragungen und Interviews Stärken und Schwächen ermittelt und Optimierungspotenziale aufgezeigt. Flankierende und moderierende Maßnahmen wie Führungskräfteworkshops und die Einrichtung eines Gesundheitszirkels zeigen, dass sich durch individuelle, gemeinsam erarbeitete Lösungsansätze zur Reduktion von Belastungen Fehlzeiten reduzieren und die Mitarbeiterzufriedenheit erhöhen lassen.**

## 1 Einleitung

**Ausgangslage im Bereich Logistik**

Enormer Zeit- und Leistungsdruck, Konflikte im Team, unklare Anforderungen und mangelnde Rückmeldung durch den Vorgesetzten sind Faktoren, die für viel zu viele Arbeitnehmer den Arbeitsalltag prägen. Während die Belastungen durch Lärm, schädliche Substanzen oder die Handhabung gefährlicher Geräte durch umfangreiche Gesetzesvorgaben und immer bessere Schutzmaßnahmen weitgehend transparent und kontrollierbar geworden sind, haben psychische Belastungen am Arbeitsplatz in den letzten Jahren dramatisch zugenommen.

Die Folgen betreffen Arbeitnehmer wie Arbeitgeber gleichermaßen: Motivationsverlust, erhöhte Fehlzeiten und eingeschränktes Leistungsvermögen durch psychosomatische Beschwerden, aber auch ganz konkrete Fehlleistungen bis hin zu Arbeitsunfällen verursachen individuelles Leid und hohe Kosten.

Von diesen Entwicklungen ist auch die Logistikbranche betroffen. Insbesondere der soziodemographische Wandel, der eine immer älter werdende Belegschaft zur Folge hat, macht den Logistikunternehmen unterschiedlichster Prägung große Schwierigkeiten. Am Beispiel der Flugzeug- und Gepäckabfertigung im Luftverkehr soll ein organisationspsychologisch orientiertes Verfahren zur Analyse und zur Intervention bei hohen Kranken- und Fehlzeiten vorgestellt werden.

**Ausgangslage bei den Bodenverkehrsdiensten**

Messerscharfer Wettbewerb und niedrige Margen – die logistische Wertschöpfungskette entscheidet sich im internationalen Flugverkehr mehr und mehr auch auf dem Boden. Die Effizienz der Bodenverkehrsdienste ist dabei in hohem Maße abhängig von der Motivation der Mitarbeiter, deren Belastbarkeit und Einsatzbereitschaft.

(Zu) Hohe Fehlzeiten im so genannten Ground Handling, also der Gepäck- und Flugzeugabfertigung, machen wirtschaftliches Handeln immer schwieriger. Aber was sind die richtigen Maßnahmen, um der körperlichen und psychischen Belastung der Mitarbeiter zu begegnen? Wie lassen sich Fehlzeiten reduzieren? Hierzu gibt es viele Empfehlungen und Maßnahmen, die auf technische Hilfsmittel wie zum Beispiel Hebehilfen, unterstützende physiotherapeutische Angebote wie beispielsweise Massagen, Rückenschulungen oder Bewegungsanleitungen oder aber auch auf Personaloder Führungskräfteentwicklungsmaßnahmen (Schulungen, Trainings, Workshops, Gesundheitszirkelarbeit) abzielen.

Nachfolgend wird ein vor allem organisationspsychologisch basiertes Konzept zur Optimierung der Vorfeldlogistik vorgestellt. Dabei werden über Befragungen und Interviews Stärken und Schwächen im Ground Handling ermittelt und Optimierungspotenziale aufgezeigt. Flankierende und moderierende Maßnahmen wie Führungskräfteworkshops und die

Einrichtung eines Gesundheitszirkels stellen sicher, dass individuelle Lösungsansätze zur Reduktion von Belastungen durch unterschiedliche Mitarbeiter konsensual erarbeitet und umgesetzt werden. So lassen sich Fehlzeiten reduzieren und die Mitarbeiterzufriedenheit erhöhen.

## 2 Ausgangssituation im Bereich Ground Handling

Der nationale und internationale Flugverkehr stellt eine absolute Boombranche dar. Auch wenn im Januar 2011 die IATA [1] meldet, dass die Wachstumsraten sich verlangsamen, wird mittel- und langfristig nach wie vor von einer durchschnittlichen Zunahme des Flugverkehrs von 5-6 % per anno ausgegangen. Dies bedeutet höhere Passagierzahlen ebenso wie größere Frachtmengen, die über weite Distanzen und innerhalb eines häufig von besonderem Druck durch Pünktlichkeitserfordernisse geprägten Umfelds transportiert werden müssen. Daraus ergeben sich erhebliche Herausforderungen und Belastungen für das Material ebenso wie für die in diesem Bereich arbeitenden Menschen. Angesichts wachsender Belastungen, aber auch strategischer Entscheidungen, über Personaleinsparungen Kosten zu reduzieren und somit die Konkurrenzfähigkeit zu sichern, klagen zahlreiche Flughäfen in der Folge über einen überdurchschnittlichen Krankenstand. Der Bereich der Flugzeug- bzw. Gepäckabfertigung sticht dabei besonders hervor. Häufigste Erkrankungen in diesem Arbeitsbereich sind Muskel-Skelett- Erkrankungen und Erkältungen. Zunehmend werden aber auch psychische Erkrankungen offenkundig (Burnout, Depression), die vor allem wegen ihres langen Verlaufs und ihres zeitaufwändigen Behandlungsprozesses erhebliche Kosten verursachen.

**Folgen und Kosten eines hohen Fehlzeitenstands**

Ein hoher Fehlzeitenstand stellt nicht nur ein organisatorisches Problem dar, weil ständig Personalbedarfe ergänzt bzw. ersetzt werden müssen, was zu erheblichen Qualitätsund Sicherheitseinbußen führen kann, beispielsweise weil Mitarbeiter über Gebühr belastet werden oder häufig mit anderen Kollegen zusammenarbeiten müssen. Es ergeben sich vor allem gravierende betriebswirtschaftliche Kosten aus einer hohen Fehlzeitenrate. So kann man beispielsweise bei einer Belegschaftsstärke von ca. 500 Mitarbeitern im Bereich Bodenverkehrsdienste von Personalkosten in Höhe von € 22 Mio. per anno ausgehen. Das bedeutet, dass bei einer Fehlzeitenquote von 11 % (und dieser Wert ist absolut nicht unüblich in der Branche) jährlich Personalkosten in Höhe von fast € 2,5 Mio. anfallen. Entsprechend bringt jeder Prozentpunkt in der Senkung der Fehlzeitenquote eine Kostenersparnis von € 250.000,–.

**Merkmale der Arbeit im Ground Handling**

Die Arbeit im Ground Handling allgemein ist durch eine Reihe von besonders belastenden Faktoren gekennzeichnet. Im Besonderen zu nennen sind hier:

- Lärm,
- Belastungen durch Abgase,
- Witterungseinflüsse,
- stark wechselnde Temperaturen,
- Nacht- und Schichtarbeit,
- ein zunehmendes Durchschnittsalter der Belegschaft,
- hohe Anteile an Personalüberlassungskräften (so genannte „Leiharbeiter“), zusätzlich häufiger Personalwechsel,
- oftmals zahlreiche Mitarbeiter mit Migrationshintergrund (mitunter 50-60 %),
- Zunahme der Arbeitsdichte,
- Arbeiten in Zwangshaltungen,

- hoher Zeitdruck,
- nicht kontinuierliches Arbeitsaufkommen (es gibt immer wieder Stoßzeiten, in denen zahlreiche Maschinen starten und laden, die parallel abgefertigt werden müssen),
- Zunahme des Gewichts von Gepäckstücken,
- große Verantwortung,
- verschärfte Sicherheitsbestimmungen durch Zunahme terroristischer Aktivitäten im Bereich des internationalen Luftverkehrs.

Die Vielzahl der unterschiedlichen Belastungs- und Risikofaktoren macht es erforderlich, dass Maßnahmen zur Senkung des Fehlzeitenstands individuell konzeptioniert und auf die spezifischen Gegebenheiten unterschiedlicher Flughäfen und deren jeweiligen Personals angepasst werden müssen.

**Qualitätsmanagementsysteme in der Luftfahrtbranche**

Dabei greifen alle Großflughäfen für die Strukturierung und Optimierung ihrer Arbeitsprozesse inzwischen auf Qualitätsmanagementsysteme zurück. Das Qualitätsmanagement bezeichnet grundsätzlich alle organisierten Maßnahmen, die zu einer Erhöhung der Kundenorientierung und Kundenzufriedenheit, aber auch der Mitarbeiterzufriedenheit, der Prozess- und Ergebnisqualität, der Sicherheit und der Effizienz in der Luftfahrtbranche führen. Das Qualitätsmanagement ist eine Kernaufgabe des Managements, aber auch Aufgabe der einzelnen Mitarbeiter, um das Unternehmen durch eine hohe Qualität erfolgreich am Markt zu positionieren. Im Mittelpunkt der Anforderungen und Erwartungen der Kunden steht dabei eine hohe Prozessqualität bei der Abfertigung von Passagieren und Luftfahrzeugen. Damit das Qualitätsmanagementsystem erfolgreich umgesetzt werden kann, werden bereichsübergreifende Verfahrens- und Arbeitsanweisungen in einem Qualitätsmanagementhandbuch beschrieben. Bestandteile der Dokumentation sind das Managementhandbuch, Verfahrensanweisungen, Arbeitsanweisungen, Formularwesen, Handbücher oder mitgeltende Dokumente. Die Umsetzung des Qualitätsmanagements erfolgt beispielsweise über einen sogenannten PDCA–Regelkreis [2] (siehe Abbildung 1).

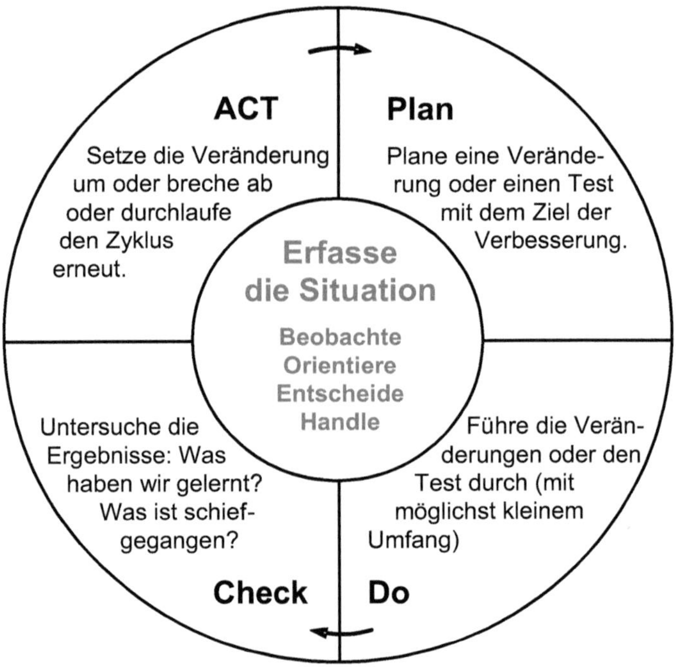


Abb. 1: PDCA-Regelkreis nach [2]

**PDCA-Regelkreis**

Dieser Regelkreis besteht aus vier Ebenen und beschreibt das Vorgehen bei der Erarbeitung und Festlegung von Arbeits- und Organisationsprozessen. Auf der ersten Ebene (Plan) werden Planungen erstellt, auf der zweiten Ebene werden diese umgesetzt (Do). Nachfolgend wird auf der dritten Ebene der Plan mit der Durchführung verglichen (Check) und die gewonnenen Ergebnisse werden dann auf einer vierten Ebene (Act) umgesetzt und der Planungsebene erneut zugeführt.

Auf der Grundlage eines solchen vierphasigen Problemlöseprozesses lassen sich auch Maßnahmen zur Reduktion von Fehlzeiten strukturieren und organisieren.

**PDCA-Regelkreis im Fehlzeiten-management**

Zur Planung von Interventionen im Bereich des Fehlzeitenmanagements muss daher zunächst der Status quo beschrieben werden (Plan). Um die Ursachen eines hohen Fehlzeiten- und Krankenstands systematisch zu erfassen und um geeignete, akzeptierte und nachhaltige Maßnahmen zur Reduktion der Absentismusrate zu konzipieren und umzusetzen (Do), empfehlen sich unterschiedliche Instrumente der empirischen Sozialforschung und der systemischen Organisationsintervention. Zu nennen sind hier im Einzelnen:

- eine Mitarbeiterbefragung
- Workshops mit Führungskräften
- regelmäßige Gesundheitszirkelsitzungen über ein Jahr zur Diskussion der Ergebnisse sowie der Planung und Umsetzung von Optimierungsmaßnahmen
- die Evaluation aller durchgeführten Maßnahmen

**Statistische Daten und subjektive Einschätzungen**

Ziel ist es zum einen, den Status quo sowie die hauptsächlichen Ursachen eines hohen Fehlzeitenstands zu bestimmen und zu analysieren. Hierfür sollte nicht nur auf vorhandene statistische Daten wie zum Beispiel Krankheits- und Fehltage, Alter der Mitarbeiter, Zugehörigkeit zu einem Betriebsbereich etc. zurückgegriffen werden. Es sollten auch subjektive Einschätzungen von Mitarbeiterinnen und Mitarbeitern, Führungskräften und Personalverantwortlichen erhoben werden, um zusätzliche Hinweise und Anregungen zu erhalten. Aus der Gesamtbetrachtung vorliegender statistischer Daten und Resultaten der empirischen Befragung werden Handlungsempfehlungen zur Fehlzeitenreduzierung abgeleitet. Die Führungskräfte werden entsprechend geschult und für die Thematik sensibilisiert. Darüber hinaus wird durch eine regelmäßige Gesundheitszirkelarbeit eine kontinuierliche Anregung, Begleitung und Kontrolle des Umsetzungsprozesses gewährleistet. Diese kontinuierliche Arbeit am Thema ist besonders wichtig für einen nachhaltigen Erfolg. Die (Zwischen-)Ergebnisse von Interventionen und Maßnahmen sind immer wieder zu erfassen, Korrekturen und Anpassungen sind vorzunehmen (Check, Act). Einzelne Ziele der jeweiligen Projektmodule werden in gemeinsamen Gesprächen genau definiert.

## 3 Durchführung von Interventionen zur Reduzierung der Fehlzeiten

**Anwesenheitsmanagement statt Fehlzeitenmanagement**

Nachfolgend wird ein Datenerhebungs-, Auswertungs- und Umsetzungskonzept zur Vorbereitung, Durchführung und Evaluation von Maßnahmen zur Fehlzeitenreduktion im Ground Handling vorgestellt. Dabei ist auch wichtig, einen begrifflichen Wandel in den Köpfen der Betroffenen zu initiieren. Natürlich ist das Ziel, einen Missstand, also zum Beispiel einen (zu) hohen Krankenstand zu reduzieren. Es sollte aber verdeutlicht werden, dass es weniger um ein Fehlzeitenmanagement als vielmehr um ein Anwesenheitsmanagement geht. Auch wenn im Kern ein identisches Ziel verfolgt wird, so wird durch den Begriff der „Anwesenheit“ ein anderer Akzent gesetzt. Vorhandene Ressourcen gilt es, effizient einzusetzen bzw. so weit wie möglich zur Verfügung zu stellen. Dabei ist zu verdeutlichen, dass Anwesenheit allen Beteiligten nutzt, nämlich gleichermaßen der Belegschaft, der Führungsmannschaft und den Kunden (siehe Abbildung 2).

**Wem nutzen hohe Anwesenheitsquoten?**

Aus der Perspektive des Mitarbeiters:
Sobald ein Kollege ausfällt, muss die Arbeit von einem anderen Mitarbeiter übernommen werden. Zeit- und Leistungsdruck steigen. Der Mehraufwand wirkt sich wiederum negativ auf das Befinden des betroffenen Mitarbeiters aus. ► Anwesenheit nutzt!

Aus der Perspektive des Unternehmens:
Durch hohe Fehlzeiten fallen enorme Ausfallkosten an.

► Anwesenheit nutzt!

Aus der Perspektive des Kunden:
Die negativen Folgen personeller Ausfälle auf die Patienten sind beträchtlich. Die schwankende Qualität der Arbeit und die entstehenden Verzögerungen und Fehler lassen die Zufriedenheit deutlich sinken.

► Anwesenheit nutzt!

Abb. 2: Der Nutzen von Anwesenheit – vom Fehlzeiten- zum Anwesenheitsmanagement

Es handelt sich dabei um einen integrativen Ansatz, in dem technisch-ingenieurwissenschaftliche Aspekte ebenso zum Tragen kommen wie medizinische sowie arbeits- und organisationspsychologische Perspektiven. Grundsätzliches Ziel ist es, die betroffenen Mitarbeiterinnen und Mitarbeiter ebenso in den Verbesserungsprozess einzubinden wie auch Führungskräfte unterschiedlicher Hierarchieebenen, die Bereichsleitung und nicht zuletzt auch die Personalvertretung

(Betriebsrat). Denn nur wenn alle relevanten Personen sowohl an der Analyse der Problemsituation als auch an der Ermittlung potenzieller Ursachen beteiligt werden, können nachfolgend entwickelte und gemeinschaftlich abgestimmte Maßnahmen und Interventionen wirksam werden.

**Methoden**

Insgesamt kommen drei Instrumente/Methoden zur Istanalyse bzw. zur Entwicklung von potenziellen Präventionsund Interventionsansätzen zum Einsatz, deren Anwendung eine hohe Einbindung aller Betroffenen und Beteiligten garantiert. Dies ist wiederum die Voraussetzung für eine erfolgreiche Konzeption, Konfektionierung und Umsetzung von Maßnahmen zur Reduktion von Fehlzeiten und zur Optimierung des Anwesenheitsmanagements.

1. Eine Mitarbeiterbefragung dient zur Erhebung der aktuellen Situation
2. Workshops mit den Führungskräften sollen das Führungsverhalten optimieren
3. Die Gesundheitszirkelarbeit stellt die Umsetzung der sich aus der Befragung ergebenden Ergebnisse und ableitbaren Handlungsempfehlungen dar
4. Evaluation der Maßnahmen

Abbildung 3 fasst die einzelnen Schritte und den prozesshaften, integrierten Verlauf der Maßnahmen von der Istanalyse zum Sollzustand zusammen.

## 3.1 Mitarbeiterbefragung

**Mitarbeiterbefragung**

Eine Mitarbeiterbefragung stellt ein ideales Instrument dar, um Informationen über die Einstellungen, Erwartungen und Bedürfnisse der Mitarbeiter zu gewinnen. Die Mitarbeiterbefragung ermöglicht eine Istzustandserfassung aus Sicht der

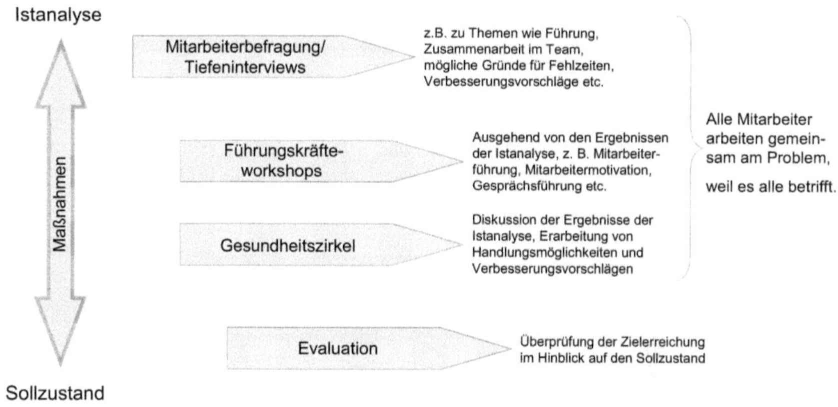


Abb. 3: Von der Istanalyse zum Sollzustand

Stelleninhaber. Sie hat motivations- und engagementfördernden Charakter, da das Erfahrungswissen der Belegschaft aktiviert wird. Im Sinne eines Aufbau- und Einbindungsmanagements dient die Befragung dazu, Feedback zu geben und zu erhalten, kritische Themen offen anzusprechen und auf den Ergebnissen aufbauende Maßnahmen zu ergreifen. Eine Mitarbeiterbefragung ist mehr als eine Umfrage im Unternehmen. Sie ist ein umfassendes Change-Projekt, das bei allen Beteiligten Erwartungen weckt und Potenziale freisetzt. Genau deswegen sollte eine Mitarbeiterbefragung – speziell, wenn es um heikle Themen wie Fehlzeiten geht – sorgfältig vorbereitet, in das Unternehmen hineingetragen und umgesetzt werden. Insbesondere bei Themen, die sensibel sind und Vertraulichkeit erfordern, ist die Einbindung eines externen Dienstleisters für die Konzeption, Durchführung und Auswertung der Mitarbeiterbefragung zu empfehlen.

Eine Mitarbeiterbefragung im Bereich Ground Handling soll ermitteln, wie die Mitarbeiter aktuell die Geschäftsprozesse und Strukturen in ihrem Berufsalltag „erleben". Es soll geklärt werden, welche Prozesse aus Sicht der Mitarbeiter bereits effektiv verlaufen und in welchen Bereichen Optimierungsbedarf besteht. Zu erfragen ist zudem, welche Gründe und Ursachen die Mitarbeiter für relevant im Hinblick auf das bestehende Problem, nämlich eine hohe Fehlzeitenrate, sehen. Folgende Ziele sollen erreicht werden:

**Ziele einer Mitarbeiterbefragung**

- Die Ergebnisse sollen als „Stimmungsbarometer" dienen. Wie schätzt die Belegschaft die Problematik ein? Welche Gründe/Ursachen werden gesehen? Welche Maßnahmen können aus Sicht der Belegschaft Abhilfe schaffen?
- Motivation, Leistungsbereitschaft und eine positive Einstellung sollen gefördert werden. Die Mitarbeiter sollen erkennen, dass ihre Erfahrungen aktiv erbeten werden und dass eine gemeinsame Bewältigung der Problematik angestrebt wird.
- Schwachstellen und Optimierungspotenziale der aktuellen Abläufe und Zuständigkeitsbereiche sollen identifiziert und anschließend beseitigt werden. Im Bereich Fehlzeiten im Ground Handling zeigt sich bei Mitarbeiterbefragungen beispielsweise immer wieder, dass eben NICHT die schweren Arbeitsbedingungen (Temperatureinflüsse, Schichtdienst, schweres Tragen und Heben, etc.) für den Fehlzeitenstand verantwortlich sind, sondern vor allem falsches Führungsverhalten, suboptimale Kommunikation und Konflikte im zwischenmenschlichen Bereich.
- Eine höhere Arbeitszufriedenheit, höhere Produktivität und Loyalität sollen bewirkt werden.

## Vorbereitung, Konzeption, Durchführung und Auswertung einer Mitarbeiterbefragung

Die Vorbereitung, Konzeption, Durchführung und Auswertung einer Mitarbeiterbefragung umfasst folgende Schritte:

### Konzeption

**Abstimmungsgespräche**

- Abstimmungsgespräche zwischen dem externen Dienstleisterund den Verantwortlichen im Bereich Bodenverkehrsdienste zur Festlegung der Projektzielsetzung.

  Es muss im Vorfeld geklärt werden, was genau mit der Mitarbeiterbefragung erreicht werden soll. Zentral ist die Bereitschaft, mit den ggf. auch problematischen und kritischen Ergebnissen der Befragung aktiv arbeiten zu wollen. Eine Mitarbeiterbefragung, die bei den Fragen stehen bleibt und keine Antworten auf die erhaltenen Ergebnisse gibt, wird nachhaltige negative Effekte auf die Motivation und das Engagement der Belegschaft haben. Daher ist frühzeitig die Bereitschaft der Geschäftsführung bzw. der Führungsverantwortlichen zu sichern, aus den erzielten Ergebnissen auch sichtbare und zielführende Maßnahmen zur Reduktion des Fehlzeitenstands abzuleiten und umzusetzen.

**Einzel- bzw. Gruppenbefragung**

- Vorbereitung und Konzeption der Befragung als Einzel-/ Gruppenbefragung

  In Arbeitsbereichen wie dem Bodenverkehrsdienst, die durch Schichtdienst und sehr diskontinuierliche Arbeitsprozesse und einen mitunter hohen Anteil an fremdsprachigen Mitarbeitern mit relativ wenig Erfahrung in partizipativen Organisationsentwicklungsprozessen gekennzeichnet sind, empfiehlt sich die Durchführung einer Mitarbeiterbefragung in Form einer Einzel- oder Gruppenteilnahme der Mitarbeiter direkt am Arbeitsplatz. So können die Mitarbeiter unmittelbar zur Teilnahme an der Befragung gewonnen werden, offene Fragen können direkt geklärt, Verständnisprobleme überwunden und Hintergründe und Zielsetzung der Befragung persönlich verdeutlicht werden. Zusätzlichen Auftrieb bekommt die Teilnahmebereitschaft an der Mitarbeiterbefragung, wenn Personalvertretungen (Betriebsrat, Personalrat) und Arbeitgebervertreter (Personalabteilung, ausgewählte Führungskräfte) die Mitarbeiter zur Teilnahme motivieren.

**Kommunikation der Mitarbeiterbefragung**

- Vorbereitung von Anschreiben (ggf. auch Aushängen, Präsentationen etc.) zur Ankündigung der Befragung

  Klappern gehört zum Handwerk – auch und gerade bei Mitarbeiterbefragungen. Deswegen sind eine frühzeitige und wiederholte Ankündigung der Mitarbeiterbefragung sowie die Erklärung des Vorgehens und der Zielsetzungen der Befragung durch unterschiedliche Protagonisten (Geschäftsführung, Betriebsrat, externer Dienstleister) zwingend notwendig. Dabei sollte auch auf eventuelle sprachliche Barrieren Rücksicht genommen werden. Die Durchführung der Mitarbeiterbefragung in unterschiedlichen Sprachen – je nach Zusammensetzung der Belegschaft – kann teilnahmefördernde Wirkung haben. Allerdings ist bei der Auswertung der Daten dann auch auf kulturspezifische Besonderheiten sowie auf die Problematik der Interpretation von Übersetzungen zu achten.

**Einbindung der Personalvertretung**

- Vorstellung des Projekts bei der Personalvertretung

  Die Einbeziehung der Personalvertretung bei der Konzeption, Durchführung und Evaluation von partizipativen Personal- und Organisationsentwicklungsmaßnahmen ist nicht nur häufig eine betriebsverfassungsgesetzliche Pflicht, sie ist auch ein Erfolgsgarant für solcherlei Aktivitäten. Speziell bei sensiblen Themen wie Kranken- und Fehlzeiten sollten Arbeitgeber- und Arbeitnehmervertreter eine konsensuale Abstimmung vornehmen, bevor

Maßnahmen zur Problembewältigung angegangen werden.

**Fragebogenentwicklung**

- Entwicklung des Fragenkatalogs sowie Vortestung des Fragebogens

  Der Fragenkatalog zur Mitarbeiterbefragung entsteht idealerweise in einem iterativen Prozess unter Hinzuziehung eines externen Beratungsunternehmens und unter Beteiligung von ausgewählten Personen aus unterschiedlichen Bereichen des Unternehmens/der Organisation. Neben der Personalabteilung und der Personalvertretung sollten im Bereich Bodenverkehrsdienste beispielsweise auch Abteilungsleiter, Betriebsleiter, Sektionsleiter, Schichtführer, Supervisoren und Oberlader eingebunden werden. Selbstverständlich sind schließlich auch Vertreter des Arbeitsund Gesundheitsschutzes sowie Qualitäts- und Sicherheitsbeauftragte zu berücksichtigen.

**Themenfelder des Fragebogens**

Der Fragenkatalog zur Erfassung des Istzustands sowie zu den Ursachen und Gründen für eine erhöhte Fehlzeitenrate im Bereich Bodenverkehrsdienste sollte neben soziodemographischen und organisatorischen Daten insbesondere folgende Themenfelder abdecken:

- Zusammenarbeit im Team/mit den Kollegen

  Gefragt wird nach Teamklima, Konfliktkultur in der Gruppe, Cliquenbildung, Umgangsformen etc.

- Verhalten des Vorgesetzten

  Abgefragt wird das Führungsverhalten des Vorgesetzten, seine Fähigkeit, Mitarbeiter zu motivieren, der Einsatz von Lob und Anerkennung, die Konsequenz und Fairness im Verhalten des Vorgesetzten etc.

- Arbeitszufriedenheit

  Wie gerne arbeitet der befragte Mitarbeiter an seinem Arbeitsplatz? Wie „sicher“ ist sein Arbeitsplatz (und zwar sowohl im Sinne von Arbeitssicherheit als auch Arbeitsplatzsicherheit)? Welche Weiterentwicklungsmöglichkeiten gibt es? Etc.
- Einschätzung der Fehlzeiten

  Erfragt wird u. a., für wie schwerwiegend der Mitarbeiter das Problem der Fehlzeiten erachtet, welche Gründe und Ursachen er für die Fehlzeiten sieht und welche Maßnahmen aus Sicht des Mitarbeiters Abhilfe bei der Problematik schaffen könnten.

Letztlich soll über den Fragenkatalog ein umfänglicher Eindruck von den subjektiven Einschätzungen und Ideen der Mitarbeiter zum Thema „Fehlzeiten“ generiert werden. Die Subjektivität der Einschätzungen ist dabei von besonderer Bedeutung, denn selbst wenn der Krankenstand im Bereich Ground Handling im Vergleich zu anderen Bereichen und/ oder an anderen Flughäfen niedriger ist, so kann er aus Sicht der betroffenen Mitarbeiter dennoch als zu hoch begriffen werden. Gerade in einem solchen Fall können sich Geschäftsführungen nicht zurücklehnen und in falscher Sicherheit wiegen, weil es anderen ja „noch viel schlimmer geht“. Das subjektive Erleben der Belegschaft, dass der Krankenstand (zu) hoch ist und dass seitens der Unternehmensleitung dagegen nichts unternommen wird, kann erhebliche motivationale Auswirkungen auf die Mitarbeiter haben.

### Durchführung

**Durchführung der Befragung**

- Durchführung der Befragung mit ca. dreiwöchiger Feldzeit

  Um eine möglichst hohe Beteiligung an der Mitarbeiterbefragung zu erreichen, sind mehrere den Schichtdienst und damit auch unterschiedliche Schichtgruppen erreichende Termine für Mitarbeiterbefragungen vor Ort zu koordinieren. Jeder Mitarbeiter sollte mindestens einmal die Gelegenheit haben, an der Mitarbeiterbefragung teilzunehmen. Die Befragungen sollten „niederschwellig“ angeboten werden, d. h., die Mitarbeiter sollten in unmittelbarer Nähe zum Arbeitsplatz befragt werden. Dabei füllen die Mitarbeiter den Fragebogen eigenständig aus. Auf Nachfrage stehen ihnen aber Ansprechpartner (Personalvertretung, Personalabteilung, externes Beratungsunternehmen) zur Verfügung. Die ausgefüllten Fragebögen werden in einer verschlossenen Einwurfbox gesammelt, die erst nach Abschluss der Befragung geöffnet wird. Auch so kann die Anonymität der Daten gewährleistet werden.

### Auswertung

**Datenauswertung**

- Dateneingabe und Auswertung

  Nach dem Abschluss der Befragung werden die Daten eingegeben und statistisch ausgewertet. Die Ergebnisse werden grafisch und inhaltlich aufbereitet und sowohl der Geschäftsführung als auch der Personalvertretung und in geeigneter Form (Betriebsversammlung, Aushänge, interne Kommunikationsmedien etc.) den Mitarbeitern präsentiert. Handlungsempfehlungen, die sich aus den Ergebnissen ergeben, werden vor ihrer Kommunikation abgestimmt.

**Denkbare Ergebnisse**

Was für Resultate können sich aus einer Mitarbeiterbefragung zum Thema Fehlzeiten im Bereich Ground Handling ergeben? Interessanterweise decken Mitarbeiterbefragungen im Umfeld der Bodenverkehrsdienste immer wieder auf, dass die Gründe für erhöhte Fehlzeitenraten oftmals nicht primär in den Arbeitsbedingungen (schwere Tätigkeiten, Temperatureinflüsse, Nacht- und Schichtdienst etc.) zu suchen sind, sondern dass aus Sicht der Mitarbeiter Faktoren wie das Vorgesetztenverhalten, fehlende Wertschätzung, unklare Prozesse und Kommunikationen oder auch unwirksame Vereinbarungen, beispielsweise im Bereich des Disability Managements, viel stärker Krankstand und Fehlzeiten in die Höhe schnellen lassen. Gerade deswegen greifen mitunter technische Innovationen und organisatorische Maßnahmen zur (vermeintlichen) Arbeitserleichterung zu kurz. Vielmehr ist ein ganzheitlicher Ansatz vonnöten, der vor allem die handelnden Akteure einbezieht. Hierzu gehören die Führungskräfte ebenso wie der Betriebsrat, aber auch die Mitarbeiter selber, die eine gewisse Loyalität sowohl zum Arbeitgeber als auch zu ihren Kollegen vorweisen müssen. Ohne diese gemeinsam geteilte Organisationskultur können die allermeisten Maßnahmen zur Senkung von Fehlzeiten nicht ihre volle Wirkung entfalten.

Zur Einbindung der Führungskräfte, zur Verdeutlichung ihrer Rolle und zur Optimierung ihrer Kompetenzen im Hinblick auf eine gesundheitsgerechte Mitarbeiterführung sind Workshops für Vorgesetzte und Personalverantwortliche zu empfehlen.

## 3.2 Führungskräfteworkshops

**Führungskräfteworkshop**

Auf der Grundlage der Ergebnisse der Mitarbeiterbefragung werden Führungskräfteworkshops mit organisationsspezifischen Inhalten und Zielsetzungen konzipiert. Gerade an dieser Stelle wird der Tatsache Rechnung getragen, dass die Gründe und Ursachen hoher Fehlzeiten hohe Variabilität aufweisen können und daher organisationsbezogen erfasst werden müssen. Entsprechend müssen auch je nach Sachlage organisationsindividuelle Maßnahmen ergriffen werden. Natürlich sind bestimmte Themen zur Optimierung der Führungsarbeit im Bereich Ground Handling wiederkehrend und auch über verschiedene Unternehmen hinweg feststellbar. Zu nennen sind hier beispielhaft

- eine fehlende Wertschätzung der Mitarbeiter durch die Vorgesetzten. Lob und Anerkennung finden viel zu selten statt. Gute Arbeitsleistungen werden als „normal“ erlebt. Auf Fehler und Abweichungen wird mit – zum Teil auch unangemessen harscher – Kritik reagiert. Das motivationale Potenzial von Lob und Anerkennung wird bei Weitem nicht ausgenutzt [3],
- fehlende Kommunikation und Informationsweitergabe seitens der Vorgesetzten. Oftmals finden weder Teambesprechungen noch Mitarbeitergespräche regelmäßig statt. Führungskräfte müssen heute mehr denn je Kommunikations- und Informationsdrehscheiben sein. Oftmals trifft jedoch das Gegenteil zu. Es wird unvollständig, zu spät, ungleichmäßig oder auch gar nicht informiert,
- fehlende Konsequenz im Verhalten von Vorgesetzten. Fehler und Versäumnisse von Mitarbeitern werden toleriert. Angekündigte Konsequenzen bei fehlerhaftem, unkollegialem oder organisationsschädlichem Verhalten werden nicht vollzogen.

**Ziele und Themen des Führungskräfteworkshops**

Die Führungskräfteworkshops werden in Gruppen von sechs bis acht Personen durchgeführt. Zur Integration der Maßnahme in den beruflichen Alltag sind die Veranstaltungen zeitlich auf drei bis vier Stunden beschränkt. In einem ersten

Schritt werden vor allem die unmittelbaren Vorgesetzten einbezogen, also zum Beispiel Oberlader, Sektions- und Schichtleiter. Die Zielsetzung des Workshops ist, die Ergebnisse der Mitarbeiterbefragung gemeinsam mit den Vorgesetzten aufzuarbeiten und daraus aufseiten der Führungskräfte notwendige Maßnahmen und Optimierungspotenziale abzuleiten. Die Führungskräfte werden also in zweierlei Hinsicht in den Prozess der Fehlzeitenreduktion eingebunden: Zum einen sollen sie notwendige Einstellungs- und Verhaltensänderungen bei der Belegschaft vorbereiten, begleiten und unterstützen. Zum anderen müssen sie aber auch selbst neue, veränderte Verhaltensmuster erlernen und umsetzen, denn nicht selten ist eben gerade das Vorsetztenverhalten Ursache und Auslöser für Belastungen und Erkrankungen am Arbeitsplatz.

Zentrale Themen der Führungskräfteworkshops sind daher insbesondere

- die Optimierung der Kommunikationsfähigkeiten von Führungskräften, speziell konstruktives Feedback geben,
- die Verbesserung der Kompetenzen im Bereich Konfliktmanagement, insbesondere das Aufdecken, Ansprechen und Auflösen von Konflikten zwischen einzelnen Mitarbeitern oder innerhalb bzw. zwischen Teams,
- die bessere Motivierung der Mitarbeiter, besonders durch ein transparentes und konsequentes Handeln der Führungskräfte, den Einsatz von Lob und Anerkennung für gezeigte Leistungen, die regelmäßige Kommunikation mit den Mitarbeitern sowie das – soweit mit den dienstlichen Notwendigkeiten vereinbar – Eingehen auf Wünsche und Belange der Belegschaft.

**Wichtig: Praxisbezug**

Die Führungskräfte erhalten im Workshop kurze theoretische Hintergrundinformationen zu den relevanten Themenfeldern (z. B. Grundlagen der Kommunikation, Entwicklungsstufen von Konflikten, Feedbackregeln etc.). Der Hauptteil der Workshops wird jedoch für praktische Übungen und die Besprechung der Umsetzung der Erkenntnisse hieraus in den Berufsalltag verwandt. Über Fallschilderungen, Rollenspiele, kurze Übungen in dialogischen Sequenzen, die Erstellung von Argumentationsschemata, aber auch über die Erarbeitung genereller Kommunikations-, Informations- und Führungsstrategien wird eine hohe Anwendungsorientierung erreicht. Insbesondere dieser Praxisbezug ist von zentraler Bedeutung für den Erfolg der Maßnahme, zumal viele der angesprochenen Führungskräfte nur sehr wenig Erfahrung mit Trainings- und Schulungsmaßnahmen im Bereich der Führung haben. Eine unmittelbare Verwendbarkeit der Workshopinhalte ist daher für diese ebenso von Bedeutung wie ein gezieltes Eintauchen in ihre alltäglichen Arbeitsprobleme.

## 3.3 Einrichtung eines Gesundheitszirkels

**Der Gesundheitszirkel – Zweck**

Halten wir fest: Durch die Mitarbeiterbefragung werden Stärken und Schwächen im Fehlzeiten- und Anwesenheitsmanagement der Bodenverkehrsdienste herausgearbeitet. Diese Analyse führt zur Ableitung von Handlungsempfehlungen, deren Umsetzung einerseits gestützt werden soll durch eine zielorientierte und themenbezogene Führungskräfteentwicklung. Andererseits müssen aber auch weitere Personen der Organisation aktiv in den Prozess der Maßnahmenkonzeption und -umsetzung eingebunden werden. Dies ist zwingend zu empfehlen, weil zum einen die von einem externen Beratungsunternehmen nahegelegten Handlungsempfehlungen – selbst wenn sie auf den Ergebnissen einer Mitarbeiterbefragung beruhen – nur dann Aussicht auf Umsetzung haben, wenn sie auch intern als überzeugend erlebt und vorangetrieben werden. Man benötigt „interne Förderer“ für diese Maßnahmen. Zum anderen lassen sich durch die Einbindung von Mitarbeitern unterschiedlicher Funktionen und Hierarchieebenen in einen Gesundheitszirkel mehr Ideen und Prozesse generieren als ausschließlich auf der obersten Führungsebene.

**Zusammensetzung**

Generell versteht man unter einem Gesundheitszirkel ein für eine begrenzte Zeit stattfindendes, regelmäßiges Treffen von Mitarbeitern unterschiedlicher Funktionen und Hierarchieebenen. Durch das kommunikative und gestaltungsorientierte Instrument der betrieblichen Gesundheitsförderung sollen gesundheitliche Probleme aus der Sicht der Betroffenen angegangen und Verbesserungsvorschläge erarbeitet werden.

Ein Gesundheitszirkel sollte sich aus ca. 8-12 Personen unterschiedlicher Bereiche zusammensetzen. Im Bereich Bodenverkehrsdienste sollten dies sein:

- Lader,
- Oberlader,
- Schichtführer,
- Abteilungs-, Betriebs-, Sektionsleiter,
- Verantwortliche Mitarbeiter für Arbeits- und Gesundheitsschutz,
- Vertreter der Personal-/Rechtsabteilung,
- Vertreter des Betriebsrats.

Der Gesundheitszirkel tagt unter externer Moderation ca. 8 Mal pro Jahr. Die Sitzungen dauern etwa 3 Stunden. Sie werden protokolliert und dokumentiert. Es werden Maßnahmen zur Reduktion der Fehlzeiten diskutiert, erarbeitet und zur Beschlussreife geführt. Das Gremium hat dabei lediglich eine vorschlagende Funktion. Die letztliche Entscheidung darüber, ob und welche Maßnahmen tatsächlich umgesetzt werden, trifft die oberste Führungsebene. Umsetzungsfähige Maßnahmen werden vom Gesundheitszirkel weiter ausgearbeitet. Benötigte Informationen und Personen für die Umsetzung von Maßnahmen werden durch die Mitglieder des Gesundheitszirkels gewonnen. Einzelne Mitglieder oder kleine Teams aus dem Gesundheitszirkel sind als „Projektmanager" für die Umsetzung beschlossener Maßnahmen verantwortlich.

**Eigene Themen des Gesundheitszirkels**

Neben den Ergebnissen der Mitarbeiterbefragung soll der Gesundheitszirkel durchaus auch „eigene" Themen und Ideen zur Fehlzeitenreduktion aufgreifen. Denkbare weitere Ansatzpunkte wären beispielsweise:

- technische Maßnahmen (Anschaffung von Hebehilfen, Optimierung vorhandener Werkzeuge, Verbesserung der Schutzkleidung),
- organisationale Maßnahmen (Veränderung der Schicht- und Pausenzeiten, Verbesserung von Kommunikationswegen, klare Regelung von Zuständigkeiten),
- kulturelle Maßnahmen (gemeinsame Aktivitäten wie z. B. ein Tag der offenen Tür, ein Fußballturnier oder Ähnliches zur Förderung von Identifikation und Zusammenarbeit),
- personelle Maßnahmen (Personalentwicklung, Qualifikation von eigenen Mitarbeitern, aber auch – wenn vorhanden – von Personalüberlassungskräften).

**Ziele des Gesundheitszirkels**

Die Ziele der Gesundheitszirkelarbeit lassen sich folgendermaßen zusammenfassen:

- Die Treffen dienen der Diskussion von Maßnahmen aus den Handlungsempfehlungen auf der Basis der Mitarbeiterbefragung.

- Es sollen Maßnahmen entwickelt werden, wie Fehlzeiten begegnet werden kann.
- Die Vorschläge sollen auf ihre Umsetzbarkeit geprüft werden. Die Abteilungsleiter stehen zur Diskussion dieser Vorschläge zur Verfügung.
- Durchführbare Vorschläge sollen ausführlicher ausgearbeitet werden.
- Ausgearbeitete Vorschläge werden der Einrichtungsleitung und dem Betriebsrat vorgelegt und dort abgestimmt.

**Ergebnisse der Gesundheitszirkelarbeit – Ein Beispiel**

Zur Illustration möglicher Resultate einer Gesundheitszirkelarbeit sollen hier holzschnittartig die Ergebnisse einer Sitzung dargestellt werden, die sich mit der Verbesserung des sogenannten Disability-Managements bei einem Bodenverkehrsdienstleister beschäftigt hat. Was versteht man unter Disability-Management? Wenn ein Arbeitnehmer häufig oder längere Zeit am Stück wegen Krankheit ausfällt, so muss der Arbeitgeber dazu beitragen, dass seine Arbeitskraft erhalten bleibt und er nicht dauerhaft arbeitsunfähig wird. Dies geschieht gemeinsam mit dem Betroffenen, der Arbeitnehmervertretung und anderen Beteiligten, im Rahmen eines Betrieblichen Eingliederungsmanagements (BEM). Das Disability- Management geht noch einen Schritt weiter. Disability-Management sorgt in optimaler Weise für die Wiedereingliederung eines Arbeitnehmers, der aus gesundheitlichen Gründen von längerer Arbeitsunfähigkeit bedroht ist, ins Berufsleben. Es tritt allerdings nicht erst nach einem Unfall oder nach einer Erkrankung rehabilitativ in Aktion, sondern bereits präventiv, um solche Entwicklungen früh zu erkennen.

Durch die Mitarbeiterbefragung, aber auch durch Diskussionen im Gesundheitszirkel wurde offenkundig, dass in der Ausgestaltung und Umsetzung eines bestimmten Bereichs des Disability-Managements – nämlich der Vergabe und Besetzung von sogenannten Schonarbeitsplätzen für Mitarbeiter mit zeitlich befristeten Beeinträchtigungen ihrer beruflichen Leistungsfähigkeit – in der Organisation Unklarheiten, Unstimmigkeiten und Optimierungsbedarfe bestehen. Daher erarbeitete der Gesundheitszirkel zum einen eine Analyse, um die relevanten Defizite und potenziellen Stellschrauben zur positiven Veränderung in diesem Problembereich zu definieren, zum anderen wurden Vorschläge und Empfehlungen zur Verbesserung der Besetzung von Schonarbeitsplätzen erarbeitet. Hier eine Zusammenfassung der Vorschläge:

- Ursprüngliche Idee eines Schonarbeitsplatzes: Schonung für eine bestimmte Zeit.
    - Schonarbeitsplätze sollten maximal auf ein halbes Jahr begrenzt sein. Tritt keine Besserung ein, muss davon ausgegangen werden, dass das Ziel einer Verbesserung oder gar Wiederherstellung der beruflichen Leistungsfähigkeit verfehlt wurde.
    - Der Mitarbeiter muss auf einen anderen Arbeitsplatz versetzt werden und darf nicht dauerhaft einen Schonarbeitsplatz blockieren.
    - In letzter Konsequenz darf auch nicht ausgeschlossen werden den Mitarbeiter dauerhaft als arbeitsunfähig einzustufen.
- Systematischer Aufbau von disziplinarischen Maßnahmen und konsequente Umsetzung (Mahnverfahren, einheitliche Regelungen für krankheitsbedingte Kündigungen, Einsatz von Abfindungen).
- Führungskräfte beim Gehen des Dienstwegs anleiten und unterstützen.
- Sind Krankheitsvertretungen für längere Ausfälle denkbar? Stärkt die Teamkultur und entlastet die motivierten und gesunden Mitarbeiter.

Es zeigt sich, dass die Vorschläge des Gesundheitszirkels zum Teil erheblich über das hinausgehen, was sich Rechtsabteilungen oder auch Geschäftsführungen teilweise anzuregen trauen. Und auch wenn manche Vorschläge einer rechtlichen und betriebswirtschaftlichen Prüfung unterzogen werden müssen, so zeigen sie dennoch die Bereitschaft aller Mitwirkenden im Gesundheitszirkel an, auch unpopuläre oder weniger „arbeitnehmerfreundliche" Maßnahmen zur Bewältigung der Problematik zu ergreifen.

Ein anderes „Projekt" des Gesundheitszirkels war die Vorbereitung und Durchführung eines „Familientages" für alle Mitarbeiter und deren Angehörige, also eine Art „Tag der offenen Tür" für die Belegschaft, deren Familien, Verwandte, Freunde und Bekannte. An diesem Tag sollen zum einen Angebote und Informationen zum „gesunden Arbeiten" (Tragen und Heben, Umgang mit Schichtdienst, gesunde Ernährung) geboten werden, zum anderen soll über die Einbindung der Angehörigen für Einblicke in und Verständnis für die Arbeit des Partners, Freundes etc. gesorgt werden. Schließlich ist ein solches Angebot auch Ausdruck einer Wertschätzung des Arbeitgebers gegenüber der Belegschaft. Der Tag wird abgerundet durch sozialen Austausch und Kontakt, gemeinsame Aktivitäten wie sportlicher Wettkampf, Ratespiele und anderes mehr.

## 4 Evaluation der Maßnahmen

**Evaluation**

Zur Einschätzung der Effektivität der durchgeführten Maßnahmen sind diese einer systematischen, formativen und summativen Evaluation zuzuführen. Das bedeutet, dass die Maßnahmen sowohl im Verlauf ihrer Konzeption und Umsetzung als auch abschließend nach ihrer Beendigung zu überprüfen sind. Das aussagekräftigste Evaluationskriterium stellt hierbei die Höhe der Fehlzeitenquote nach Ablauf eines definierten Zeitrahmens (mindestens ein Jahr) dar. Darüber hinaus sind aber auch Einschätzungen der Mitarbeiter hinzuziehen, beispielsweise in Form einer erneuten Durchführung der Mitarbeiterbefragung. Schließlich können auch Experteninterviews mit Funktionsinhabern innerhalb (Führungskräfte, Personalvertretung, Arbeitsschutz-/Arbeitssicherheitskräfte) und außerhalb (externe Berater, Krankenkasse, Betriebsarzt) der Organisation Erkenntnisse über die Sinnhaftigkeit und Effizienz der durchgeführten Maßnahmen bringen.

Ein solcher mehrstufiger Ansatz zur Einbindung der Mitarbeiter und Führungskräfte im Bereich Ground Handling ist ergänzend zu anderen organisatorischen Maßnahmen zur Reduktion der Fehlzeiten zu betrachten. Dabei soll der Anreiz zur Anwesenheit im Vordergrund stehen. Es ist effektiver, erwünschtes Verhalten positiv zu fördern, anstatt negatives Verhalten immer wieder zu sanktionieren.

**Quellen**

[1] IATA: Wachstum im internationalen Flugverkehr verlangsamt sich. 2011 (abgerufen 22.01.2011) **www.entity38.de/aerobrief/index.php?article_id=10501&issue=10448**

[2] Deming, W. E.: Out of the Crisis. Cambridge: MIT, 1982

[3] Poppelreuter, S.: Motivation: Ein Führungsinstrument zur Produktivitätssteigerung? In K.-F. Geibig & H. Slaghuis (Hrsg.). Der Instandhaltungsberater [Loseblattsammlung, 46. Aktualisierungslieferung, Dezember 2010, Kapitel 07610, Seite 1–50]. TÜV Media

**Hinweis** Dieser Beitrag ist ursprünglich erschienen in: R. Gläbe & H.-J. Thomann (Hrsg.), Qualitätsmanagement in Dienstleistungsunternehmen [Loseblattsammlung, 33. Aktualisierungslieferung, Juli 2011, Kapitel 07810, Seite 1-28]. TÜV Media